国家电网公司
电力科技著作出版项目

智能配电网技术及应用丛书

智能配电网源网荷储协同控制

ZHINENG PEIDIANWANG YUANWANGHECHU XIETONG KONGZHI

刘东 等 编著

U0261541

中国电力出版社
CHINA ELECTRIC POWER PRESS

内 容 提 要

本书为"智能配电网技术及应用丛书"中的一个分册。

分布式能源在配电网层面的大规模接入给传统配电网运行与控制带来挑战和机遇,智能配电网的源网荷储协同控制已成为当前国内外配电领域的研究热点。本书立足配电网运行与控制前沿技术,全书共分 7 章,包括概述、分布式电源并网特性与控制、负荷管理技术、储能并网运行特性与控制、信息物理融合的配电网、源网荷储协同控制、源网荷储协同控制应用示范工程等内容。

本书可供从事智能电网技术、新能源技术、虚拟电厂技术、需求响应技术以及配电网规划、设计、运行及维护等工程技术人员与管理人员参考,也可供高校师生及相关科研与产业工作者参考。

图书在版编目(CIP)数据

智能配电网源网荷储协同控制/刘东等编著. —北京:中国电力出版社,2024.7(2025.2 重印)
(智能配电网技术及应用丛书)
ISBN 978-7-5198-5755-4

Ⅰ. ①智… Ⅱ. ①刘… Ⅲ. ①智能控制-配电系统-研究 Ⅳ. ①TM727

中国版本图书馆 CIP 数据核字(2021)第 123570 号

出版发行:中国电力出版社
地　　址:北京市东城区北京站西街 19 号(邮政编码 100005)
网　　址:http://www.cepp.sgcc.com.cn
策划编辑:周　娟
责任编辑:崔素媛(010-63412392)
责任校对:黄　蓓　王小鹏
装帧设计:张俊霞
责任印制:杨晓东

印　　刷:北京雁林吉兆印刷有限公司
版　　次:2024 年 7 月第一版
印　　次:2025 年 2 月北京第二次印刷
开　　本:787 毫米×1092 毫米　16 开本
印　　张:14.5
字　　数:306 千字
定　　价:76.00 元

丛书编委会

主　　　任　丁孝华

副　主　任　杜红卫　刘　东

委　　　员（按姓氏笔画排序）

　　　　　　刘　东　杜红卫　宋国兵　张子仲

　　　　　　陈　勇　陈　蕾　周　捷

顾问组专家　沈兵兵　刘　健　徐丙垠　赵江河

　　　　　　吴　琳　郑　毅　葛少云

秘书组成员　周　娟　崔素媛　韩　韬

本书编写组

组　　长　刘　东

成　　员　陈　飞　　李庆生　　翁嘉明　　刘育权　　黄玉辉

　　　　　赵建立　　曾顺奇　　袁宇波　　孙　健　　梁　云

　　　　　唐学用　　李满礼　　黄　莉　　李　晓　　尤　毅

　　　　　高新华　　宋旭东

主　　审　葛少云　　沈兵兵

丛书序

用配电网新技术的知识盛宴以飨读者

随着我国社会经济的快速发展，各行各业及人民群众对电力供应保持旺盛需求，同时对供电可靠性和电能质量也提出了越来越高的要求。与电力用户关系最为直接和密切的配电网，在近些年得到前所未有的重视和发展。随着新技术、新设备、新工艺的不断应用和自动化、信息化、智能化手段的实施，使配电系统装备技术水平和运行水平有了大幅度提升，为配电网的安全运行提供了有力保障。

为了总结智能电网建设时期配电网技术发展和应用的经验，介绍有关设备和技术，总结成功案例，本丛书编委会组织国内主要电力科研机构、产业单位和高等院校编写了"智能配电网技术及应用丛书"，包含《智能配电网概论》《智能配电网信息模型及其应用》《智能配电设备》《智能配电网继电保护》《智能配电网自动化技术》《配电物联网技术及实践》《智能配电网源网荷储协同控制》共 7 个分册。丛书基本覆盖了配电网在自动化、信息化和智能化等方面的进展和成果，侧重新技术、新设备及其发展趋势的论述和分析，并且对典型应用案例加以介绍，内容丰富、含金量高，是我国配电领域的重量级作品。

本丛书中，《智能配电网概论》介绍了智能配电网的概念、主要组成和内涵，以及传统配电网向智能配电网的演进过程及其关键技术领域和方向；《智能配电网信息模型及其应用》介绍了配电网的信息模型，强调了在智能电网控制和管理中模型的基础性和重要性，介绍了模型在主站系统侧和配电终端侧的应用；《智能配电设备》对近年来主要配电设备在一二次设备融合及智能化方面的演进过程、主要特点及应用场景做了介绍和分析；《智能配电网继电保护》从有源配电网的角度阐述了继电保护技术的进步和性能提升，着重介绍了以光纤、5G 为代表的信息通信技术发展而带来的差动（纵联）保护、广域保护等广泛应用于配电网的装置、技术及其发展方向；《智能配电网自动化技术》在总结提炼我国 20 多年来配电网自动化技术应用实践基础上，介绍了智能配电网对电网自动化的新要求，以及相关设备、系统和关键技术、实现方式，并对未来可能会在配电自动化中应用的新技术进行了展望；《配电物联网技术及实践》介绍了物联网的概念、主要元素，以及其如何与配电领域结合并应用，针对配电系统点多面广、设备众多、管理复杂等特点，解决实现信息化、智能化的难点和痛点问题；《智能配电网源网荷储协同控制》重点分析了在配电网大规模应用后，分布式能源给配电网的规划、调度、控制和保护等方面带来的影响，介绍了配电网源网荷储协同控制技术及其应用案例，体现了该技术在虚拟电厂、主动配电网及需求响应等方面的关键作用。

"双碳"目标加快了能源革命的进程，新型电力系统建设已经拉开序幕，配电领域将迎接新的机遇和挑战。"智能配电网技术及应用丛书"的出版将对配电网建设、改造发挥积极的作用。相信在不久的将来，我国的配电网技术一定能够像特高压技术一样，跻身世界前列，实现引领。

近年来，配电领域的专业图书出版了不少，本人也应邀为其中一些专著作序。但涉及配电网多个技术子领域的专业丛书仍不多见。作为一名在配电领域耕耘多年的专业工作者，为这套丛书的出版由衷感到高兴！希望本丛书能为我国配电网领域的技术人员和管理者奉上一份丰盛的"知识大餐"，以解大家久盼之情。

全国电力系统管理与信息交换标准化技术委员会　顾　问
EPTC 智能配电专家工作委员会　常务副主任委员兼秘书长

2023 年 10 月

序

拿到《智能配电网源网荷储协同控制》一书的清样，思绪回到 20 年前，当时我在国家电网公司生产技术部工作，刘东教授也刚到上海交通大学工作不久，参加国网上海市电力公司牵头的国家电网公司有关配电自动化技术未来发展形态的总部科技项目。项目进行过程中，与刘东教授及滕乐天总工等校友一起畅想配电网及其自动化未来发展场景与关键技术，热烈讨论的场景至今历历在目，项目成果后来编成了《实用型配电自动化技术》一书。2009 年，国家电网公司制定了《坚强智能电网发展规划纲要》，相关成果也作为重要素材支撑了其中的智能配电环节，其中的"智能分布式馈线自动化技术"也在上海世博园国家电网馆周边的 8 条配电线路实现成功应用。

20 年以来智能配电网技术发生了日新月异的巨大变化，在传统电力系统中，由于投资不足，对配电网往往不够重视，电网的调度控制主要集中在发电和输变电环节。随着分布式能源、可再生能源和储能技术的发展，以及用户需求响应及虚拟电厂等技术在配电网的广泛应用，电网的运行模式发生了深刻的变化，源网荷储协同控制与优化成为智能电网发展过程中的重要方向。借助于先进的通信信息和物联网技术，可以对各类能源资源如分布式发电（源）、电网设施（网）、用户负荷（荷）及储能设施（储），进行协同控制与优化，以更好地适应新能源接入、负荷响应等需求，提高配电系统的运行效率与供电可靠性。新型电力系统的建设，更是对配电网提出了更高的要求。2024 年国家发展改革委、国家能源局发布的《关于新形势下配电网高质量发展的指导意见》，明确地指出了未来智能配电的发展方向。

在这样的背景下，刘东教授等编著的《智能配电网源网荷储协同控制》一书正当其时。该书凝聚了刘东教授团队长期以来在智能配用电领域的科研成果，包括国家"863"项目、国家重点研发计划项目及国家自然科学基金项目等成果。从电力系统的全局出发，通过源网荷储的深度融合，实现对电力系统的高效运行控制。主要内容包括分布式能源的接入与优化调度、用户侧的负荷响应和需求侧管理、储能系统的运行控制与优化、综合能源系统的调度与优化等方面的理论成果，以及在全国各地的示范应用场景的介绍。在"碳达峰、碳中和"目标的背景下，该书的内容对于应对可再生能源快速发展带来的挑战，提高电力系统的灵活性和效率，特别是配电系统与可再生能源的有效对接与优化调度等方面具有很好的参考价值和实践意义。

与刘东教授交往多年，他的鲜明特点是不仅注重学科前沿理论的探索，同时又非常注重解决生产一线的实际问题，是我见到的产学研结合的成功学者，相信《智能配电网源网荷储协同控制》一书的出版，有助于大家学习和了解智能配电网的新技术，也期待未来在电力系统的生产运行中发挥建设性作用，是为序。

王益民

2024 年 6 月

前　言

国家"双碳"目标提出后，新型电力系统中的配电系统的作用日益突出，特别是分布式能源在配电网大规模与高渗透率应用，会对配电网的规划、调度、控制和保护等方面带来不容忽视的影响。本书聚焦于分布式能源接入配电网的源网荷储协同控制关键技术。全书共分为7章，主要内容如下。

第1章阐述发展智能配电网的源网荷储协同控制的背景，介绍国内外的技术发展动态、研究的价值与意义，建立源网荷储协同控制总体技术架构，提出全局优化与局部自治相结合的"区域内自治-区域间交互-全局协调的源网荷储协同控制技术体系"。

第2章阐述分布式电源并网特性与控制，介绍分布式电源大规模并网后的运行特性、接入模式及消纳模式，并进一步探讨分布式电源并网的协调控制以及分布式电源管理单元。

第3章阐述负荷管理技术，介绍不同规模负荷特性，并建立负荷设备模型和聚合模型，以及负荷侧优化管理方法，最终提出负荷主动管理系统与用户终端实现，支撑柔性负荷与电网运行协调的优化管理和控制。

第4章阐述储能并网运行特性与控制，介绍功率型、能量型及复合型储能系统的构成、特性以及储能系统并网的供蓄能力指标，并进一步探讨储能系统并网的控制策略与储能控制管理单元。

第5章阐述信息物理融合的配电网，以配电网信息物理融合形态为出发点，讨论配电网的信息物理协同优化控制以及数字孪生配电网技术，并探讨了配电网的信息物理安全分析及防御方法。

第6章阐述源网荷储协同控制，介绍源网荷储协同控制的核心配电网的协同控制策略，包括区域感知及协同控制方法，重点介绍源网荷储协同控制系统与设备。

第7章阐述源网荷储协同控制应用的示范工程的组成及运行效果，包括贵州红枫示范工程、广州从化明珠工业园示范工程、上海虚拟电厂示范工程及江苏源网荷储示范工程。

智能配电网的源网荷储协同控制技术是一个新兴发展的领域，是虚拟电厂、主动配电网及需求响应等方面应用的核心技术，其涵盖内容远不止文中所述，受限于我国尚处于其技术发展初期，受作者自身能力水平和经验积累所限，本书还存在诸多不当之处，欢迎读者不吝赐教，以便改正与进步。

本书受到国家重点研究发展计划项目"电网信息物理系统分析与控制的基础理论及

方法"（基础研究类：2017YFB0903000）和国家自然科学基金智能电网联合基金重点项目"电力信息物理系统形态演进理论及分析方法"（U2166210）的支持。

本书由上海交通大学刘东教授总体策划并组织，上海交通大学陈飞、翁嘉明、黄玉辉，南网贵州电网有限责任公司李庆生、唐学用，广东电网有限责任公司广州供电局刘育权、曾顺奇，国网上海市电力公司赵建立，国网江苏省电力有限公司电力科学研究院袁宇波、孙健，国网智能电网研究院有限公司梁云、黄莉，国电南瑞科技股份有限公司李满礼、李晓，南方电网电力科技股份有限公司尤毅、高新华，广东电网有限责任公司电力科学研究院宋旭东等参加编写。天津大学葛少云教授、河海大学沈兵兵教授担任主审。

限于时间，疏漏在所难免，不足之处请广大读者提出宝贵意见。

编著者

2024 年 5 月

目　　录

第 1 章

概　　述

在"双碳"目标的大背景下，我国将建立新型电力系统，间歇式可再生能源大规模并网会给配电网带来一系列影响与挑战，由于配电网目前存在网架薄弱、自动化水平不高以及调度方式落后等问题，将分布式能源（distributed energy resource，DER）规模化接入配电网并实现调度控制以及主动消纳间歇性可再生能源还有很多技术问题亟待解决。

源网荷储协同控制是解决分布式能源大规模接入配电网的有效解决方案，利用先进的电力电子技术、通信和自动控制技术，具有协调控制各种类型分布式能源的能力，可以实现配电网系统中双向潮流的控制，使新能源所发电量得到高效的利用，解决大量分布式能源接入配电网的问题，是未来智能配电网的发展趋势。

配电网带来的一系列技术难题源于其自身结构的变化以及管理理念的创新，自身结构的变化在于允许分布式能源在一定准则基础上自由接入，管理理念的创新在于对接入的分布式能源以及其他分布式资源以配电网为中心的协同交互控制技术研究，实现配电网全局运行决策优化、区域内自治-区域间交互-全局协调的三层协同交互控制技术，以确保配电网的稳定经济运行。

本章重点介绍配电网形态的变化与升级，并由此引出源网荷储协同控制技术应用的价值意义及技术框架。

1.1　技术背景

1.1.1　配电网形态的变化与升级

当前，以煤炭和石油为主的传统化石类能源，通过集中发电、远距离输电为全球电力负荷提供电能，然而，随着全球经济的发展对能源需求的不断增长，传统能源紧缺以及环境污染等问题的不断恶化，促使以风能、太阳能、生物质能为代表的清洁、可再生能源快速发展。这些清洁的可再生能源大部分以分布式发电（distributed generation，DG）或分布式能源的形式连接到配电网，就地消纳，与大电网互为补充，是实现能源结构调整和环境保护的重要措施。因此，分布式发电的大规模并网是电网企业必须接受的重要挑战。配电网在分布式能源大量接入后，有可能引起诸多问题，这些问题既有技术方面的，也有管理方面的。

分布式能源接入配电网后也会影响到能源市场的运营，如分布式发电注入的功率会改变传统配电网上的负荷曲线，从而影响传统发电机组的运行出力，并要求配电系统运营商在与输电系统运营商密切协调配合的条件下担任管理能量流的新角色。小规模分布式能源接入只会影响配电网的局部运行，而大规模分布式能源的接入却会影响电力系统的全局运行，并对配电网的规划、运行、短路水平和设备选型、故障处理过程和保护等方面带来影响。

随着分布式能源的大规模接入，由此引起的问题也越来越突出，如电网功率双向流动、电网运行稳定性降低、电压波动加大、电能质量问题更加严重等，在配电网发展历程中，传统配电网是最初期的形式，无分布式电源接入，也无电源与负荷间的主动控制，随着分布式电源的大规模接入，这一配电网已不能满足社会发展需求，因此出现了主动配电网。它是现代配电网或者未来智能配电网发展过程中的一种发展模式，主要针对高分布式电源渗透率及电网与用户间互动而提出的。

配电网要实现对大量 DER 接入的主动调节、对用户需求侧的互动管理、对能源和资产综合高效的节约利用。对基于智能计量技术的开发和信息通信技术（information and communications technology，ICT）的发展，可以延缓投资、提高响应速度、实现网络可视性以及网络灵活性，具备较高的电能质量和供电可靠性、较高的自动化水平，更容易接入 DER，降低网络损耗，更好地利用资产等。传统配电网基于"网—荷"双元结构，是一种基于电网供电与用户用电之间的单向电力分配的网络，属于"电网（网）—负荷（荷）"双元结构。在此基础上，电网的运行与管理相对简单，可以通过对电网整体调度来适应负荷的变化需求，或者通过对负荷的有效控制、需求侧管理等方式实现电力平衡。分布式可再生能源接入配电网后需要实现对源网荷储的协同控制与管理，配电网的管理模式不再是集中式的调度和控制，需要采用集中与分散相结合的模式开展运行与管理工作，所有关于配电网的运行、控制、管理和规划等环节，均随着分布式能源（源）接入造成网—荷之间的不平衡发展需要进行相应的技术升级。

随着分布式能源（源）接入配电网的渗透率不断提高，逐步打破原有平衡，配电网逐步形成"源—网—荷—储"四元结构，源的接入，不仅破坏原有的网—荷单向电力潮流，而且形成了网—荷、源—荷、源—网的多种潮流的混合；储能接入配电网给电网的双向调节带来了机会，但是由于"源"的波动性和随机性，使新形成的四元结构很难形成稳定的平衡，传统配电网模式必须由新的配电网模式所代替，源网荷储协同控制的主要意义就是确保系统的功率与能力平衡。

配电网新形态体现在以下几个方面。

1．源网荷储四元结构统筹理念

传统配电网规划主要是基于"网—荷"双元结构规划，对于分布式能源的接入，一般采取"接入即忘"的态度，认为其渗透率较低，对电网运行影响不大，只对其进行简单的接入评价，在系统运行阶段，把这些分布式能源看作是正常的扰动，作为负荷处理，不采取任何特别措施，忽略或低估"源"的因素，在高渗透率可再生能源接入配电网之后，源网荷储四元结构统筹需充分考虑分布式能源的接入容量、接入点、影响因素等环节，在负荷层面往往可以通过将不同的分布式能源包括连接到配电网中的各种分布式电源、分布式储能、电动汽车充换电设施和需求响应资源等聚合起来，对外实现与电网侧的电能量交换效率最大化应用，对内能够通过电能质量的控制管理，降低对配电网的影响。如通过参与削峰填谷，实现峰值期的利益双方共赢。

2．一、二次系统协调的配电网规划理念

传统配电网规划侧重于一次电网架构的确定与变压器容量的选择，很少考虑配电自动化系统、通信系统和配电网管理系统等二次系统对电网运行可靠性的影响，这主要是基于传统配电网"网—荷"结构对二次系统的依赖程度低，二次系统的规划不直接影响整个一次规划的主要内容。对于主动配电网而言，由于"源"的高渗透率接入配电网，"源"分布式发电不确定性所带来的功率双向流动、电压波动加大、电能质量问题突出等负面影响，在源网荷储四者之间如何进行功率平衡，如何进行不确定性的管控，都需要在规划设计阶段充分考虑二次系统的配置，进行一次电网架构、二次自动化系统的协同规划。

3．源网荷储协同的主动控制理念

由于配电网源网荷储四元结构是一种非平衡结构，源的随机性直接决定了这种结构具有"变化中有平衡、平衡中有变化"的时变特性，主动控制需要实时获取电网的实际运行信息，了解电网中每条线路的负载情况，当电网中出现阻塞时，可以通过主动控制网络结构和网络中的可控设备、各种可控的发电与需求响应负荷，疏解电网中线路的负载情况，达到既保证电网运行安全性，又确保电网运行稳定性的目的。在传统的配电网中，量测监视范围是从 110kV 的变电站到 10kV 的网络，对于 10kV 以下基本不需考虑。对于配电网，由于大量的分布式能源连接到 10kV 及其以下的母线上，而且需求响应资源也大多连接在这些低电压母线上，因而必须对这些低电压供电网络进行全面的监视；为了实现对配电网可控资源的全面控制，必须了解上级电网的运行状态，从而要求将量测范围向下扩大到 400V 母线，向上扩大到 220kV 母线。智能电网的建设和智能电能表的大规模安装应用为扩大量测范围奠定了坚实的基础。

4．即插即用的设备管理理念

在配电网的源网荷储四元结构中，针对配电网与客户以及第三方能源服务商之间的各种电能服务，在信息流、资金流和能量流三个方面，具有接入后，即配置、即提供服务的即插即用（plug and play）的能力。这需要在信息层面具有配电网与客户以及第三方能源服务商三个应用主体的信息集成与识别、发布及订阅机制；在资金流层面实现市场交易机制的自动结算；在能量流层面实现源、网、荷、储的互联互通，根据客户需要提供满足其需求的、可以选择的高品质电能服务；为客户积极参与需求响应、改善能效提供技术支撑；充分利用配电网中的可控资源，为上级电网提供电能、在线备用等服务，从而实现配电网与客户、配电网与上级电网，以及第三方能源服务商之间全面的互动互惠。

1.1.2 国内外技术发展动态

1. 国外技术进展

2006 年，国际大电网会议（Conference International des Grands Reseaux Electriques，CIGRE）配电及分布式发电研究委员会（C6）成立了以 C. D'adamo 为召集人的 C6.11 工作组，并对含分布式能源接入的配电网进行了一系列的详细研究。2008 年，C6.11 工作组在所发表的"配电网的发展与运行"研究报告中首次明确提出了主动配电网（active distribution network，ADN）的概念。CIGRE C6.11 关于 ADN 的基本定义和构成的设想目前已经得到国际供电会议（International Conference on Electricity Distribution，CIRED）和 IEEE 的广泛认可。

分布式能源的基本构成包括分布式发电（DG）、分布式储能系统（distributed energy storage system，DESS）、可控负荷（controllable load，CL）等。其中，分布式发电主要为可再生能源（renewable energy source，RES），包括光伏发电（photovoltaic，PV）、风能发电（wind power generation，WPG）等；可控负荷包括电动汽车（electric vehicle，EV）、响应负荷（responsive load，RL）等，由于具有发电和消费双重身份的产消性负荷的出现，使得响应负荷也成为 DER。2008 年，CIGRE 强调了分布式能源在微电网和配电网中应用的研究。2009 年，CIGRE 的 C6.11 工作组在发表的报告中完善了 ADN 的定义，并获得了 CIRED 和 IEEE 的广泛认可。同年，在 CIRED 上，配电网规划方面的问题得到了广泛关注。2010 年，CIGRE 正式设立了以 F. Pilo 为召集人的 C6.19 工作组，对配电网的优化规划问题进行研究，以引导配电网的发展。2012 年，CIGRE C6 又提出了主动配电系统（active distribution system，ADS）概念，更加突出分布式能源的作用，C6.19 工作组于 6 月发表了主动配电系统规划和优化方法的最终研究报告，为主动配电网技术的发展奠定了重要的基石。

在 ADN 的实际工程方面，当前世界范围内共有 12 个国家和地区，包括美国、澳大利亚、意大利、希腊、德国、英国、加拿大、荷兰、丹麦、西班牙、日本和中国，开展了 25 个具有创新性的 ADN 项目。特别是欧盟（european union，EU）的相关工程，如微电网工程、EU FP6 示范项目 ADINE 等。其中，CIGRE C6 作为 ADN 技术的首倡者，其研究工作尤为值得关注。根据 CIGRE C6 近几年的研究成果可知，国际上已经完成了 ADN 的顶层概念设计、项目实施验证、模型算法研发方面的初步研究。但 C6.19 工作组对全世界 5 大洲 20 多个电力企业（包括中国的电力企业）进行的 ADN 规划方面的有关调研结果表明：鉴于核心计算工具的缺乏，除欧洲一些国家外，在大多数国家主动配电系统还未成为配电网规划和运行中的一个必要内容；而且主动管理和主动控制仍处于初始阶段。

在美国，2008 年美国国家科学基金项目"未来可再生电力能源传输与管理系统"（the future renewable electric energy delivery and management system，FREEDM），提出能源互联网的理念，其主要目的就是构建一种基于各类型分布式能源与分布式储能装置的新型电网结构。FREEDM 依托电力电子技术，希望利用分布对等的系统控制与交互，实现主动配电网协调控制。

加利福尼亚大学伯克利分校的研究团队随后提出"以信息为中心的能源网络"架构，其主要目的是对各类型分布式能源、负荷或储能系统进行分组调控，构成不同功能的能源子网。各能源子网通过名为"智能电源开关"的接口与其他子网进行交互，以期在一个通用架构中将智能通信协议与能源传输相结合，实现各类分布式能源的协同控制的基本构架。

围绕主动配电网协调控制，美国在新能源发电建模、参数辨识、仿真工具等技术方面也做了大量的研究工作，开发出了大型工具软件包，以支撑多能源优化调度策略的制定。例如，美国电力科学研究院开发的配电网快速仿真建模工具（distribution fast simulation and model，DFSM），提出分布式自治实时架构。但针对多能源一体化考虑的大规模间歇性电源和高密度多点分布式能源接入配电系统的相关研究还有待深入，而将主动配电网中的冷、热、电源综合考虑，构建一体化网络模型并实现快速仿真与分析技术仍是空白，需要在现有研究成果的基础上进行拓展创新予以实现。

2010 年，美国启动了马德河试点项目，选取了 6 个商业、工业厂区和 12 个居民区，如 280kW 丙烷燃气轮机、100kW 生物柴油发电机和 30kW 微型燃气轮机，还配有大量的光伏和风力发电机组，检验微电网的建模和仿真方法、保护和控制策略以及经济效益等，实现能源的优化协调控制。此外，Palmdale's Clearwell 试点项目比马德河试点项目范围更广，接入的分布式电源容量更大，用户数也更多，开展更多的能源协调控制实验。

与此同时，日本政府十分希望可再生能源能够在日本的能源结构中发挥重要作用。因此，微电网研究和试点定位于解决能源供给多样化、减少污染、满足用户的个性化电力需求。同时为应对新能源具有随机性、穿透功率极限限制新能源应用的问题，日本的研究更强调控制与电储能。影响力较大的爱知岛试点项目，接入有熔融碳酸盐燃料电池、固体氧化物燃料电池、磷酸燃料电池、钠硫蓄电池储能、大量光伏和风力发电系统。开展了能源的协调控制，实现 5min 内供需不平衡控制在负荷的 3%以内。日本在新能源产业技术综合开发机构的资助下，分别在爱知县、京都、八户、清水和仙台等地建立了多项多能源示范工程。在控制环节主要应用一种主从结构，通过上层能量管理系统，对各分布式能源和储能装置进行优化调度管理，以保证系统的功率平衡，各分布式电源一般不具备"即插即用"能力。此外，在日本临床麻醉学会（Japan smart community alliance，JSCA）倡导资助和包括东京燃气公司在内的众多能源公司的积极参与下，日本也在积极开展社区综合能源供用技术的研究。

韩国在国家产业经济部的推动下，启动了 K-MEG 研究计划，其宗旨就是要在高能耗建筑体上大力发展能源协调控制系统，提高建筑体综合能效。现已在 Guro 工业园区、Gunjang 工业园区、Banwol/Shihwa 工业园区、Coex 商业区、首尔国立大学教育研究中心等地建立了示范工程。K-MEG 框架重点关注不同供能系统的集成和能源的高效利用，以提供一种新型的能源供用解决方案。韩国依托济州岛智能电网建设项目，展开智能电力市场、智能选址、智能交通、智能电网、智能资源重利用方面的研究，也开展了类似能源协调控制的研究和试验。

2012～2017 年是主动配电网技术快速发展及示范工程推广的黄金时段，瑞士苏黎世 ZTH 大学 G. Anderson 教授提出能量集线器"Energy Hub"模型，由计算机科学中集线器的概念引申而来，也称为能量控制中心。"Energy Hub"通过超短期负荷预测以及实时在线监测各类型分布式能源、对多能源及受控负荷侧进行优化协同控制。"Energy Hub"的规模可以覆盖一个家庭甚至整个城市。随后，德国联邦经济技术部与环境部在智能电网的基础上推出"E-Energy"计划，"E-Energy"是基于ICT的未来能源系统，其主旨是打造新型能源网络，在整个能源供应体系中实现综合数字化互联以及计算机控制和监测，达到主动配电网协调控制目标。"E-Energy"可充分利用信息和通信技术开发新的解决方案，以满足未来以各类型分布式能源供应结构为特点的社会供能系统的需求。英国政府则启动了SUPERGEN研究计划，其中的HiDEF项目重在研究与多能源系统相适应的网络模型和分析手段，FlexNet项目重在研究与之相适应的供能网络的集成和智能化。

欧盟资助的智能电网综合研究计划ELECTRA在2015年的国际供电会议上针对未来（2030+）可再生能源高度渗透的电力系统，提出了WoC（Web of Cell）体系这一概念。它是针对未来大量DG所提出的一种全新的电网体系结构，对其可观测性和安全性进行了研究，并对该体系下DG提供辅助服务进行了探讨。相比于传统的集中控制体系，WoC体系对系统的可靠性、稳定性、系统运行效率，以及可再生能源的利用率等要求更高。由于控制对象和体系结构都发生了改变，沿用传统的通信方式及控制策略将不利于充分发挥该体系的优势。在WoC体系中，Cell是最小且自治的个体，WoC体系将利用个体与个体及个体与环境的交互作用实现完全分布式的控制和通信，需要体现以下特点：①自组织性，WoC体系全局性结构是由Cell间的交互而呈现出来，交互规则只依赖于局部信息，而非全局模式；②自恢复性，WoC体系的控制不存在中央控制，Cell个体地位平等，各个个体状态不直接影响体系整体；③间接通信，Cell仅与邻近Cell间存在信息分享和交互；④自主学习性，Cell内部控制应通过反馈具有适应和优化能力。因此，尽管Cell个体规则简单，但WoC体系是一种组织效应和结构效应的集群性结果，整体效应水平越高，群体知识涌现就会越智能。

随着人工智能等新技术的引入，主动配电网技术仍在持续不断地发展，未来随着这些技术的成熟，新的示范工程将在此基础上提供更优质的供电服务。

2. 国内技术进展

我国从2010年引入主动配电网ADN的概念，2012年开始兴起相关研究。其中，2012年国家"863"计划"主动配电网的间歇式能源消纳及优化技术研究与应用"（2012AA050212）课题，在广东佛山三水地区建设配电网示范工程，率先在国内开展重大项目研究。2014年国家"863"计划"主动配电网关键技术研究及示范"（2014AA051901）、"集成可再生能源的主动配电网研究及示范"（2014AA051902），对配电网协同控制架构、配电网优化控制以及配电网智能装备等方面开展系列研究，解决面向大量分布式电源接入以及高可靠供电要求的主动配电网运行与优化关键技术问题。

在综合协调控制分布式电源、柔性负载和储能方面，国内在密切跟踪主动配电网技术前沿，在上述几个国家"863"计划项目的支持下分别在佛山、北京、贵阳、厦门进行了示范。

北京主动配电网示范工程，示范点选择北京未来科技城，系统最大负荷200MW，

220kV 变电站 2 座，110kV 变电站 5 座，10kV 变电站 30 座；具有多种清洁能源种类 4 类：冷热电联产机组 250MW、垃圾焚烧发电 30MW、垃圾填埋发电 54×1.25MW、多点接入光伏发电总量 5.68MW，风力发电机组 1.5MW，电动汽车集中充放电站容量 10MW，储能规模 500kW/（MW•h）；全网可再生能源装机总负荷 20%；示范工程完成后可实现 100%全额消纳可再生能源，核心区供电可靠率 99.999%，并且具备提供无电压暂降和短时中断的高品质电力定制能力。2018 年，国家电网有限公司又在苏州开始建设主动配电网综合示范工程，以满足苏州电网未来发展的需求。

贵阳主动配电网示范工程，示范点选择在贵阳红枫湖地区，是国内分布式电源种类最多的主动配电网示范工程之一，包括水、风、光、储、冷热电联供，电动汽车，柔性负荷等多种类型资源，涉及 5 条 10kV 线路，配电变压器 194 台，配电变压器容量 66.03MVA；最大负荷 20.42MW；分布式电源（含柔性负载）包括：水电 12 MW；冷热电三联供（combined cooling heating and power，CCHP）机组 1×500kW；风电 300kW；光伏发电 253.8kW，其中集中光伏 97.2kW，分散式光伏 156.6kW；储能系统 2 套，每套 100kW/（200kW•h），共计 200kW/（400kW•h）；电动汽车充电桩 4 台，共 130kW，其中具备 V2G 功能直流充电桩 1 台、10kW 交流充电桩 3 台，19 座电动汽车 1 辆。

相比国际上的工程示范案例，我国示范工程中分布式能源种类多样，容量与体量均大于国际案例，虽然目前未考虑电力市场的机制，但未来随着我国电力市场的深化会带来新的变革。

近年来，我国主动配电网协调控制的理念及其重要作用在学术界和工业界逐渐获得认可。周孝信院士及其团队认为以大规模可再生能源利用和智能化为特征发展智能电网将带来新一代电网技术，其中就蕴含了主动配电网智能化协调控制的理念。国内科研单位从各自研究基础出发，近几年取得了各具代表性的主动配电网理论与技术应用成果。

2018 年上海交通大学、贵州电网有限责任公司、广东电网有限责任公司、国网上海市电力公司、清华大学、上海金智晟东电力科技有限公司、江苏金智科技股份有限公司、北京四方继保自动化股份有限公司、国网天津市电力公司、国网江苏省电力有限公司淮安供电分公司等单位共同完成的"主动配电网协同控制与优化关键技术及应用"项目获得上海市技术发明奖一等奖。

2019 年中国电力科学研究院有限公司、清华大学、国网北京市电力公司、中国科学院电工研究所、天津大学、四川大学、国网福建省电力有限公司厦门供电公司、济南大学、华北电力大学、安徽合凯电气科技股份有限公司等单位共同完成的"多源协同的主动配电网运行可靠性提升关键技术、设备及工程应用"项目获得中国电力科学技术进步一等奖。

2019 年贵州电网有限责任公司、广东电网有限责任公司、上海交通大学、北京四方继保自动化股份有限公司、清华大学、江苏金智科技股份有限公司、中国电建集团贵州电力设计研究院有限公司、苏州华天国科电力科技有限公司、上海电力设计院有限公司等单位共同完成的"集成多能源系统的主动配电网关键技术研究及应用"项目获得中国电力科学技术进步奖一等奖。

2019 年南京邮电大学、国网电力科学研究院有限公司、国电南瑞科技股份有限公司、国电南京自动化股份有限公司、亿嘉和科技股份有限公司等单位共同完成的"主动配电网协同优化控制与智能运维关键技术研究、装备研制及应用"通过科技成果鉴定，在机理与数据融合驱动的安全评估、多模态协调切换与网络化协同控制技术、多目标一体化调度方法与技术方面取得技术突破。

2019 年北京交通大学、中铁电气化局集团有限公司、北京天能继保电力科技有限公司、国网经济技术研究院有限公司、四川艾德瑞电气有限公司等单位共同完成的"含异构多源和交通负荷的复杂配电网安全运行关键技术研究及应用"项目获中国电工技术学会科学技术进步奖一等奖。

2020 年东北大学、渤海大学、国网辽宁省电力有限公司、国网电力科学研究院武汉能效测评有限公司、沈阳兰昊新能源科技有限公司、中国电力科学研究院有限公司等单位共同完成的"主动配电网源网荷优化控制关键技术及应用"通过科技成果鉴定，在基于物理信道无耦合的信息安全交互技术及主动配电网竞争群优化控制技术方面取得技术突破。

2021 年中国科学院电工研究所、中国电力科学研究院有限公司、华北电力大学、北京天诚同创电气有限公司、国电南瑞科技股份有限公司、国网北京市电力公司、北京双登慧峰聚能科技有限公司等单位共同完成的"分布式可再生能源交直流高效集成与互联关键技术、装备及应用"项目获得北京市科学技术进步奖一等奖。

2021 年，东南大学、江苏省电力有限公司、南京南瑞继保工程技术有限公司、国电南瑞科技股份有限公司、南京中大智能科技有限公司共同完成的"'高海边无'独立微电网可靠优质供电关键技术及应用"项目获江苏省科学技术奖一等奖。

1.2 源网荷储协同控制的价值与意义

随着能源危机和环境问题的日益严峻，节能减排已经成为各国可持续发展的共识，面对资源环境压力与节能减排的双重压力，电力工业亟待低碳转型，配电网有机整合先进信息通信、电力电子及智能控制等技术，为实现分布式可再生能源大规模并网与高效利用提供了一种有效解决方案，与此同时，随着分布式能源发电技术的日益成熟以及电力电子技术和自动控制技术的同步发展，分布式能源在未来电网中高度渗透及广泛接入的愿望也十分迫切。

在"十四五"开局之年，国务院发布了《关于加快建立健全绿色低碳循环发展经济体系的指导意见》，全方位全过程推进绿色规划、绿色生产、绿色生活，确保实现碳达峰、碳中和目标。国家电网有限公司随后也发布了《国家电网有限公司"碳达峰、碳中和"行动方案》，同时国家发展改革委、国家能源局发布的《关于推进电力源网荷储一体化和多能互补发展的指导意见》指出，国家能源局派出机构负责牵头建立所在区域的源网荷储一体化和多能互补项目协调运营和利益共享机制。中国电力行业作为 CO_2 排放大户，是节能减排的重要环节。在低碳政策的指导下，电力系统的形态势必会发生变化。主要体现在大量接入的可再生能源带来的不确定性、电网运行方式的灵活多变、负荷的持续增长以及差异化需求、储能的广泛应用。

对电力用户来说，灵活接入配电网，意味着更高的供电可靠性和供电质量。2024 年国家发展改革委、国家能源局发布了《关于新形势下配电网高质量发展的指导意见》，指出了配电网的发展方向。分布式电源和电网供电可以互为备用电源，减少停电时间，缩小停电面积，提升终端能源的利用效率。电力用户主动参与需求响应和电网运行，不仅能大大提高用电的自主性，也能直接节约电费支出。例如，在电网负荷较高时，电力用户可以将自家的分布式电源所发的电卖电给电网；而在电网负荷较低时，用大电网的电，最大限度地减少电费支出。

1．对电网企业

对电网企业来说，配电网是多种类型能源互联的主要载体，也是连接上级电网和用户的供电通道，源网荷储协同控制在配电网优化运行中应用的技术价值，主要体现在以下几个方面。

（1）增强灵活性与可调度性。协同控制技术可以根据电网实时负荷、电源产能和储能状态等因素进行调度，增加配电网的灵活性和可控性，有助于提高电网服务的效率。

（2）提高经济性。协同控制，可以实现电力源、电力消费和电力储存设施之间的优化配置，降低电网运行的成本，提高经济效率。

（3）增强安全性。协同控制能够及时平衡电网中的供需关系，防止电网过载，有助于提升电网的安全性和供电的可靠性。

（4）促进可再生能源并网。协同控制可优化配电网接纳可再生能源的能力，帮助解决可再生能源出力波动、不确定性等问题，有利于可再生能源的并网运行。

（5）提高用户服务质量。协同控制可以优化配电网运行，保障电力供应的稳定和连续，提高配电网的服务质量。

2．对于国家战略

对于国家战略而言，源网荷储协同控制可有效支撑可再生能源的消纳，提高地区清洁能源和可再生能源的占比，效益具体体现在以下几个方面。

（1）带来可观的直接经济效益。

1）提升分布式电源消纳率。源网荷储协调控制技术可以提高配电网对于风电、光伏、小水电等可再生能源的消纳能力，有效利用了风电、光伏、小水电等可再生能源。

2）有效降低峰谷差。在分布式电源接入规模较大的地区，源网荷储协调控制技术通过对分布式电源、储能和负荷的优化调度与网络拓扑的灵活调节，可有效地降低电网峰值负荷，实现电网削峰填谷。

3）有效提高综合能源利用效率。实现水、风、气、光、储等多种分布式能源互补特性的联合优化方法，有效提升综合能源利用效率。

4）有效降低配电网损耗。实现就地有功和无功平衡，有效降低配电网线损率，同时降低 35kV 及以上高压配电网和输电网的输电损耗。

5）提升配电网自动化水平和智能化水平，大幅提高工作效率。实现对配电网的监控和调度，大大提高了配电网调度和运行人员的工作效率。

（2）带来可观的间接经济效益。

1）在分布式电源并网规模较大的区域，通过源网荷储协同控制可以实现分布式电源的高效消纳和优化利用，优化电网对于可再生能源的兼容性，有效应对负荷增长，降低电网设备升级需求，缓解电网设备升级投资。

2）将促进以光伏、风电为代表的新能源以及小水电的并网消纳，提高大气环保水平，有效降低标准煤耗，减少二氧化碳排放和二氧化硫排放，带来巨大的环保效益。

3）在富含小水电、光伏、风电的供电区域，通过分布式控制管理单元和协同交互控制器可以实现配电网馈线各运行方式下的调压控制，从电网侧解决分布式电源并网管理问题，避免了线路电压越限影响客户享受优质供电服务等社会问题。

4）通过柔性负荷管理系统和智能用户终端，减少用户用电量和用电成本，节约用电支出。

5）大大提高供电可靠性，减少用户的停电损失。

（3）带来显著的社会效益。

1）对用户来说，配电网可以得到更高的供电可靠性和电能品质，从而大大减少电力用户的停电频次，降低用户的停电损失。同时，源网荷储协同控制配电网将成为全社会灵活互动的智能用电支撑平台，支持所有电源种类和储能方式的接入，可提高配电网的可靠性、抗灾能力及服务水平，带动电网向绿色、低碳方向转变，对促进清洁能源的利用以及我国能源结构调整和环境的改善，提升终端能源的利用效率，主动配电网能量使用效率及居民的电能消耗都将较传统配电网有很大改善。

2）对电网企业来说，配电网源网荷储协同控制的投入将使运营成本大大降低。①高效运行的配电网可以提高电能传输效率，提高设备的利用率，提高电网的经济性，为电网企业带来直接的节能效益；②配电网的需求激励响应和多源协同将有利于保证电网的稳定可靠运行，可以为系统提供具有竞争力的可调度资源，为有效解决系统备用短缺、输电阻塞以及地区输配电能力不足等问题提供选择，从而保证系统可靠性，大大降低由于系统容量短缺而造成的轮流停电出现的概率；③产生的削峰填谷效果可以有效提高系统运行的平稳性，提高负荷率，增加电网设备资产的使用效率和寿命，减少系统故障率，降低电网运行维护成本。

3）对全社会来说，配电网源网荷储协同控制的建设运营，将能够提升清洁能源的分布式消纳能力，提升能源系统的综合运行效率，降低高排放化石能源的发电比例，为终端用户提供灵活、节能的综合能源服务，改善居民的生活环境，间接经济效益显著。同时，配电网的投资建设还将增加大量的就业岗位，创造就业机会，促进国民经济的增长；另外，将大大推动我国相关产业的技术升级和产业结构调整，以及以智能楼宇、智能家庭、智能交通等一系列智能电网相关技术的建设发展。

4）配电网源网荷储协同控制技术有效提高了配电网的智能化、自动化、信息化技术水平，有助于打造安全、可靠、绿色、高效的智能配电网和促进能源生产和消费革命，有助于配电网的升级改造，满足人民追求美好生活的电力需求。

5）配电网源网荷储协同控制技术可提高综合能源利用效率，促进节能环保。可有效降低上级电网输送损耗和配电网的传输损耗；多能互补技术实现多能互补和优化运行，有效提高综合能源的利用效率；源网荷储协同控制系统可提高可再生能源消纳率，推动一次能源的清洁化和绿色化，优化能源结构，促进节能减排。

1.3　源网荷储协同控制技术架构

1.3.1　概念辨析

与源网荷储协同控制相关的几个概念包括虚拟电厂（virtual power plant，VPP）、主动配电网（active distribution network，ADN）、需求响应（demand response，DR）、车网互动（vehicle-to-grid，V2G）等。

VPP 既是源端又是荷端的协同控制技术，其本质是将电网内分布式存在的各类分散资源聚合为一个整体，使它们对外呈现出普通电厂的特性参与电网调度。从功能角度可将虚拟电厂分为商业型虚拟电厂（commercial VPP，CVPP）和技术型虚拟电厂（technical VPP，TVPP）两类。

商业型虚拟电厂主要从电力市场角度完成虚拟电厂内各种分布式能源的电能交易（包括有功、无功辅助服务），以实现虚拟电厂经济价值的最大化。CVPP 所承担的角色更类似于能源聚合商，在用户侧实现各类分布式能源以及可控负荷的信息聚合，制定最优的辅助服务报价，并参与市场竞标。

技术型虚拟电厂则侧重于虚拟电厂内部的能量管理。TVPP 中将一定区域范围内的分布式能源聚合起来参与电网调度，并在主能量市场以及辅助服务市场交易过程中考虑电网安全约束。只有在 CVPP 与 TVPP 共同的作用下，虚拟电厂整体才能具备完整的功能，对电网呈现出可调度电厂的特性。

主动配电网也称有源配电网，CIGRE C6.11 提出的主动配电网的基本定义是：配电网通过使用灵活的网络拓扑来管理潮流，实现对分布式能源的主动控制和主动管理，在满足适当的监管环境和接入协议的基础上分布式能源在一定程度上可承担支持系统的责任。主动配电网技术的本质是通过改进配电网的灵活性以适应分布式能源的大规模接入所带来的技术挑战，分布式能源主动参与电网调节是一个重要的技术导向，在配电系统中如何提升灵活性调节资源调节潜力是主动配电网的关键性能指标。

DR 是负荷侧参与电网调节的一种聚合资源的及时响应技术，需求侧或终端消费者通过对基于市场的价格信号、激励，或者来自系统运营商的直接指令产生响应，改变其短期电力消费方式（消费时间或消费水平）和长期电力消费模式的行为。

V2G 是电动汽车作为一种分布式储能在市场激励机制的驱动下通过有序的充电与放电参与电网互动的一种储能资源及时响应技术，V2G 描述了电动汽车与电网的关系，当电动汽车不使用时，车载电池的电能根据接入电网的协议销售给电网，如果车载电池需要充电，电能则由电网流向车辆。

DR 和 V2G 都是一种将分散资源通过市场或系统运营商的激励机制驱动后接入电网的电能调节资源，虽然单个个体资源调节量不大，但是海量的个体聚合后所产生的电能调节资源非常可观，是未来应对大规模可再生能源接入电网所造成的电力波动性的有效调节手段。而如何能够在电网需要的时候及时响应，这就需要源网荷储的协同控制技术支撑。

1.3.2 基本特征

在配电系统中实现源网荷储协同控制的主要特征可以归纳如下。

1．网络结构的灵活性

配电网是基于源（分布式电源）、网（电网）、荷（用电负荷）、储（储能）的四元结构，分布式电源接入配电网后，由于其不确定性，配电网中能量流动波动性大，供电端与受电端的角色也时常发生变化，需要根据变化的现状，实现源、网、荷、储之间的电能量平衡，需要配电网络结构实现配电网的网格化区域自治与动态分区的灵活运行状态。

2．可控资源参与调节的主动性

配电网采用主动控制技术实现对"直接可控"资源［联络开关、自动电压控制（automatic voltage control，AVC）、有源滤波器、有载调压开关、蓄能设施、可控或可调负荷等］的主动控制管理，采用主动管理方式实现对"非直接可控"资源（如分布式电源、电动汽车、冷热电三联供等）的管理，采用市场激励方式实现需求侧参与，使用户侧主动对分布式资源进行整合，参与负荷的灵活调节（如微电网的灵活运营）。传统配电网分布式电源采用"安装即忘记"的并网原则，即不把分布式电源作为一个常规的电源对待，而是把它看成一个被动的"负的"负荷，不允许其主动地参与系统调频与电压无功控制。例如，分布式电源不输出或吸收无功，通过安装其他无功补偿或调压设备实现电压控制，难以达到最佳的投资效果；在系统频率变化时，分布式电源不能够自动调整其功率输出，加大了电力系统调频的困难。源网荷储协同控制使分布式电源与配电网有效地集成，参与系统调频与电压无功控制。

3．良好的系统可观测性与可控性

实现以上配电网功能，需要配电网具有良好的可观测与可控制的水平，在建设配电网前首先要建立起完善的实用化的配电自动化系统，这是配电网各项技术性能得以实现的前提和基础。

1.3.3 技术架构

鉴于间歇性可再生能源出力的波动性与随机性，建立"区域内自治-区域间交互-全局协调"的三层协同交互控制技术架构，通过可控灵活资源在不同时间尺度的及时调配，源网荷储的协同控制，实现间歇性可再生能源并网平稳运行。其中：源端以可再生能源的最大消纳为控制目标；荷端在确保重要负荷不间断供电的基础上参与电网调节，实现客户价值的利益最大化；储端作为重要的双向功率与能量平衡资源参与电网调度；电网运行方式的灵活调整是实现更大范围内电能分配与优化运行的重要手段。

源网荷储协同控制技术整体架构如图1-1所示。

1．从设备维度角度

配电网源网荷储协同控制架构由两个维度组成，从设备维度角度出发，分为源、网、荷、储四个层级，四者交互实现源网荷储协同控制，其技术核心包括以下四方面。

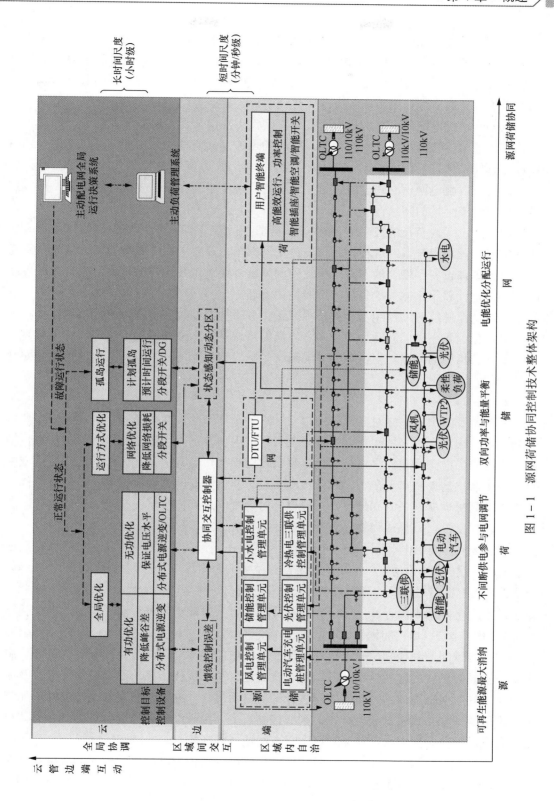

图 1-1 源网荷储协同控制技术整体架构

（1）源：源端控制与管理技术。通过对分布式发电可控单元的协同控制，实现分布式电源的高度兼容与资产的高效利用，兼顾水、风、光、储、冷热电三联供等多种分布式能源接入配电网实现优化运行。这一技术以多种分布式能源特性及其控制建模为基础，通过考虑分布式电源作用下的配电网优化调节，实现多类型分布式能源互补利用。

（2）网：配电网的信息物理融合技术。网作为当前能源传输载体，随着云计算、新型传感、通信、智能控制等新一代信息技术的迅速发展与推动，由控制系统、嵌入式系统逐渐延伸至信息物理融合系统，为能源的优化传输、通信的精准描述提供了基础。这一技术通常以配电网信息物理融合形态为基础，进一步考虑信息物理协同优化，形成兼顾信息物理安全性的网级控制策略。

（3）荷：柔性负荷的控制与管理技术。通过区域范围负荷管理方法，实现用户本地负荷信息管理与运行系统远程控制，支持电动汽车以及普通用电负荷互动。这一技术通常以负荷单体设备到聚合的不同层级建模为基础，通过用户侧资源评估，实现兼顾用能响应不确定性和用户需求的负荷侧资源优化管理。

（4）储：储能并网控制与管理技术。量化分析储能系统并网的供蓄能力指标，实现基于多样化储能系统的并网协调控制，以储能系统基本构成为基础，进一步扩展到复合型储能及其指标的提出，用以指导储能系统的响应与优化运行，最终实现储能系统并网协调控制。

2．从控制维度角度

从控制维度出发，则对应云管边端互动，各个环节功能有所不同，其中：云，负责全局协调；边，负责区域间交互；端，负责区域内自治；管，则主要是能量与信息传输路径。考虑当前源网荷储协调控制设备复杂化的趋势，全局协调、区域间交互、区域内自治三个层次的控制需要在不同时间尺度上进行有机配合，从而实现整体目标的最优。其中：全局协调属于长时间尺度，一般以小时为时间周期；区域间交互、区域内自治属于短时间尺度，以分钟或秒级为周期。具体如下：

（1）全局协调优化层——长时间尺度。考虑配电网设备的复杂性，全局协调优化层属于长时间尺度控制，该层次以全局运行决策系统主站为核心，通过下层的协同交互控制器、分布式电源控制管理单元、分布式馈线自动化设备等进行全电网运行状态的采集，在此基础上结合配电网未来运行态，通过多目标优化的方法对配电网进行全局层面上的优化计算，从而获得下层区域内的优化运行指标，以指导下层区域控制层及进行实时态的运行调整。

（2）区域间交互控制层——短时间尺度。区域控制层以协同交互控制器为核心，主要负责短时间尺度的区域功率统筹，基于全局运行决策优化程序所给出的优化指标及参考信息对其所属范围内的分布式电源进行局部自治优化，并通过分布式电源管理单元装置对不同类型分布式电源进行控制。区域控制层主要用于维持各控制区域内部的整体稳定性，以降低各个区域内部波动对整个配电网造成的影响。

（3）区域内自治控制层——短时间尺度。区域内自治控制层属于短时间尺度功率控制，以分布式电源控制管理单元为核心，对同一配电节点上同类型分布式电源进行调度。主要用于提高分布式电源功率跟踪速度，同时可以实现多个分布式电源的分配协调。

第2章
分布式电源并网特性与控制

分布式电源作为一种新型的能源利用技术，由于其厂址选择的灵活性，对环境污染的影响小，可降低输电损耗，已经得到了越来越广泛的应用。高渗透率分布式可再生能源接入后会给配电网安全运行带来冲击和挑战，探讨分布式电源的并网特性对于理解其与配电网之间的电能交互过程及产生的相关问题有着重要的意义。

分布式电源的有效控制是保证其正常运行的前提，由于分布式电源的规模相对较小，且多数情况下是参与到局部电网的运行中，因此其控制策略需要针对性地考虑其并网运行的环境和条件。探讨分布式电源并网特性与控制策略，可以为设计和优化分布式电源的并网运行提供理论支持。

本章首先介绍分布式电源类型，提出分布式电源尤其是间歇式能源接入指标，进一步分析了分布式电源接入配电网情况下的有功消纳模式和无功控制模式。有功消纳模式中结合分布式电源并网接入指标及点线面消纳模式，分析了不同消纳模式的适用范围与典型应用场景；无功控制模式用于支撑当前配电网有限量测下电压越限恢复，避免分布式电源等设备由于电压越限导致退出。

最后，结合当前工程需求介绍分布式电源控制管理单元，可以与现有的通信管理单元的硬件复用并扩展控制功能，也可以单独形成产品，根据现场情况灵活配置，实现分布式电源的就地控制与局部自治的能力。

2.1 分布式电源分类及特性

分布式电源通常指接入 35kV 及以下电压等级电网，以能源就地消纳为目标的供能设备，包括光伏发电装置、风力发电装置、微型燃气轮机、内燃机发电装置及当前在能源互联网中较为常见的冷热电三联供等。

受当前分布式电源类型复杂化的影响，除部分场景下需要对分布式电源进行精准管理外，通常可将具有不同运行特性和控制特点的分布式电源进行分类，以保证控制策略的普适性，提高源网荷储互动中分布式电源并网特性分析与控制效率。通常而言，分布式电源根据其运行和控制特性可以分为不可控类设备和可控分布式电源类设备两大类。

2.1.1 不可控类设备

不可控类设备通常以风电、光伏等间歇式能源为代表，其特点是出力波动性大且可预测性低，控制特性上一般只进行 PQ 控制，正常情况下采用最大功率点跟踪（maximum power point tracking，MPPT）控制，其发电功率可表示为

$$P_i(t) \leqslant P_i^{\max}(t) \qquad \forall i \in I \qquad (2-1)$$

式中：$P_i(t)$ 为该设备在时刻 t 的功率值；$P_i^{\max}(t)$ 为该设备在时刻 t 的最大可能功率值；I 表示不可控类设备所组成的集合。

在追求不可控类设备尤其是间歇式能源完全就地消纳时，要求 $P_i(t) = P_i^{\max}(t)$，但在不可控类设备影响电网安全运行时需要对其功率进行限制。对于未接入控制或者处于不可控状态的分布式电源同样可归入不可控类设备。

考虑当前文献中对不可控类设备，尤其是风力发电机组和光伏等设备的建模较为详尽，本书中不再进行赘述，重点从配电网运行的角度对不可控类设备运行特性与影响进行分析。

受自然条件多变的影响，间歇式能源的不确定性与随机性一直是配电网运行控制常见问题。配电网通常采用两种方式对风力发电机组和光伏等不可控类设备的运行进行考虑，第一种是传统配电网中较为常见的即插即忘（Fit-and-forget）式接入，在进行不可控类设备接入前充分评估其带来的影响，在其任何出力状态均不影响电网运行的前提下保证其工作于 MPPT 状态。这种方式会在相当程度上影响电网资产的利用效率，因此随着智能配电网源网荷储互动技术的发展适应性逐步降低。第二种是对风力发电机组和光伏等不可控类设备在优化中考虑其能源预测值，在实际运行中，结合预测值与实际值的偏差对其他可控资源进行灵活调节，保证不可控类设备，尤其是间歇式能源出力的同时提高电网运行的经济效益与可再生能源消纳率，显然第二种方式更为适应智能配电网大规模分布式电源接入的特性。

对于风力发电机组和光伏等不可控类设备的能源功率预测，较为常见的方式可以分为两类：一是以历史数据为出发点的统计模型预测方法，如灰度预测法、小波分析法等；二是以环境参数为基础的物理模型预测方法，基于风速、风向、气压、气温等多方面因素对风电、光伏的未来出力进行预测。虽然上述各类型预测方式可以获得较为精确的结果，受环境因素影响，风力发电机组和光伏等不可控类设备的预测误差仍然是目前不可规避的问题。目前配电网的优化运行策略主要基于负荷预测与间歇式能源预测形成长时间尺度的优化结果，然而忽略预测本身的误差势必影响实际优化运行的效果。

部分文献中对风力发电机组和光伏等不可控类设备的发电预测误差进行了评估，较为常用的是正态分布模型 $\Delta P_i \sim N(\mu_i, \sigma_i)$，其概论密度函数为

$$f(\Delta P_i) = \frac{1}{\sqrt{2\pi}\sigma_i} e^{-\frac{(\Delta P_i - \mu_i)^2}{2\sigma_i^2}} \qquad (2-2)$$

式中：ΔP_i 为预测误差值；σ_i、μ_i 为正态分布方差和期望值。在足够的预测精度下可以

将期望值 μ_i 设置为 0。部分文献在此基础上，根据概率分布和最小二乘法提出了改进的正态分布方法描述预测误差分布模型，增加了部分系数项 b、c 以获取更加优化的效果，其改进后的概率密度函数为

$$f(\Delta P_i) = \frac{a}{\sqrt{2\pi}\sigma_i} \mathrm{e}^{-\frac{b(\Delta P_i - \mu_i)^2}{2\sigma_i^2} + c} \tag{2-3}$$

针对间歇式能源预测误差问题，目前主要存在两种解决方式，第一种方式是在实际运行中对间歇式能源出力误差进行削减，当间歇式能源出力预测值与实际运行值存在偏差时，可以利用储能装置或者柔性负荷对差值进行抑制，从而在实现间歇式能源完整消纳的同时降低间歇式能源预测误差所带来的影响。第二种方式是在优化计算中直接对间歇式能源出力波动进行估计，利用多阶段随机规划模型对分布式电源波动进行控制。这种方式通常见于输电网优化运行中，将间歇式能源处理不确定性转化为基于安全约束的随机组合问题（security-constrained unit commitment，SCUC）模型进行求解。在这种解决方式中，风电或负荷的不确定性通常通过场景生成的方式生成不同约束条件下的不确定场景，从而将其加入优化模型中。

目前间歇式能源不确定性处理方法在配电网，尤其是源网荷储协同上应用尚不成熟，将间歇式能源预测误差引入源网荷储协同优化运行对于避免预测值与实际值偏差所导致的优化效果降低具有重要意义。

2.1.2 可控分布式电源类设备

可控分布式电源类设备其特点是出力稳定，控制特性上可以进行 PQ 控制和 U/f 控制，包括水电、燃气轮机、微燃机、内燃机等，其出力具有良好的可调节特性，有功功率可以选择在允许范围内进行灵活的调整，其模型通常可以表示为式（2-4）~式（2-6），即

$$\frac{P_i(t) - P_i(t+\Delta t)}{\Delta t} \leqslant \alpha_{\mathrm{down}} \qquad \forall i \in \Phi \tag{2-4}$$

$$\frac{P_i(t+\Delta t) - P_i(t)}{\Delta t} \leqslant \alpha_{\mathrm{up}} \qquad \forall i \in \Phi \tag{2-5}$$

$$P_i(t) \in X_{\mathrm{permit},i} \qquad \forall i \in \Phi \tag{2-6}$$

式中：$P_i(t)$ 表示可控分布式电源类设备 t 时刻有功功率值；α_{up}、α_{down} 表示设备向上、向下爬坡率限制值；X_{permit} 表示该可控分布式电源类设备功率调节范围，可以表示为 $[L_{\mathrm{low},i}, L_{\mathrm{up},i}]$，其中 $L_{\mathrm{low},i}$ 和 $L_{\mathrm{up},i}$ 分别表示有功功率的上限和下限；Φ 表示可控分布式电源类设备组成的集合。

当然也有部分设备会引入额外的约束条件，较为有代表性的就是水电，水电将水的势能转化成动能，经过水轮机后转化成电能对外发电。其类型通常有两类，第一种为径流式水电站，其一天的发电量由当日水流量决定，不能进行控制。当一天中水流量变化不大时，可认为是稳定的功率供给单元。整体而言，径流式水电站仍然属于上一种不可控类设备。可调节水电通过水库对水资源进行存储，可调节流量和净水头，实现对输出

功率的控制，可以完成短期调节以及长期调节。但受水轮机固有结构影响，当水电运行状态偏离允许运行区域时会由于发电机输出功率不稳定导致功率振荡，因此其允许功率范围还需要排除水轮机振荡区域。

由于配电网中可控分布式电源类设备容量通常较小，在一个优化步长中可以实现从下限到上限的功率变化，因此对于小型可控分布式电源类设备优化计算时可以将约束条件式（2-5）、式（2-6）省略，实现优化计算在时间上的解耦，降低计算复杂程度。

2.1.3 其他特殊分布式电源

除了前述几类分布式电源以外，还有部分分布式电源具有一定的特殊性，其中最为典型的是冷热电三联供。冷热电三联供可以以小规模、小容量（几千瓦至50MW）、模块化、分散式的方式布置在用户附近，可独立地输出冷、热、电能，在实现能源转换的同时减少能源输送系统投资和能量损失，是更高效、更可靠和更加环保的能源系统。

冷热电三联供一般指以天然气为主要燃料带动燃气轮机或内燃机发电机等燃气发电设备运行，产生的电力满足用户的电力需求，系统排出的废热通过余热回收利用设备（余热锅炉或者余热直燃机等）向用户供热、供冷。经过能源的梯级利用使能源利用效率从常规发电系统的40%左右提高到80%左右，能源梯级利用效率达到70%～90%，大量节省了一次能源。典型冷热电三联供示意图如图2-1所示。

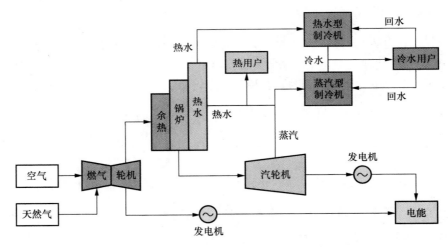

图2-1 典型冷热电三联供示意图

冷热电三联供优势着重体现在以下几个方面。

（1）技术先进。采用国际能源利用领域的先进技术，体现了能源利用的发展方向。

（2）节约能源，能源综合利用率高。先利用天然气的高品位热能发电，发电余热用来供热或制冷，使能量的利用更为合理。冷热电三联供由于建设在用户附近，不但可以获得40%左右的发电效率，还能将中温废热回收利用供冷、供热，其综合能源利用率可达75%以上。另外，与传统长距离输电相比，它还能减少6%～8%的线损。

（3）经济性较高。采用三联供系统利用发电后的余热来供热、供冷，由于整个系统能源效率的提高导致了能源供应成本的下降，在不断增长的能源价格体系下更具有良好的经济效益。

（4）投资回报率高。由于其能源的利用率高，采用发电机增资部分的投资回收期较短。

（5）供能安全性高。由于增加了用户自发电系统，大大减少了对电网的依赖性，提高了用电的安全性。

冷热电三联供系统余热锅炉功率可表达为

$$P_R = \frac{P_{cool}}{\eta_{cool}} + \frac{P_{heat}}{\eta_{heat}} \tag{2-7}$$

式中：P_R 是余热锅炉发出的功率，同时可以看成是等效的热功率；P_{cool} 和 P_{heat} 是冷负荷和热负荷的所需的功率；η_{cool} 和 η_{heat} 是制冷装置和制热装置的效率。

燃气轮机中的功率关系为

$$P_E = P_{GT}\eta_E \tag{2-8}$$

$$P_h = P_{GT}(1-\eta_E) \tag{2-9}$$

$$P_R = P_h\eta_R \tag{2-10}$$

式（2-8）表述了燃气轮机电功率与输入功率之间的关系，其中 P_E 是输出的电功率，P_{GT} 是燃气轮机输入功率，η_E 是转换成电功率的效率；式（2-9）表述了燃气轮机转换成热功率与输入功率之间的关系，其中 P_h 是转换成的热功率；式（2-10）表述了热功率进入余热锅炉后为制冷/热装置进行供能转化关系，η_R 是转化效率。结合前述各式可得

$$P_E = \frac{\eta_E}{\eta_R(1-\eta_E)} P_R \tag{2-11}$$

由此可以看出，电功率与余热锅炉输出的热功率成正比，在"以热定电"（following the thermal load，FTL）模式下，输出的电功率与等效的热功率相关，需要多少热功率就能发出相应的电功率，因此属于不可控类设备；在"以电定热"模式下，可以发出任意的电功率，但是在该功率下应该满足一定的热功率约束，否则会有较大的能源浪费，此时系统是属于可控分布式电源类设备。其发电特性如式（2-12）所示，即

$$\begin{cases} P_E = \dfrac{\eta_E}{\eta_R(1-\eta_E)} P_R & \text{(FTL)} \\[2ex] \dfrac{\eta_E}{\eta_R(1-\eta_E)} P_R(1-\alpha) \leqslant P_E \leqslant \dfrac{\eta_E}{\eta_R(1-\eta_E)} P_R(1+\alpha) & \text{(FEL)} \end{cases} \tag{2-12}$$

式中：α 为等效热负荷可调节范围。

2.2　分布式电源接入指标

配电网中广泛接入了分布式电源，本节内容从间歇式能源出力变化特点、并网容量、

接入分布等多个层次，提出了波动指标、渗透率、分布率、分散度四个接入指标，以量化分析分布式电源高渗透接入配电网后所带来的影响。

1. 间歇式能源功率波动指标

波动指标是指某间歇式电源各微小时间间隔前后功率差的累积和，其值越大，表明该电源出力波动越大。

定义并网间歇式能源总功率在 ΔT 时间间隔内的波动指标如式（2-13）所示，即

$$\Delta P_{Inte} = \sum_i [P_{Inte\_i}(T + \Delta T) - P_{Inte\_i}(T)] \tag{2-13}$$

式中：ΔP_{Inte} 为全部并网间歇式能源总功率在 ΔT 时间间隔中的功率变化量；$P_{Inte\_i}(T)$ 为第 i 类并网间歇式能源在 T 时刻总功率。

间歇式能源总功率波动受时间间隔 ΔT、间歇式能源额定容量及间歇式能源种类及其相关性影响。ΔT 越长，间歇式能源额定容量越大，则 ΔP_{Inte} 越大；间歇式能源种类越多，相关性越小，则 ΔP_{Inte} 相对越小。在一定时间内的 ΔP_{Inte} 满足正态分布。

2. 分布式电源渗透率指标

渗透率是馈线上所接的所有分布式电源额定功率之和比上馈线的所有配电变压器容量之和，渗透率越高表明分布式电源接入的容量越大。

间歇式能源与功率可控分布式电源渗透率（P_{er}）定义如式（2-14）所示，即

$$P_{er} = \frac{P_{DGs}}{P_{DTs}} \times 100\% \tag{2-14}$$

式中：P_{DGs} 为所有分布式电源额定功率之和；P_{DTs} 为馈线的所有配电变压器容量之和。

3. 分布式电源分布率指标

分布率是馈线上所接的分布式电源的节点数比上馈线所有配电变压器节点数，分布率越高，表示分布式电源接入的点数越大，分布越广泛。

分布式电源分布率（D_{is}）定义如式（2-15）所示，即

$$D_{is} = \frac{N_{DGs}}{N_{DTs}} \times 100\% \tag{2-15}$$

式中：N_{DGs} 为馈线上所接的分布式电源的节点数；N_{DTs} 为馈线所有配电变压器节点数。

4. 分布式电源分散度指标

分散度是馈线上所接的分布式电源的额定功率与其平均额定功率的最大偏差百分比，用以反映分布式电源总的接入容量在各个分布式电源单元的分配情况，其值越小，表明各单位容量分配越平均。

分布式电源分散度（D_{ip}）定义如式（2-16）所示，即

$$D_{ip} = \max \left| \frac{P_{DGs} - P_{avg,DGs}}{P_{avg,DGs}} \right| \times 100\% \tag{2-16}$$

式中：P_{DGs} 为馈线上所接的分布式电源的额定功率；$P_{avg,DGs}$ 为馈线上所接的分布式电源的平均额定功率。

前述指标的具体应用场景及其效果将结合下文中的分布式电源有功消纳模式进行详述。

2.3　分布式电源控制模式

2.3.1　分布式电源有功消纳模式

分布式电源的大量接入引起配电网潮流的双向变化，同时，相比单向潮流网络，分布式电源接入的配电网易放大控制误差，导致线路上潮流越限以及电压越限等，从而影响配电网的供电质量，提升运行人员控制管理难度。

根据前述特性分析结果，不可控类设备依赖于自然条件，变化较为频繁。其有功功率和无功功率输出都会影响系统的安全运行能力，故需要从多个方面考虑不可控类设备接入后的分布式电源控制模式。

本节内容着重分析分布式电源有功消纳模式。从点、线、面三个级别控制配电网潮流，主动适应不可控类设备出力变化，对其进行消纳。三类型消纳模式允许自由双向流动的潮流，适应不同的分布式电源出力情况，可提升系统安全性，且令配电网具有负荷转移能力，提高配电网对间歇式能源的消纳能力。

1．点消纳模式

点消纳模式以配电变压器作为"点"单元，不可控类设备，尤其是间歇式能源在单个点单元消纳，功率不允许倒送至馈线上其他点单元。配电网点消纳模式利用可控分布式电源类设备平抑光伏和风力发电机组的功率输出，提高间歇式能源利用率。在配电变压器的低压侧或自治区域入口处装有防逆流保护装置，当间歇式能源输出功率过高时，通过降低其出力防止功率倒送至馈线，保障馈线的稳定性和安全性。点消纳模式借鉴了微电网技术的控制思想，在其控制的过程中，用户响应控制需求，并将自己的状态反馈给控制单元，控制单元再根据用户状态进而做出下一个控制决策。这样的信息交互同时还发生在控制单元和间歇式能源之间，因此，先进的信息技术是配电网实现其对间歇式能源高效管理和消纳的基础，其示意图如图 2-2 所示。

2．线消纳模式

配电网线消纳模式以 10kV 馈线作为"线"单元，不可控类设备功率波动在单个馈线单元或存在网络联络开关的多个馈线单元间进行消纳，不可控类设备发电功率不允许倒送至变电站层面。线消纳可以兼容微电网系统和配电网点消纳系统，通过灵活的协调控制技术实现规模化间歇式能源完整消纳的有效模式。该模式允许微电网和点消纳系统将其功率上送至馈线，从而实现对馈线上双向自由流动的潮流的合理控制。但其在馈线出口处安装防逆流保护，不允许馈线功率上送至变电站母线以及变电站内的其他馈线，保证馈线自身运行的安全性。线消纳模式在同一电压等级上综合利用了馈线上所有的不可控类设备和可控分布式电源，使得间歇式能源的接入容量和接入半径相对于点消纳模式有了较大提升，其示意图如图 2-3 所示。

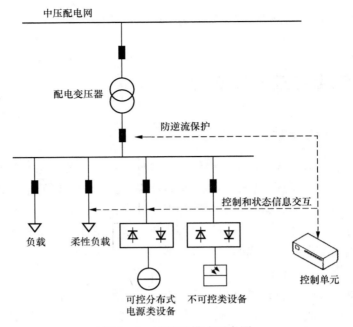

图 2-2　点消纳模式示意图

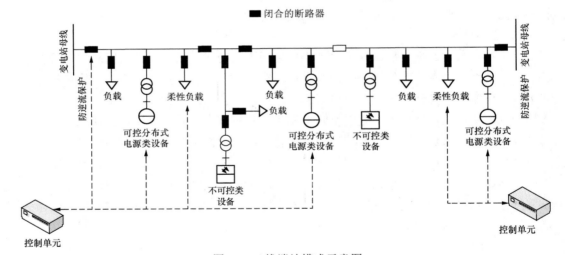

图 2-3　线消纳模式示意图

■闭合的断路器；□断开的断路器

3．面消纳模式

配电网面消纳模式以变电站为"面"单元，不可控类设备发电功率倒送至变电站10kV 母线，通过本母线其他馈线或者改变系统运行方式利用其他母线上的馈线共同对功率波动进行消纳。面消纳是一种主动协调变电站内各馈线间的可控分布式电源类设备出力，使每条馈线的不可控类设备发电得到最大化消纳的一种模式。该模式对变电站内两条甚至多条馈线间的双向自由流动的潮流进行合理控制，但其在变电站变压器低压侧装有防逆流保护装置，防止在低负载高间歇式能源出力的情况下馈线向上级电网输送功率，有效保证电网运行的安全性。当变电站内多条馈线间歇式能源消纳水平差别较大时，如一些馈线上不可控类设备出力超过当时负荷，则可以将多余的电能输送到其他馈线，大幅提高了不可控类设备尤其是间歇式能源的接入容量和接入范围，其示意图如图 2-4 所示。

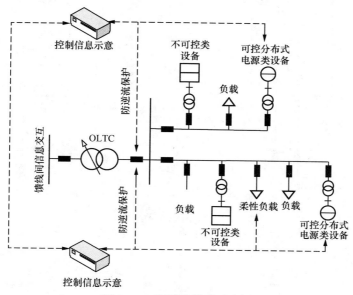

图 2-4　面消纳模式示意图

■ 闭合的断路器

4．消纳模式的消纳效率及适用范围

本部分内容将结合算例对前文中提出的接入指标和点、线、面消纳模式进行分析，以期能够以更为直观的方式展现消纳模式的消纳效率及适用范围。验证算例结构如图 2-5 所示。

（1）单点接入分布式电源。当仅单点接入分布式电源时，分布率为 16.7%，逐渐增加所接入的分布式电源额定功率，得到点消纳和线消纳分布式电源输出功率和发电效率曲线，如图 2-6 所示。

从图 2-6 中可以看出点消纳和线消纳的曲线很相似，在第一阶段负荷足以消纳不可控类设备输出功率，故其发电效率保持在最高；第二阶段负荷不足以消纳时，通过减小可控分布式电源类输出功率满足点消纳和线消纳的条件，但会导致发电效率减小。由于线消纳可以利用馈线资源对点区域多余功率进行消纳，故图 2-6 中线消纳到达转折点的渗透率为 15.0%，远高于点消纳的 5.1%。在低渗透率且分布率相同时，线消纳和点消纳没有本质区别，消纳效果类似，此处不再赘述。

（2）多点接入分布式电源。由于馈线有多个点接入分布式电源，所以在馈线整体渗透率增大时涉及额定功率分配的问题，不同的分配方案使得分散度不同。本小节内容主要针对分散度 0（平均分配额定功率）以及分散度与负荷分布一致两种典型分配方案进行对比分析。

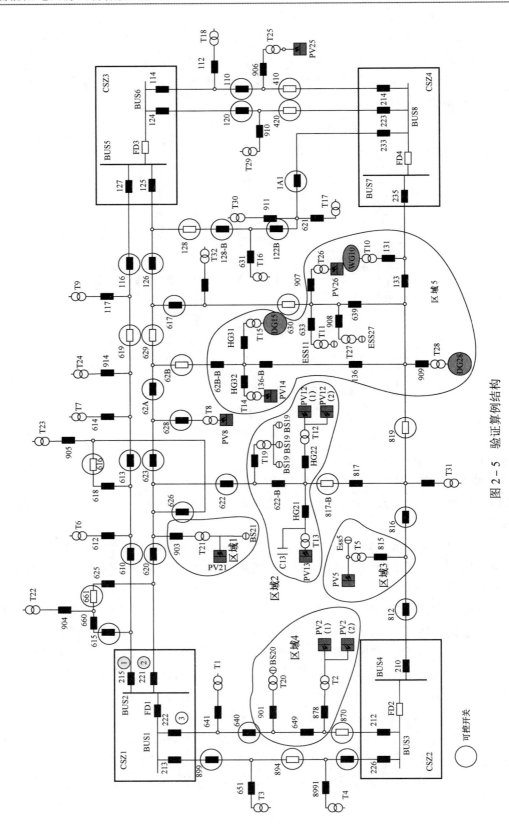

图 2－5　验证算例结构

■ 闭合的断路器；□ 断开的断路器

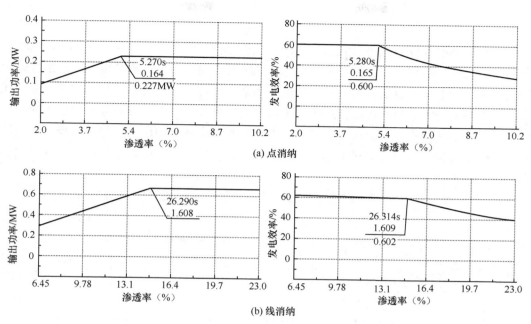

图 2-6　单点接入分布式电源对比结果

1）分散度 0。分散度 0 结果对比如图 2-7 所示。

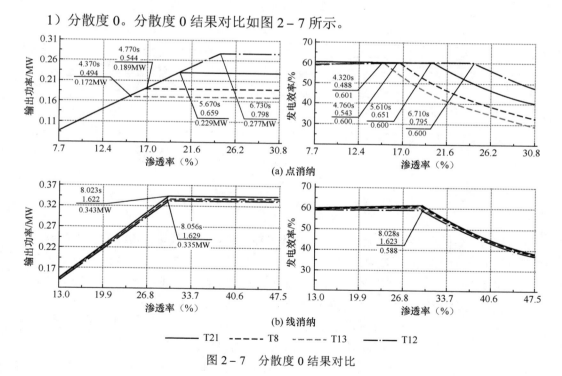

图 2-7　分散度 0 结果对比

从图 2-7 中可以看出，点消纳条件下，随着渗透率的增加，分布式电源在馈线整体渗透率达到 15.3% 的时候，率先达到其功率输出上限，同时其效率开始降低。分布式电源达到上限的先后顺序与接入点负荷大小相关，接入点负荷越大，达到出力上限所对应的渗透率越高。与单个接入点的结果对比发现，分布率越高，其馈线最高渗透率也会相应提高。

与点消纳中各分布式电源先后达到出力上限不同,线消纳中在渗透率为30.3%时各分布式电源同时达到出力上限,其效率也从此时开始逐渐变小。这是由于线消纳模式允许功率在馈线上自由流动,单点不能消纳的多余电能可以被馈线其他负荷或可控分布式电源类设备所消纳,故其可以消纳更高渗透率的不可控类设备,且对分布式电源的利用率也高于点消纳模式。而分布率越高,每个分布式电源承担的出力就越少,受配电变压器容量的限制越小,同时馈线电压、线损产生也会有所不同。面消纳的结果和线消纳类似,此处不再赘述。

2)分散度与负荷分布一致。分散度按负荷比例分配结果对比如图2-8所示。

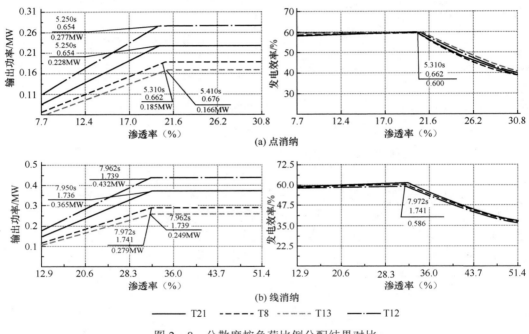

图2-8 分散度按负荷比例分配结果对比

从图2-8中可以看出,无论是点消纳还是线消纳,多个分布式电源的出力在同一渗透率下达到出力上限值,其中点消纳为20.5%,而线消纳为31.9%。达到上限值之前,分布式电源的效率始终保持在最高水平,在出力达到上限后,即使再增大渗透率,分布式电源输出功率也不再增大,其效率持续下降。

图2-9对比了不同分布率和分散度下点、线、面三种消纳模式所能100%消纳的最大渗透率值,从图2-9中可以看出,点、线、面的消纳能力逐级递增,以分布率66.7%为例,三者的渗透率值分别为15.9%,30.3%和48.4%。其中分散度指标对于线、面的消纳能力没有提升作用,但对点消纳的消纳能力有一定的提升作用,在分散度与负荷分散度相同时其消纳能力达到最大值20.5%。

综合上述配电网中单点、多点接入分布式电源后对分布式电源效率的分析,可以得到表2-1所示结论。

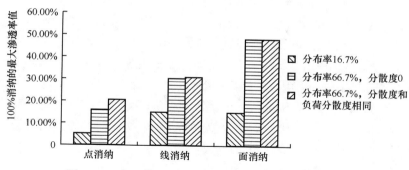

图 2-9　点、线、面 100%消纳的最大渗透率值对比

表 2-1　　　　　　　　　　　　三种消纳模式的适用条件

消纳模式	适用条件		
	渗透率	分布率	分散度
点消纳	低	低	与负荷比例一致时效率最高
线消纳	较高	高	无影响
面消纳	高	高	无影响

（1）点消纳模式适用于渗透率低、分布率低的配电网，且当分布式电源分散度负荷比例一致时效率最高。

（2）线消纳模式适用于渗透率较高、分布率高的配电网，且分散度对分布式电源效率基本没有影响，是一种很有前景的分布式电源消纳模式。

（3）面消纳模式适用于渗透率差值比较大的多条馈线，且其中至少有一条馈线渗透率很高，使分布式电源出力超过线路负荷水平，通过上层优化选择分段母线或互联线路进行消纳，平衡各线路负载率，以期最大限度地消纳分布式电源，所以面消纳在超大规模分布式电源接入配电网时有良好的应用前景。

（4）电网侧的储能不能增大点消纳的消纳能力，却能显著地提高线消纳的能力，是配电网进行主动控制的重要资源。用户侧的储能可以增大点消纳的消纳能力，但受制于用户配电变压器的容量限制，其线消纳的消纳能力减弱。

（5）面消纳的消纳能力主要受到系统的安全运行约束，与所接的储能容量没有太大的关联。虽然其消纳能力较大，但线损大幅增大也是需要考虑的因素之一，而且实际系统运行过程中运行方式改变只有在极端情况下，如分布式电源的出力过大；而且应当考虑间歇式能源的波动性，依旧要采用储能等一些可控资源进行主动调节。

在前述结论基础上，根据工业、商业、居民的典型负荷曲线和光伏出力曲线实例，对比不同渗透率下典型曲线的匹配关系，定量分析不同渗透率接入场景下适用的消纳模式，可以得到如下结论：

1）工业、商业用电场景日负荷峰谷差较小，对间歇式能源的消纳能力较强。当光伏渗透率小于30%时，可直接消纳，采用点消纳模式即可；当光伏渗透率大于30%、小于

70%时，大多数情况负荷可直接消纳光伏出力，少数情况光伏出力可能超过负荷，消纳模式以点消纳为主、线消纳为辅；当光伏渗透率大于70%、小于90%时，光伏出力较大概率会无法直接点消纳，消纳模式以线消纳和面消纳为主。

2）居民用户用电场景日负荷峰谷差大，对间歇式能源的消纳能力差。当光伏渗透率小于30%时，可直接消纳，采用点消纳模式即可；当光伏渗透率大于30%、小于50%时，大多数情况负荷可直接消纳光伏出力，少数情况光伏出力可能超过负荷，消纳模式以点消纳为主、线消纳为辅；当光伏渗透率大于50%、小于70%时，光伏出力较大概率会无法直接点消纳，消纳模式以线消纳和面消纳为主。

2.3.2 分布式电源无功控制模式

在传统配电网中，电压控制受量测数据不足、可观测性较差等局限性的影响通常采用九区图控制策略通过变电站内的电压无功控制（voltage quality control，VQC）装置实现。这种控制方式基于对电压与无功功率所构成的状态量进行分区，从而决定当该状态量处于不同区域中时，输出量（有载调压变压器及电容器组）将如何进行有序调节。随着智能配电网的发展，数据传输单元（data transfer unit，DTU）等量测设备与分布式电源的接入给配电网增加了新的量测节点，从而提高了配电网的可观测性。同时，分布式电源在馈线中段或末端的接入也改变了传统配电网电压延馈线降低的分布方式，使得传统基于变电站站内信息的电压控制策略无法正确工作。相较传统配电网，含分布式电源的配电网电压控制手段更为复杂，涉及直接可投切并联电容器组、有载调压变压器，甚至分布式电源、柔性负荷等多种调节设备。而且与传统配电网单独利用无功进行控制不同，智能配电网应该综合利用电网中的有功、无功控制设备共同完成电压调节。因此需要更加灵活的电压控制策略对电网中的可调资源进行合理利用，解决由于配电网中间歇性能源功率波动或者负荷扰动引起的电压越限问题。

1．基于区域分解的配电网电压水平估计

对配电网电压控制而言，其基本原则仍然是对电压越限进行判断，在此基础上利用可控资源对越限电压进行恢复。然而，受配电网中多类型分布式电源接入影响，其电压分布具有相当的复杂性，不再沿馈线单调递减，而且在中低压配电网中自动化水平普遍较低，往往仅有部分分段点配有DTU等量测装置，可观测性较差，存在一定的监测盲区，这也变相导致了配电网电压分布描述困难，难以对电压越限进行准确的判断。在智能配电网中，为了实现对分布式电源的有效控制与管理，通常在分布式电源接入节点配有量测设备，从而对分布式电源功率、电压等信息进行实时采集，这也给配电网提供了更多的信息，让更准确的电压越限判断成为可能。为了实现配电网的电压越限恢复，结合当前量测特点，对配电网中各馈线电压水平，尤其是最高、最低电压值进行估计具有重要意义。

分布式发电会提升接入点的电压，当分布式发电的出力过大时，其电压甚至会超过首端电压，因此馈线的最大电压值肯定存在于分布式发电接入点或者馈线首端，馈线的最大电压值 U_f^{max} 可表示如式（2-17）所示，即

$$U_f^{max} = max(U_i, U_0), \quad i \in (DGs) \tag{2-17}$$

式中：U_i 表示分布式发电接入点电压值；U_0 表示馈线首端电压值，由于分布式发电接入点一般都装设测量单元，因此馈线的最大电压值可以通过实测获取。

相比较而言，馈线的最小电压值就难以估计得出，需要根据馈线的潮流大小及方向进行判断。近几年配电网自动化的大范围应用使得馈线在分段点以及 T 接分支节点都安装了馈线终端装置（feeder terminal unit，FTU）或者 DTU 等配电网自动化终端设备，这些设备采集的功率及电压信息为馈线的最小电压值估计提供了必要的数据基础。馈线的最小电压值估算可以通过图 2-10 的示例来说明。

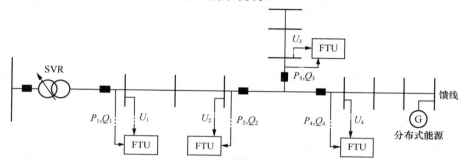

图 2-10 配电网自动化终端配置示例

根据图 2-10 的可观测点测量到的电压及功率数据可以估算出馈线的最小电压值以及最小电压点所在的大致位置。馈线的最小电压估算以分段开关或者分支开关作为分割边界，依次估算出每个分隔区域的最小电压值，然后取其中的最小值作为馈线的最小电压估算值，该分隔区域作为电压最低点所处位置。馈线分隔区域可以划分为双端口区域和单端口区域两类，对于双端口区域，假设以流入母线的功率方向为正方向，如果区域两侧 FTU 测量到的功率值至少有一侧 P、Q 同时为负，则表明馈线电压最低点不在本双端域内，否则该双端域有可能存在馈线电压最低点，该双端域内最小电压估算值可按照式（2-18）估算，即

$$U_{dp}^{min} = \begin{cases} U_1 & \text{当 } J_{g1} < 0 \ \& \ J_{g2} > 0 \text{ 时} \\ U_2 & \text{当 } J_{g1} > 0 \ \& \ J_{g2} < 0 \text{ 时} \\ min(U_1, U_2) & \text{当 } J_{g1} < 0 \ \& \ J_{g2} < 0 \text{ 时} \\ \dfrac{P_{ar1}R + P_{ar2}X - P_{ar3}}{P_{ar4}R + P_{ar5}X} & \text{其他} \end{cases} \tag{2-18}$$

$$J_{g1} = P_1 R + Q_1 X \qquad J_{g2} = P_2 R + Q_2 X$$

$$P_{ar1} = U_1^2 P_2 + U_2^2 P_1 \qquad P_{ar1} = U_1^2 Q_2 + U_2^2 Q_1$$

$$P_{ar3} = (P_1 R + Q_1 X)(P_2 R + Q_2 X)$$

$$P_{ar4} = U_1 P_2 + U_2 P_1 \qquad P_{ar5} = U_1 Q_2 + U_2 Q_1$$

式中：R、X 分别代表双端域内线路的总电阻和电抗值。

式（2-18）是基于双端域内的负荷集中于区域线路的中间位置得出，不难理解，当

负荷集中于一个点相比较负荷均匀分布时，馈线产生的电压降更大，这是因为若负荷均匀分布，线路上的潮流会逐级减小，因而产生的压降也会更小，因此，以上式估算得出的电压最小值更加偏于保守，有利于在实际电压发生真实越限前提前动作。

而对于单端口区域，其最小电压值 U_{sp}^{min} 的估算则相对简单。如果 FTU 测量到的功率值 P、Q 同时为负，则表明馈线电压最低点不在本单端区域内。否则该单端区域有可能存在馈线电压最低点，该单端区域内最小电压估算值可按照式（2-19）估算，即

$$U_{sp}^{min} = \begin{cases} U_1 - \dfrac{P_1 R + Q_1 X}{U_1} & \text{当} P_1 R + Q_1 X > 0 \text{时} \\ U_1 & \text{当} P_1 R + Q_1 X < 0 \text{时} \end{cases} \quad (2-19)$$

式中：R、X 分别代表单端区域内线路的总电阻和电抗值。

式（2-19）基于单端域内的负荷集中于区域内的末端位置这一假设计算得出，因而也是一种保守估算值。最终馈线的最小电压估计值为

$$U_f^{min} = \min(U_{dp}^{min}, U_{sp}^{min})$$

2．配电网电压控制框架

前文提出了基于量测点区域划分的配电网电压估计方法，该方法可以实现对电压估计，从而获得馈线最大、最小电压值。在配电网的电压控制中，控制设备复杂多样。除了需要充分利用分布式电源的有功、无功调节能力外，还需要协调主变压器有载调压开关（on load tap changer，OLTC）、电容器组、分布式电源甚至柔性负荷等多类型无功控制设备的运行。因此，需要对配电网电压控制策略进行研究，实现电网中复杂控制设备的充分利用，以确保馈线节点电压始终处于合理、安全的范围内。

目前常见的配电网电压控制策略可以分为分散式电压控制、集中式电压控制、协调电压控制三大类。

（1）分散式电压控制策略。分散式电压控制通常以传统配电网电压控制设备为基础，利用加设其他就地控制器的方式避免变电站内自动控制装置因大幅改造而导致的控制成本提高。

目前常见的分散式电压控制方式主要有两种，第一种是以消除分布式电源对配电网影响为目标，德国 VDE-AR-N 4105：2018-11《连接至低压配电网的发电机—低压配电网接入并联运行技术要求》和意大利 CEI 0-21《主动和被动用户连接低压电力设施的参考技术规则》中所规定的光伏逆变器电源电压辅助模式就是基于该目标，将功率因数作为有功功率函数或作为电压偏离量函数进行控制。这种电压控制策略可以增加配电网接纳分布式电源的能力，实现就地电压管理，但也限制了分布式电源的有效利用。第二种分布式电源控制方式以尽量保证分布式电源有功功率为目标，对不同需求下的运行控制方法进行分离。其对分布式电源控制模式通常在恒因数控制模式和电压控制模式之间进行切换，以保证分布式电源功率因数最优。

分散式电压控制策略由于信息流分区域流动的特点可以减少大量通信配置导致的控制成本提高，减少或避免变电站内自动控制装置的调整改造，其控制方式主要存在以下制约条件。

1）电压控制设备压力比较大，尤其在含有波动性较强的分布式电源时，电压控制设备可能会频繁动作。

2）分散式电压控制通常需要牺牲部分分布式电源有功以保证电网电压，不利于分布式电源的充分利用。

3）由于分散式电压控制存在多个控制设备，彼此之间缺少通信连接，但会通过配电网络互相影响，各控制设备可能存在调节冲突，各控制设备的时间整定始终是一个重大的难题。

（2）集中式电压控制策略。目前国内外文献中采用的集中式电压控制策略可以根据其出发点不同分为两大类：第一类是以电压优化为出发点，以不同类型优化算法为核心的优化式电压控制策略，这种电压控制通常是为了确定未来一段时间内系统各种可控设备的运行状态，以保证电网运行的安全可靠性；第二类是以电压越限恢复为出发点，以控制规则为核心的触发式电压控制策略，通过启发式算法或一定的控制逻辑直接触发预定的控制流程来进行电压越限恢复。

优化式电压控制策略的核心思想是在电网负荷、电源及潮流分布可观测的情况下，以未来一段时间内分布式电源出力或出口端电压值、无功补偿电源容量和有载调压变压器分接头位置等作为控制变量，以分布式电源额定功率、负荷节点电压幅值为约束条件，选择合适的优化算法，在满足电力系统负荷需求的前提下，计算合适的无功补偿状态，保证电力系统的经济运行及分布式电源的有效利用。基于含分布式电源配电网无功优化问题本身所具有的复杂性，其中潮流非线性约束以及部分参量的离散化使传统的数学规划方法难以准确描述和计算，人工智能算法所具有的适于处理非线性、离散化问题的特征促使其广泛应用于国内外配电网的优化式电压控制策略中，包括遗传算法、禁忌算法、粒子群算法等。由于优化式电压控制通常需要兼顾网络损耗、经济性、分布式电源利用率等多方面目标，二层规划法、基于帕累托前沿的多目标优化方法也是目前较为重要的发展方向。

在触发式电压控制中，通常根据控制对象及控制目标的差异性将整个控制过程分解为一系列子控制环节，各个子控制环节均包含多个控制动作及控制计算流程，在此基础上通过控制条件的判断决定前述子控制环节的触发流程，最终实现电压控制目标。由于配电网中量测节点有限，触发式电压控制策略主要难点在关键节点的选择及其越限判断技术。部分文献中关键节点电压值采用 GenAVC 技术，利用状态估计获得，但这种方式会影响触发式电压控制策略的响应速度。同时，若关键节点电压估计基于静态网络模型，在运行方式发生改变时需要加以调整以保证预测结果的正确性。

集中式电压控制策略可以综合考虑不同类型电压控制设备，在此基础上通过状态估计实现优化控制。集中式电压控制主要存在以下制约条件：

1）集中式电压控制需要加设传感器、遥控、布置通信网络，同时要保证数据采集与监视控制系统（SCADA）信道的可靠性，这会在相当程度上增加控制成本，同时大量数据的统一输入输出会影响控制效率。

2）集中式电压控制中心计算负担较大，这种单一中心的配置方式会导致可扩展性和可靠性降低。

（3）协调电压控制策略。协调电压控制策略是解决覆盖范围广泛的配电网中多类型分布式电源及其他类型可控设备协调运行的有效手段，这种控制策略可以避免分散式电压控制依据局部信息控制所导致的难以优化运行的弊端，同时可以缓解集中式电压控制通信压力大、存在延时等问题。

协调电压控制综合了分散式电压控制和集中式电压控制的特点，首先根据控制目标或控制方法进行控制区域划分，在区域内自治的基础上通过区域间信息交互或上层控制设备的统一协调实现不同区域间的优化控制。

基于多代理系统（multi-agent system，MAS）的电压控制策略是协调电压控制的一种典型结构，该控制策略根据控制对象不同将 Agent 划分为同等级的 TCL Agent 和 DG Agent 两类，在此基础上根据状态估计结果进行区域控制与协调。MAS 具有很高的灵活性，采用何种控制结构才能在分布式电源控制成本与控制效果间取得良好的平衡仍是一个值得研究的问题。

协调电压控制策略在弥补集中式电压控制策略和分散式电压控制策略部分缺点的同时也带来了许多亟须攻克的难点。

1）目前协调电压控制大多是根据设备类型或者设备控制特性进行区域划分，智能配电网本身运行方式的灵活多变导致控制区域难以保持稳定，为了保证不同运行状态下电压控制的有效性，需要更为有效的区域划分手段保证优化运行，或者加设冗余通信通道，但这种方式会增加控制成本。

2）协调电压控制的控制策略比较灵活，在不存在上层设备时，如何通过同等级控制设备所具备的区域信息形成完整控制信息从而在配电网运行方式改变时保证状态估计或控制策略的有效性也是一个极大的难题。

针对这一问题，本书中采用如图 2-11 所示的电压分层协调控制框架。分层协调控制策略核心思想是通过对控制区域进行分层分区降低设备控制逻辑复杂程度，通过不同层次控制设备之间的配合，实现兼顾设备复杂性与调节实时性的电压控制。

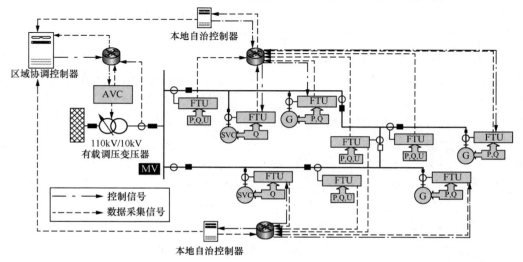

图 2-11　电压分层协调控制框架

静止无功补偿器（static var compensator，SVC）配电网电压分层协调控制由下层的本地自治控制器（local autonomy control system，LACS）与上层的区域协同交互控制器（regional decision system，RDS）构成。本地自治控制器以馈线为单位进行配置，对连接于目标馈线的分布式电源、柔性负荷、电容器等多类型调节设备进行控制，当调节失败时发送所属馈线最高、最低电压值以及协助调节指令至上级区域协同交互控制器。区域协同交互控制器以变电站为单位进行配置，主要针对变电站内有载调压变压器分接头、站内电容器等设备进行调节，影响范围覆盖该变电站下游所有馈线。区域协同交互控制器与本地自治控制器的管理范围可以借助上层主站系统随拓扑变化进行动态更正。

下面分别针对本地自治控制策略和区域协调控制策略进行详细讨论。

3．配电网电压分层协调控制

配电网电压分层协调控制中，本地自治控制器中可控资源包括静态无功补偿器等无功可控设备，分布式电源等有功、无功均可以调节的设备以及柔性负荷这类通常仅能对有功进行调节的设备。其中，分布式电源控制调节又需要考虑功率因数限制等。区域协同交互控制器主要针对变电站下属所有馈线进行综合电压管理，通过变压器分接头的挡位及变电站内部的电容器调节实现。其中变电站内电容器主要用于协调控制完成后，维持站内功率因数范围。

如图 2 - 12 所示，本地自治控制器通过馈线 FTU 的采集数据估算馈线最大电压值和最小电压值，并求解出电压越限值 ΔU_f，经过死区控制和 PI 控制实现馈线无功-电压的实时闭环控制，其中无功功率协调是用于协调馈线上的多个可控分布式电源或无功源，其协调策略可以采用按照电压-无功灵敏度指标排序后，由灵敏度指标最大的那个优先调节，以保证无功调节量最小。

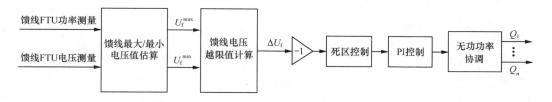

图 2 - 12　本地自治控制器设计

区域协同交互控制器主要针对变电站下属所有馈线进行综合电压管理，通过变压器分接头的挡位及变电站内部的电容器调节实现。其中变电站内电容器主要用于协调控制完成后，维持站内功率因数在正常范围。当区域协同交互控制器接收到告警信号时，将接收当前各馈线最高、最低电压值，在此基础上通过有载调压变压器分接头重新设置变电站内母线电压水平，从而实现下属所有馈线的电压调节。区域协调控制中，分接头挡位调节值计算如式（2 - 20）～式（2 - 22）所示，即

$$U_b^{max} = \max(U_{f1}^{max}, U_{f2}^{max}, ..., U_{fn}^{max}) \tag{2 - 20}$$

$$U_b^{min} = \min(U_{f1}^{min}, U_{f2}^{min}, ..., U_{fn}^{min}) \tag{2 - 21}$$

$$\begin{cases} \Delta T_{OLTC} = \text{ceil}\left(\dfrac{U_b^{max} - U_{lim}^{up}}{\Delta U_{T,OLTC}}\right) & \text{当 } U_b^{max} > U_{lim}^{up} \, \& \, U_b^{min} > U_{lim}^{low} \\[4mm] \Delta T_{OLTC} = \text{ceil}\left(\dfrac{U_{lim}^{low} - U_b^{min}}{\Delta U_{T,OLTC}}\right) & \text{当 } U_b^{max} < U_{lim}^{up} \, \& \, U_b^{min} < U_{lim}^{low} \end{cases} \qquad (2-22)$$

式中：U_b^{max} 表示区域协同交互控制器下属所有馈线的最高电压值；U_b^{min} 表示区域协同交互控制器下属所有馈线的最低电压值；ΔT_{OLTC} 为 OLTC 所对应的挡位调节值；$\Delta U_{T,OLTC}$ 表示 OLTC 单位挡位调节所带来的电压变化值。

若电压无法恢复，则发送告警信息给上层主站系统，进行全局层面的优化管理。

在电压控制过程中可考虑引入指标对本地自治控制器的无功调节能力进行评估，在电压越限程度较低的情况下利用就地设备进行高效率的电压越限恢复，避免无功长距离传送导致的损耗，在电压越限程度较高时以本地自治控制器管理范围为单位进行设备投入，加快电压恢复速度，避免分布式电源等设备由于电压越限时间过长导致的退出。

2.4　分布式电源控制管理单元

为了实现对分布式电源的有效控制，可以在传统分布式电源逆变器及自带管理单元等装置的基础上增设分布式电源控制管理单元，用于增强分布式电源就地控制功能。分布式电源控制管理单元通常用于实时功率控制，对同一配电节点上的同类型分布式电源进行调度。主要用于提高分布式电源功率跟踪的速度，可实现多个分布式电源的分配协调控制。受分布式电源种类影响，对于不可控类设备和可控分布式电源类设备的分布式电源控制管理单元具有不同的特性。

2.4.1　不可控类设备控制管理单元

对于风力发电机组和光伏等不可控类设备，其逆变器或变流器通常发出的就是最大可发功率，控制光伏和风电的出力就是让其降额运行，而光伏和风电的出力具有间歇性和波动性，出力的不确定性使得对其控制变得十分复杂，根据当前时刻功率值进行下次控制可能会出现无法跟踪功率目标值的情况。

通过对光伏和风电出力进行超短期预测，结合机组特性评估光伏和风电下一时刻的功率可调范围，将该数据反馈到上级控制层可以实现光伏和风电的快速功率跟踪。

本书中提出了一种快速功率跟踪的光伏和风电就地控制技术，实现对上层系统/装置下发功率目标的快速跟踪。基于光伏和风电的装机容量、历史运行数据以及天气信息，对光伏和风电的 5min 内的出力进行预测，综合考虑控制区域内所有光伏或风电机组的运行状态，对光伏或风力电站可以快速跟踪的功率可调范围进行评估，风光储协调交互控制器基于此信息下发功率目标，可以实现光伏和风电的快速功率跟踪。

1. 光伏和风力发电机组功率超短期预测技术

光伏和风力发电机组功率预测，采用灰色预测法。设有 $k(k=1,2,\cdots,n)$ 个原始非负样

本序列 $x^0 = \{x^0(1), x^0(2), \cdots, x^0(k)\}$，为揭示系统客观规律，灰色系统理论对序列进行一阶累加生成，即

$$x^1(k) = \sum_{m=1}^{k} x^0(m) \quad (2-23)$$

由此得到序列

$$x^1(k) = \{x^1(1), x^1(2), \cdots, x^1(k)\} \quad (2-24)$$

据此建立关于 $x^1(k)$ 的一阶线性微分方程，即

$$\frac{\mathrm{d}x^1}{\mathrm{d}t} + ax^1 = u \quad (2-25)$$

利用最小二乘法求解参数 a，u 为

$$\hat{A} = \begin{bmatrix} a \\ u \end{bmatrix} = (\boldsymbol{B}^{\mathrm{T}}\boldsymbol{B})^{-1}(\boldsymbol{B}^{\mathrm{T}}\boldsymbol{Y}_{\mathrm{N}}) \quad (2-26)$$

其中

$$\boldsymbol{B} = \begin{bmatrix} -\frac{1}{2}\left(x^1(1) + x^1(2)\right) & 1 \\ -\frac{1}{2}\left(x^1(2) + x^1(3)\right) & 1 \\ \vdots & \\ -\frac{1}{2}\left(x^1(n-1) + x^1(n)\right) & 1 \end{bmatrix} \quad (2-27)$$

$$\boldsymbol{Y}_{\mathrm{N}} = \begin{bmatrix} x^0(2) \\ x^0(3) \\ \vdots \\ x^0(n) \end{bmatrix} \quad (2-28)$$

则 x^1 的灰色预测 GM(1,1)模型为

$$x^1(k+1) = \left[x^0(1) - \frac{u}{a}\right]\mathrm{e}^{-ak} + \frac{u}{a} \quad k = 1, 2, \cdots, n-1 \quad (2-29)$$

则其实际预测值用下式得出

$$x^0(k+1) = x^1(k+1) - x^1(k) \quad k = 1, 2, \cdots, n-1 \quad (2-30)$$

将光伏或风力发电机组功率的历史数据进行可信处理，生成光伏和风力发电机组未进行控制的功率数据，即最大功率数据，剔除错误数据并利用插值原理补足缺失数据，据此生成灰色序列，按照灰色预测法预测得到未来 5min 内光伏或风力发电机组的每分钟最大平均功率，生成可调范围。

2. 光伏和风力发电机组就地协同控制框架

根据光伏和风力发电机组的超短期出力预测得到其短时间内的可调范围，上层控制指令在此范围内进行限功率控制，与之对应的分布式电源控制管理单元通过 PI 控制逻辑

实现对功率目标值的实时跟踪。

分布式电源控制管理单元根据光伏和风力发电机组的运行信息,对光伏和风力发电机组的运行状态进行评估,由分布式电源出力超短期预测单元得到未来一个调度周期或控制周期内的光伏和风力发电机组可调能力,分布式电源控制管理单元将该信息传送给上层控制设备,上层控制设备据此做出合适的控制目标,并下发到就地分布式电源控制管理单元,分布式电源控制管理单元中的 PI 控制器对光伏和风力发电机组进行限功率控制,达到上层控制单元下发的目标值。

3．光伏控制管理单元

光伏控制管理单元在源网荷协同交互控制框架下实现对光伏逆变器与网侧的就地协调控制。光伏控制管理单元可以对逆变器的运行状态进行评估,接受上层控制单元的控制指令,完成对逆变器的协调控制。光伏控制管理单元能够根据逆变器和电网状态,自适应地控制管理光伏逆变器。光伏发电具有波动性,逆变器的有功控制都是在最大可发电功率的基础上进行限功率控制,光伏控制管理单元可以通过超短期光伏预测得到未来一个或几个控制周期内的最大可调发电功率,并反馈到上层控制管理单元,实现对光伏发电的预测控制。光伏逆变器一般具备多种控制模式,包括恒功率控制、下垂控制、PQ解耦控制以及最大功率跟踪控制等,光伏控制管理单元具备根据上次控制需求以及电网的实时运行状态对控制模式进行切换,达到就地协调控制的目标。

光伏控制管理单元支持 IEC 60870-5-104 规约通信及 Modbus TCP 通信规约,可接受主站或高一级就地控制单元三遥通信。多级控制模式下,光伏控制单元需要将光伏的可控范围、实时运行状态反馈给上层控制单元,接收上层控制单元的控制命令。主站直接调度模式下,光伏控制单元需要将主站需要采集的光伏逆变器的信息转发到主站层。

光伏控制单元与光伏逆变器通信,实现对逆变器的监视和控制,包括逆变器运行信息监视、历史事件查询、运行参数设置、功率控制模式切换、输出功率控制、时间同步设置、通信参数设置等。光伏控制管理就地协调控制功能具体包括:

（1）预测未来一个或多个控制周期内的光伏最大出力,支持就地范围内多台逆变器的协调控制。

（2）根据网侧控制需求以及光伏逆变器运行状态,自适应地切换逆变器的功率控制模式。

（3）根据上次控制单元控制命令,实现对控制目标的跟踪,以及控制状态的反馈。

4．风力发电机组控制管理单元

风力发电机组控制管理单元在源网荷协同交互控制框架下实现对风力发电变流器与网侧的就地协调控制。风力发电机组控制管理单元可以实现对多种类型风力变流器的控制管理,包括全功率型或双馈型风力变流器。风力发电机组控制管理单元首先可以对逆变器的运行状态进行评估,接受上层控制单元的控制指令,完成对逆变器的协调控制。风力发电机组控制管理单元能够根据变流器和电网状态,自适应地控制管理风力发电机组变流器。风力发电具有波动性,逆变器的有功控制都是在最大可发电功率的基础上进行降额控制,与光伏控制管理单元类似,风力发电机组控制管理单元可以通过超短期风力预测得到未来一个或几个控制周期内的最大可调发电功率，并反馈到上层控制管理单元，实现对风力发电装置的预测控制。

风力发电机组控制管理单元要完成对风力变流器的源网就地协调控制，需要具备通信功能、数据处理功能、维护和调试功能、风力发电机组就地协调控制功能，以及其他必要功能。风力发电机组控制管理单元具备安装方便、抗电磁干扰、结构可靠、备用电源支持等特点。风力发电机组控制管理单元对下通过串口或网口接入风力逆变器，对上通过网络接入上层控制装置/系统。风力发电机组控制管理单元具备多种通信功能，提供多串口通信，具备强大的网管功能。

风力发电机组控制管理单元的主要功能是对风力发电机组的就地协调控制功能，具体包括：

（1）预测未来一个或多个控制周期内的风力发电机组最大出力。

（2）根据网侧控制需求以及风力发电机组逆变器运行状态，自适应地切换逆变器的功率控制模式。

（3）根据上次控制单元控制命令，跟踪控制目标，反馈控制状态。

（4）控制多台风力发电机组逆变器时，实现对多台逆变器的协调控制。

风力发电机组控制管理单元与上层控制单元通信采用 IEC 104 规约通信，必须要有冗余的因特网通信通路。风力发电机组控制单元需要将风力发电机组的可控范围、实时运行状态反馈给上层控制单元，接收上层控制单元的控制命令。当上层主站系统不兼容风力发电机组逆变器的通信规约时，风力发电机组控制单元需要将主站需要采集的风力发电机组逆变器的信息转发到主站层。

风力发电机组控制管理单元与风力发电机组逆变器通信，实现对逆变器的监视和控制，包括逆变器运行信息监视、历史事件查询、运行参数设置、功率控制模式切换、输出功率控制、时间同步设置、通信参数设置等。不同厂家逆变器的通信规约、控制模式以及信息量都有区别，这里可以采用 IEC 104 或 Modbus TCP 通信规约通信。

2.4.2 可控分布式电源类设备控制管理单元

常规可控分布式电源类设备通常自带控制管理单元，同样为了增强设备的控制能力，这里选择了较为特殊的两类型资源进行控制管理单元设计。

1．冷热电三联供控制管理单元

冷热电三联供控制管理单元主要功能是实现对燃气轮机发电机组的优化运行控制，从而提高分布式冷热电三联供系统的利用率和经济性。当三联供系统的设计容量不能满足最大电负荷和冷负荷及热负荷峰值需求时，不足部分由外电补充；当设计容量满足基本需求时，实现协调各种负荷需求的基础上，提高燃气轮机发电机组在局部电网运行过程中的经济性及安全性。

冷热电三联供控制管理单元各运行模式如下。

（1）系统经济性最优模式。经济性最优模式的控制目标是运行成本最低，控制变量是燃气轮机功率，控制策略是根据预测或实测的冷、热、电负荷，利用程序计算出优化运行的燃气轮机功率和对应的优化运行成本，进而通过控制燃气轮机功率，调整系统运行状态，使系统在整个运行阶段内都趋于成本最低状态。为避免负荷误差或计算过程误差过大导致的优化失效，应将程序计算的优化运行成本与实测的运行成本进行比较，如果相差过大超过设定值，则需对控制系统进行检查和修正。

（2）系统效率最优模式。能源综合利用效率最优模式的控制目标是三联供系统一次能源综合利用效率最高，控制变量是燃气轮机功率，控制策略是根据预测或实测的冷、热、电负荷，利用程序计算出优化运行的燃气轮机功率和对应的优化运行能源综合利用效率，进而通过控制燃气轮机功率，调整系统运行状态，使系统在整个运行阶段内都趋于能源综合利用效率最高状态。为避免负荷误差或计算过程误差过大导致的优化失效，应将程序计算的优化运行能源综合利用效率与实测的能源综合利用效率进行比较，如相差过大超过设定值，则需对控制系统进行检查和修正。

（3）系统以冷定电模式。以冷定电模式的控制目标是以联供系统平衡冷负荷需求，控制变量仍是燃气轮机功率，控制策略可以有两种：一种是根据预测或实测的冷负荷，利用程序计算出对应所需的燃气轮机运行功率，通过调整燃气轮机功率使冷热电联供系统满足冷负荷需求；另一种是跟踪电空调的制冷量，通过控制系统的反馈控制，不断调整燃气轮机功率，使电空调的制冷量降至最低。

（4）系统以热定电模式。以热定电模式的控制目标是以联供系统平衡采暖负荷需求，控制变量仍是燃气轮机功率，控制策略可以有两种：一种是根据预测或实测的采暖负荷，利用程序计算出对应所需的燃气轮机运行功率，通过调整燃气轮机功率使冷热电联供系统满足采暖负荷需求；另一种是跟踪电空调的制热量，通过控制系统的反馈控制，不断调整燃气轮机功率，使电空调的制热量降至最低。

（5）系统跟踪电负荷模式。电负荷跟踪模式的控制目标是以分布式联供系统平衡母线1电负荷需求，控制变量仍是燃气轮机功率，控制策略是跟踪母线和外电网的联络线功率（即母线从外电网购电或倒送电功率），通过控制系统的反馈控制，不断调整燃气轮机功率，使联络线功率降至最低水平。

（6）扩展智能通信单元。针对部分设备运行中无法通过直接采集获取到必要的数据，则可以考虑通过通信管理机单元通信接入的方式完成对必要数据的采集，通信管理机提供以太网、LonWorks、Profibus-dp、RS485接口，协助完成协调控制单元与站点相关辅助设备装置的数据采集接入。

2．小水电控制管理单元

小水电控制管理单元负责与上层控制装置/系统和水电站自动化系统之间通信实现对小水电的运行控制和管理功能，在保证现场安全稳定运行的基础上，有效满足源网荷协同交互控制的目标。

小水电控制管理单元在功能上包括小水电测量单元、小水电控制单元、小水电分析单元、小水电远动及通信管理单元、小水电对时单元等部分。

通过小水电控制测量单元，一方面与上级协同交互控制器配合，上送小水电本地参与源网荷控制及运行的信息，同时接受协同交互控制器的控制指令，协调本地水电自动化系统完成控制目标的实现；另一方面与本地水电站自动化系统配合，负责本地运行数据的采集和处理，通过通信方式实现水电自动化系统数据的接入，也可以通过直采直控方式实现某些信息及对象的直接控制。

小水电控制管理单元除了完成数据采集及信息转发之外，还具有一定的分析和控制功能。在特定孤网运行工况下，完成系统运行状态的综合分析，实现孤网运行状态的快速稳定。同时具备直接与调速器和励磁控制器接口，实现小水电机组有功功率和无功功率直控的功能。

小水电控制管理单元支持正常运行情况下有功功率和无功功率的远方调节和控制功能，支持在事故情况下黑启动、计划性孤网运行和非计划孤网运行的响应功能。

由于小水电控制管理单元参与源网荷协同交互控制，可采用 GPS 对时单元实现系统对时的功能。

小水电远动通信控制单元采用远动与通信管理机的一体化，一方面通过各种通信规约接入水电站自动化系统的数据；另一方面还可以通过 IEC 60870-5-101、IEC 60870-5-104、CDT 等多种远动通信规约转出与调度端进行数据通信。

第3章
负 荷 管 理 技 术

负荷是源网荷储协同控制中的重要组成部分，可以通过对负荷的伸缩、平移，改善负荷曲线。负荷侧也被称为需求侧，其管理通常与分布式电源控制相结合，可实现从供需两端互动调节，从而有效减轻电网调度压力，吸纳间歇式能源的波动，提高配电网稳定性。负荷可调控资源的加入可有效丰富配电网调度手段，增强配电网灵活性，是现代智能配电网的重要研究方向之一。

近年来，随着我国通信技术的快速发展和智能设备的兴起，负荷信息变得透明，使得负荷资源整合与集中管理成为可能。在居民、商业、工业负荷中有数量巨大的如空调、电热水器等具备调节能力的负荷，如果对这些资源进行整合并主动管理，将为配电网调度带来巨大价值。同时，在国家政策支持下，电动汽车普及已是大势所趋；这些分散的电动汽车未来既是电网的不稳定因素，也是可调节的资源，尤其是其中具备双向充放电功能的电动汽车，通过合理的充放电管理，不仅可以消除其不稳定性，还能为配电网提供有力支撑。负荷管理技术的研究是提高新能源并网渗透率的主要路径，也是未来电动汽车大规模推广的客观需求。与此同时，随着电力市场建设，各地的改革试点工程正如火如荼展开，以探索市场化电价、需求侧竞价、新能源电价等新的发展形态。

负荷管理同时涉及电网和用户双方利益，在以往统一电价的阶段，由于电价弹性不足，同时也没有专门的竞价机构进行资源整合与补贴，负荷管理只为电网带来了好处，而参与用户没有实质利益，限制了该方法的应用。随着电力市场改革的推进和电价机制的完善，电价弹性增大，通过需求侧竞价、电力承包而盈利的负荷聚合商也将出现，参与负荷管理的用户一方面可以享受负荷平移带来的电费削减，另一方面也可以得到负荷聚合商给予的激励补贴，最终有力推动负荷管理技术走向实际应用。

本章对当前典型负荷聚合模型进行特征提取和抽象，提成负荷统一模型以及各类型负荷向统一模型转换的方案。进一步基于负荷统一模型，建立了负荷群模型，并在群模型基础上实现大规模负荷的聚合管理算法，在负荷群建模中，提出了分段线性化模型和快速分配算法，最后，讨论了负荷主动管理系统及用户终端系统的实现方式。

3.1　负荷特性

负荷管理本质是通过电价、激励或其他控制方式使用户的固有用电行为发生时间上的转移或时段内的用电量改变。负荷特性分析是实现负荷管理的基础，与负荷特性契合的负荷管理方法才能真正挖掘出负荷管理的价值。负荷管理的对象是单体功率小、基数大、分布广、模型不确定的各类型负荷，通过规模效应产生价值。这种特性决定了负荷管理不能采用传统的针对有限个受控单元的集中控制方式，也不能将数量巨大的分散负荷作为一个个独立的受控单元进行调节。负荷管理唯有在具备规模效应后才能真正体现价值，而大规模负荷的群体特性和单个负荷的单体特性有显著差异，这些差异表现在用户行为随机性、精度处理、功率连续性、模型统一性、响应不确定性等方面，这些差异决定了相应负荷管理方法的不同。

3.1.1　负荷响应特性

1．小范围负荷管理的响应特性

在小范围的负荷管理案例中，管理对象往往是少量的负荷设备，比如数十个空调、十余辆电动汽车。由于控制对象数量较少，可以将这些负荷设备当作完全可控的、模型已知的受控资源，通过一系列间接、直接的管理方法实现负荷管理目标。由于变量数量有限，甚至可以把原问题变成一个包含数十个变量和约束条件的优化问题，实现小范围内的最优化分配。在这样的应用场景中，由于控制变量有限，通过技术手段可以近似忽略用户行为的影响，从而使负荷特性表现为负荷本身的物理特性。总体而言，小范围负荷管理的响应特性主要包括负荷特性的独立性、负荷建模的精确性、响应能力的确定性。

（1）负荷特性的独立性。在参与响应的用户数量不足以表现出统计特性时，无法用历史数据对用户随机行为进行统计分析。但是，由于用户数量少，可以通过技术手段近似认为用户不存在随机行为，这也是研究人员常用的处理方式。此时，负荷特性不受用户随机行为影响，其本身的物理特性，表现出对用户随机行为的独立性。

（2）负荷建模的精确性。负荷管理技术解决的两大问题分别是每个负荷可以响应多少功率变化、每个负荷最终承担了多少功率变化。一个是调节潜力分析问题，另一个是功率最优分配问题，对应的分别是负荷建模和优化管理。负荷管理的控制误差主要体现在建模误差、优化分配误差。在小范围负荷管理中，需要对所有参与对象进行精确建模，对控制精度的要求主要体现在单个负荷的模型上，希望单体响应误差最小，建模准确性是评估小范围负荷管理的主要指标。同时，由于负荷开关功率本身的不连续性，单个负荷的功率变化往往是阶跃的，功率响应存在缺口，最小化该响应缺口则是负荷优化分配的主要目标。由于模型误差将导致明显的控制误差，因此提高负荷建模精确度是该问题的主要研究方向。

（3）响应能力的确定性。在参与用户数量有限的前提下，可以不考虑用户随机行为的影响，几乎所有研究小范围负荷管理技术都相应做了一些基本假设。

1）所有负荷设备的模型都是确定的，包括参数、调节潜力。

2）所有负荷设备的响应特性都是确定的，不存在响应失败、响应不完全的可能。

3）所有优化问题都能在可接受时间内得到可行解。

在小范围负荷管理问题中，上述假设是合理的，有限个研究对象终究可以通过技术手段来人为满足上述假设。这种确定性是小范围负荷管理主要的响应特性，通过满足这些假设条件，负荷管理得以变成简单的优化分配问题。

但是，这些假设在大规模负荷管理中无法适用，在大量用户随机参与的情况下，无法保证所有负荷一定会完全响应，也无法保证所有负荷特征都维持不变。任何时候，都有可能出现某些负荷设备突然中断或开启、某些受控对象突然变成不受控；此时，负荷群体的特性不再是独立的，而是与用户行为关联的。因此，在负荷管理研究方向上，小范围负荷管理技术难以直接扩展到大规模问题上，必须针对大规模负荷进行独立研究。

2．大规模负荷管理的响应特性

随着负荷管理参与对象的增加，用户随机行为影响增强，控制对象的确定性变弱；当对象成千上万之后，已经无法满足负荷设备模型确定、响应确定的基本假设。此时，任何以具体设备为直接管理对象的负荷管理方法都不再适用，必须从群的角度进行负荷群的统计特性分析。大规模负荷管理的响应特性主要包括模型的抽象性、响应不确定性。

（1）模型的抽象性。根据历史日负荷曲线制定机组发电计划就是一种对负荷群模型的有效利用，这种应用是基于负荷群功率波动特性。类似的，大规模负荷管理同样要利用负荷群的群体特性，只是这种群体特性不再是功率波动，而是响应能力的波动。负荷群的功率波动可以只看总体负荷曲线进行预测，而响应能力却无法从负荷群这个对象中直接获得，必须从单个负荷特性和用户随机行为中提炼。

单个负荷设备的功率往往是阶跃的，状态和控制变量是有限的，总能有适合的建模方法进行表达，存在一个固定的函数关系。但负荷群却是连续的，状态数量近乎无穷，控制变量极多，这样的模型包含了大量不同类型的负荷设备、近乎无穷的转换状态和控制变量，非常复杂，传统的精确建模思想不可能实现。

因此，负荷群模型没有解析表达式，只能通过提取负荷群特征进行抽象描述，就像日负荷曲线可以表征总体负荷功率，却无法指出功率与各变量间的函数关系。而负荷群的特征又从单个负荷聚合而来，还需要对具体负荷设备进行特征提取与抽象。

（2）响应不确定性。从当前电网与用户的互动情况来看，用户并不会热衷于与电网交互，数据分析与实时量测得到的用户特征未必能完全反映用户当前真实的需求。一方面，这样计算出的调节潜力是有偏差的；另一方面，将导致部分用户响应失败，比如用户手动将负荷恢复至控制前状态等情形。这就是负荷响应不确定性区别于其他电网受控资源的主要特性。

如图 3-1 所示，负荷响应不确定性的本质是用户参数设置与实际情况的不同步，历史数据分析与用户真实行为的偏差。更确切地说，这种响应不确定性是用户使用习惯和负荷场景变化的综合。用户响应不确定性反映的是用户的用电特性，用户越是有主动改变参数的习惯，越是有稳定的负荷使用场景，该用户的响应不确定性就越低。虽然单个用户的响应不确定性往往难以预测，但对同一群用户、同一类负荷聚合而成的负荷群，往往表现出一定的统计特征，反映的是负荷群下所有用户的综合用电特性。根据负荷群控制的历史数据，可以统计出负荷群在不同调节水平的控制偏差。

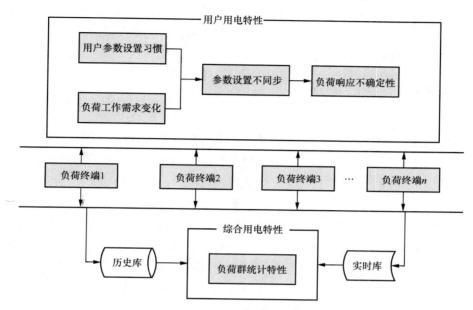

图 3 - 1　个体与群体的用户响应不确定性

负荷响应不确定性可以分为响应潜力的不确定性和响应结果的不确定性，响应能力的不确定性是负荷调节潜力计算的范畴，响应结果的不确定性是功率优化分配的范畴。

1）响应潜力的不确定性。单个负荷设备的模型与响应能力可以认为是确定的，而成规模的负荷群模型与响应能力则存在明显的随机性，这种随机性无法通过技术手段消除，不能轻易认定负荷群的响应能力就是成员负荷响应能力的简单叠加，因为保证所有负荷确定性的前提假设已经失效。因此，负荷群不存在确定的响应模型，但由于参与者是固定的，所以又表现出一定的统计特性。例如，单个负荷设备会由于用户随机行为而引起响应特性变化，包括系统运行期间负荷的可控性变化、负荷中断、负荷启动等条件变化；对单个负荷设备而言，这些变化将导致相应的负荷管理失效，从而影响控制结果，在小范围负荷管理中，正是假设了这些条件不变。

在大规模负荷管理中，不同用户的随机行为对功率变化的影响相互抵消，由于参与用户是固定的，因此负荷群响应长期来看有统计特性，这个统计特性表现为响应偏差与调节功率的负相关关系。负荷群特性分析的关键问题就是如何基于单个负荷设备的响应特性、负荷群的历史数据得到负荷群的响应偏差函数。

2）响应结果的不确定性。在小范围负荷管理系统中，负荷响应是确定的，受控单元总是完全响应控制目标，从而实现控制的精确性。但在大规模负荷管理中，因为通信原因、用户行为、突增用电等导致的响应失败、过响应、欠响应等事件无法避免，响应结果的不确定性是客观存在的。因此，在大规模负荷管理中，进行控制目标优化分配时，必须考虑响应结果的不确定性，以确保响应误差最小。

要在响应不确定性中实现功率优化分配，需要得到负荷群的响应偏差与调节潜力的关系，来匹配最佳功率控制目标。例如，某个负荷群响应功率的期望是其目标功率的95%，说明在响应过程中总体上有 5%的欠响应缺口。在实际应用中，这样的偏差关系只是历史统计特性，并非必然事件，任何方法都无法保证每次响应都最优，只能保证大量响应结果统计意义上的最优。

3.1.2 负荷控制特性

1．小范围负荷管理的控制特性

小范围负荷管理涉及的负荷设备数量少，总体调节能力较低，功率迁移时间有限，主要应用于馈线短周期功率平衡，对调节精度和速度要求较高。在此应用场景下，受控对象往往是同一类型负荷，可以显著降低优化求解的复杂度和控制算法难度。小范围负荷管理的控制特性主要表现为控制精度高、集中式控制。

（1）控制精度高。从精确建模到精确响应，小范围内负荷管理主要实现了短周期内的精确控制，最小化负荷管理控制误差。由于参与变量有限，因此研究者往往使用多变量优化模型进行最优分配计算。不同负荷设备之间相互独立，总体的控制精度需要所有个体的控制精度来保证，一般不需要考虑互补特性。

（2）集中式控制。小范围负荷管理应用中，所有负荷设备直接参与电网功率优化分配，并由控制中心直接进行集中管理，最大程度保证功率分配、控制执行的有效性。目前，国内的研究主要采用集中优化管理的方式，以最大程度削弱用户行为不确定性；但缺点是当参与负荷数量增加后，必然暴露出通信问题和计算规模问题。

2．大规模负荷管理的控制特性

当负荷管理参与对象的种类、数量增加后，就不能再将负荷设备作为单独的个体进行优化管理，必须从群的角度进行分析。大规模负荷管理可调节功率大、迁移时间长、包含设备类型广，主要应用平抑区域大功率波动和长周期削峰填谷。相较于小范围负荷管理，它对单个负荷设备模型的精度要求不那么高，但对响应不确定性必须考虑。因为对大规模负荷管理系统而言，误差是必然的，准确是相对的；所以无论是负荷设备建模误差还是用户响应不确定误差，最后都表现为负荷群的统计误差。优化控制的目的就是使统计误差最小，而非单纯追求建模精度。大规模负荷管理的控制特性主要表现为最小化统计误差、分布式控制。

（1）最小化统计误差。对大规模负荷管理而言，控制误差是客观存在的，是由建模误差、通信故障、响应失败、用户随机行为等综合作用的结果，是群体的误差。这个误差在单个负荷设备上没有任何规律，但在负荷群上存在统计规律。如图3-2所示，在小范围负荷管理应用中，负荷之间是独立的，系统的控制误差是所有负荷误差的和，要最小化系统误差，必须保证所有负荷设备的控制误差最优，因此对单个负荷建模和控制精度要求很高。而在大规模负荷管理应用场景中，不同负荷之间是关联互补的，共同表现出群体特性，系统响应误差是群体误差。对第一种应用场景而言，系统需要计算、控制数量庞大的负荷设备的误差；而在后一种应用中只需要控制负荷群的统计误差即可。

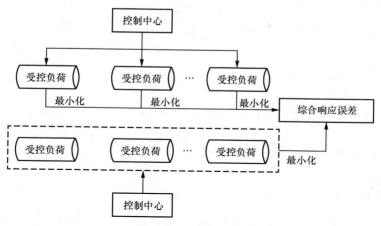

图 3-2　两种场景下的系统响应误差

大规模负荷管理可以通过控制误差的统计规律，合理调整负荷群的总体功率目标，实现群内不同负荷的响应互补，此消彼长下最大偏差完成响应目标。在负荷群内，不同负荷间不再相互独立，存在互补联动关系，优化控制目标不再是所有个体最优，而是总体控制误差最优。

（2）分布式控制。如图 3-3 所示，集中式控制是以负荷设备为优化对象，由中央控制单元直接算出所有设备的优化功率分配与顶层优化结果。而随着管理负荷数量增加，集中式控制在通信延迟、计算时间上的问题暴露出来，事实上一个包含成百上千个变量和约束的优化问题本身无法在可接受时间内得到可行解。大规模负荷管理系统必然要用到如图 3-3 所示的分布式控制结构，先对负荷按区域进行划分，得到有限的负荷群，再以负荷群为单元参与上层的优化。

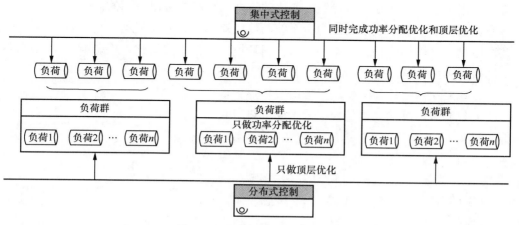

图 3-3　两种控制方法示意图

分布式控制能有效解决通信延迟、计算复杂的问题，并且在已经得到负荷群响应模型的基础上，顶层优化满足电网侧需求，底层功率分配满足用户侧需求，实现了功能分层、简化问题的目的。在分布式控制架构下，不同层级的控制单元有不同的抽象级别，使得每个分层只需要完成对应的功能。负荷终端实现对负荷设备的抽象，负荷群实现对用户特性的抽象；这种分层管理结构显著增强了系统的可扩展性，与大规模负荷特性相匹配。

3.2 负荷设备建模

负荷管理面对的是数量众多的不同类型、不同应用场景的负荷设备，必须对各类型设备进行物理建模，建立功率的函数关系。负荷模型研究负荷功率与影响因素间的关系，解决控制变量、功率变化方式等基本问题，从而得到设备控制方式与潜力计算公式，是后续一切研究的基础。

本小节内容根据负荷响应特性的差异，将负荷分为五大类：空调、电热水器、其他民用开关类设备、电动汽车和工业负荷。下面分别对这五类负荷进行物理建模，考虑必要的用户互动信息，获得其功率变化的函数关系，为后续负荷聚合的统一建模工作提供支撑。

3.2.1 空调建模

空调在负荷中占比高、调节能力强、覆盖范围广，是民用负荷中最重要的可控资源，同时也是商业负荷的主要控制对象，本书中对商业负荷的分析暂只涉及商场内的中央空调集群。空调这种良好的调节能力吸引了大量研究者的关注，而对空调特性的不同理解也导致了各种控制方式的出现。

最常见的空调控制方式是有序开断，不同研究者在室内温度稳定、功率恢复、功率突变等方向上各有侧重，但根本上都是以空调开关特性为基础。事实上，空调开关特性并不显著，通常一个开关周期不超过 15min，功率平移能力有限，往往还需要室内温度作为参考变量，限制空调潜力的开发。还有一种空调控制方式是调节空调设定温度，这种方式应用了空调功率跟随设定温度变化的特性，更能挖掘出空调的调节潜力。

空调房间是个非常复杂的热力学系统，受气流影响、人类活动、物体热交换等多因素共同影响，难以精确描述。本书中对室内环境因素做一定简化，将影响较小、难以量化、随机性强的干扰源排除在外，共有如下 3 点假设。

（1）忽略室内物体热交换，只考虑空气热容量。

（2）忽略室内外的气体交换，只考虑散热引起的能量流失。

（3）假设室内各处的温度相同。空调应用场景主要分为制冷、制热、换气三种，其中制冷、制热两种状态下功率较高、调节能力强，此处仅列举空调在制冷、制热状态下的控制管理。由于制冷、制热情景下的热力学模型相同，仅对制冷情景进行建模。制冷空调的热交换示意图如图 3 - 4 所示。

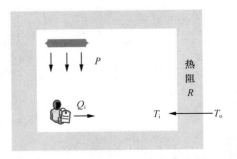

图 3-4 制冷空调的热交换示意图

如图 3 - 4 所示，制冷空调的热交换主要由空调制冷功率、室外环境热传导功率、室内人物活动发热功率三部分构成。由能量守恒定律，室内温度变化与能量变化的关系可用微分方程描述为

$$m \cdot c \cdot dT_i = \left(-P + Q_i + \frac{T_o - T_i}{R} \right) \cdot dt \qquad (3 - 1)$$

式中：m 是房间空气总质量（kg）；c 是房间空气比热容 [kJ/（kg・℃）]；T_i 是室内温度（℃）；dT_i 是室内温度在 dt 时间内的变化（℃）；P 是空调制冷功率（kW）；Q_i 是室内人员、设备的发热功率（kW）；T_o 是室外温度（℃）；R 是室内外热阻（℃/kW）；$\frac{T_o - T_i}{R}$ 是室内外温差引起的热传导功率（kW）。

式（3 - 1）假定在极短时间间隔 dt 内，制冷功率、发热功率、热传导功率都保持恒定。求解上述微分方程，得到室内温度与空调制冷功率的函数关系为

$$T_i = T_0 e^{\frac{-t}{R \cdot m \cdot c}} + \left[R \cdot (Q_i - P) + T_o \right] (1 - e^{\frac{-t}{R \cdot m \cdot c}}) \qquad (3 - 2)$$

式中：T_0 是解微分方程引入的室内温度初值。

式（3 - 2）揭示了在初始温度 T_0 下，室内温度与空调制冷功率、室外温度、室内人物活动间的变化关系。特别的，空调制冷功率 P 并不是空调电功率 P_{ac}。空调的制冷原理是利用空调压缩机改变制冷剂的物理状态，采用逆卡诺循环吸收室内热量，其本身没有直接参与降温，空调制冷功率远大于其额定功率，两者比值叫作制冷系数，记为 η，这也是空调能效分级的标志。制冷系数会随着空调的老化而减小，但其变化过程极其缓慢，在相当长时间内可以认为是常数。空调电功率与制冷功率满足式（3 - 3）的关系，即

$$P_{ac} = \frac{P}{\eta} \qquad (3 - 3)$$

式（3 - 3）描述了室内温度与空调制冷功率的函数关系。依据这个函数关系，结合室内外温度的测量值，可以对空调制冷时间进行有序安排，实现空调负荷的短期功率调节。

3.2.2　电热水器建模

电热水器是居民负荷中另一种重要可控资源，热水器良好的储热能力使其能够适用于较长周期的功率平移。与空调负荷相比，电热水器具有储热能力强、加热目标明确、功率稳定、不需要持续运行的特点。对电热水器常采用负荷平移的控制方法，通过将工作时间转移到用电低谷，实现削峰填谷。另外，电热水有良好的开关特性，功率变化易于计算，也可用于平抑短周期功率波动。

考虑最终要实现用户负荷的统一建模，要求电热水器既能根据电价信号自行安排用电时间，又能实时响应短周期的控制需求。

与空调一样，电热水器内部也是一个热力学系统，主要由电阻丝发热和向环境散热两个能量传输过程构成。由于水的比热容大、水箱体积小，电热水器受环境影响远比空调房间小，所以电热水器的模型更加精确，能进行长时间尺度的预测控制。

电热水器功率交换示意如图 3-5 所示，功率交换主要分为热水器电阻丝发热、向环境散热两部分。同样，为建模需要，此处假设热水器内部各处的水温相同。可以建立热水器温度变化微分方程为

$$m_0 c_0 \mathrm{d} T_\mathrm{i} = \left(P - \frac{T_\mathrm{i} - T_\mathrm{o}}{R} \right) \mathrm{d} t \tag{3-4}$$

式中：m_0 是热水器中水的质量（kg）；c_0 是水的比热容 [kJ/(kg·℃)]；P 是电阻丝加热功率（kW）；T_i 是热水器水温（℃）；T_o 是热水器所处的环境温度（℃）；R 是热水器保温层的热阻（℃/kW）。

解上述微分方程，得到水温变化模型为

$$T_\mathrm{i} = T_0 \mathrm{e}^{\frac{-t}{m_0 c_0 R}} + (P \cdot R + T_\mathrm{o}) \times (1 - \mathrm{e}^{\frac{-t}{m_0 c_0 R}}) \tag{3-5}$$

式中：T_0 是水的初始温度。

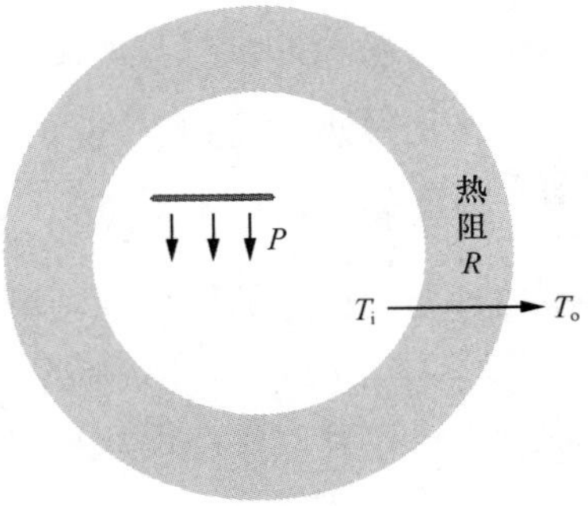

式（3-5）中描述了在初始水温为 T_0 时，热水器温度与时间 t 的关系。依据式（3-5）的数学模型，在 Matlab 中建立电热水器仿真模型，如图 3-6 所示。

图 3-5　电热水器功率交换示意图

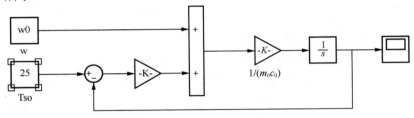

图 3-6　电热水器仿真模型

在模型中，各参数均取典型值：取热水器容量为 60L，热水器加热功率为 2kW，环境温度为 25℃，目标水温为 75℃，得到的电热水器温度变化曲线如图 3-7 所示。

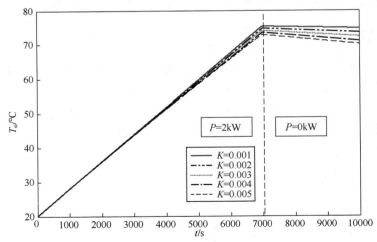

图 3-7　电热水器温度变化曲线

从图 3-7 中可以看出，在加热期间，热水器温度平稳上升，加热 7000s 后停止工作，水温在散热过程影响下缓缓降低。由于热阻 R 与散热功率间是非线性关系，此处引入散热系数 $K=\dfrac{1}{R}$，K 与散热功率是线性关系，便于在仿真中进行逐级调整。当热水器保温层散热系数 K 从 0.001～0.005 kW/℃ 变化时，散热功率对整个热系统的影响逐渐变化；在耗电量相同的情况下，热阻越高，在 10000s 仿真结束时水温越高。

3.2.3　其他民用开关类设备建模

空调与电热水器是居民用户中应用最广、调节能力最强的两类负荷，各自有独特的响应特性，前文对两者的控制方式、响应模型进行了深入探讨。在居民负荷中，还有大量控制特性不强、功率较低、应用不广的负荷，例如，照明灯具、电视、洗衣机、空气净化器、电饭锅等低功耗家用电器。这些负荷控制特性较差，调节能力不强，还有些与用户行为关联太紧而不能控制，比如电视机和照明。针对这一大类负荷，本书中不单独建模分析，统一当作开关类负荷进行管理，实际应用中由用户决定是否参与响应。

图 3-8 展示了开关类负荷的响应特性。居民负荷中开关类负荷的响应特性是一次启动、完整响应，在设备运行期间不能中断，只能调整设备启动时间。这类负荷典型的代表是洗衣机、电饭锅。这类负荷一旦启动之后，运行方式、运行时间等是固定不可调的，只能在用户设定的约束条件下调整负荷启动时间，进行负荷平移。

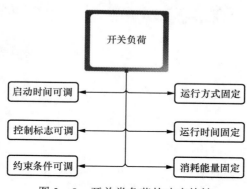

图 3-8　开关类负荷的响应特性

目前，负荷管理主要以调节显式功率为主，比如降低空调能耗、平衡电网功率波动等，都是对已经发生的功率现象进行管理控制。而开关类负荷设备属于隐式功率，它在特定时间范围内一定会发生却还未发生，由负荷管理者决定这部分功率的发生时间。

居民开关类型负荷往往工作时间不长，基本在 1h 以内；利用热水器等效发热模型中的能耗分配方法，选择设定时间范围内电价最低的时段工作即可。在实际应用中，将该类负荷并入电热水器中，当作特殊的热水器负荷即可，在统一建模，不再单独列举。

3.2.4　电动汽车建模

电动汽车是移动的负荷，很难将它归属于某个终端，考虑它最终会通过充电桩与电网进行功率交互，电动汽车的负荷管理一般在充电桩上设控制单元。与空调、热水器等其他任何固定负荷不同，充电桩的管理对象是往来不绝的汽车，因此对应的设备模型、电池状态、充电目标等都在动态变化。固定的终端、流动的负荷是电动汽车管理最大的特点。

电动汽车的电池充放电过程是线性的，功率模型简单，但涉及的参数较多。图3-9罗列了电动汽车充放电模型的关键参数，包括充放电效率、电池容量、目标容量、电量下限、阶梯功率和汽车的分类（即V2G/G2V）。一个理想的充电桩管理方案应该是接入一辆新电动汽车后，充电桩管理系统从汽车上获取上述参数信息，再对新接入的电动汽车进行建模优化管理。

图3-9　电动汽车充放电模型关键参数

电动汽车的分类和特性可作如下三点总结。

（1）电动汽车按照能否向电网反向放电可以分为V2G和G2V（grid-to-vehicle）两种。对V2G类的电动汽车，充电功率与放电功率、充电效率与放电效率之间存在差异；从原理上看，汽车充电是整流，汽车放电是逆变，两者存在差异。

（2）普通的G2V电动汽车充电功率是固定的，而部分大功率V2G汽车的充放电功率则是以10kW为一个阶梯逐级可调，这意味着该类型电动汽车有更灵活的功率调整能力。

（3）对任何电动汽车而言，电池容量低于容量下限和频繁的充电都会影响电池寿命。此处对电动汽车的充、放电过程分别建模，充电过程可以表示为

$$\begin{cases} soc = soc_0 + p_i \cdot t , & soc < soc_{up} \\ P_i = p_i / \eta_i \end{cases} \quad (3-6)$$

式中：soc 表示电池电量；soc_0 表示电池初始电量；P_i 是充电桩输出功率；t 是充电时间；

soc_{up} 表示电池容量上限；p_i 是电网输出功率；η_i 是充电效率 。

一般而言，电动汽车标定的额定功率是 P_i，实际进入电池的电功率也用 P_i 描述；充电桩计算的交流电功率是 P_i。类似的，V2G 汽车向电网放电的过程可以表示为

$$\begin{cases} soc = soc_0 - p_o \cdot t , & soc > soc_{low} \\ P_o = p_o \cdot \eta_o \end{cases} \tag{3-7}$$

式中：soc_{low} 是电池最低容量限制，超过该值将影响电池寿命；P_o 是逆变器输出的交流功率；p_o 是电池的放电功率；η_o 是放电逆变器效率。

3.2.5　工业负荷建模

工业负荷用电量大、功率高，与生产计划紧密结合，通常在运行期间不能中断。类似金属冶炼、车间流水线这类计划性强的工业负荷，生产过程中断将导致巨大损失；因此，工业负荷的管理以长时间尺度的有序安排为主，不改变负荷运行期间的工作方式。另外，与其他所有负荷不同，工业负荷与人力成本关联紧密，生产过程必须有工人的参与，在考虑电费最优的同时还要考虑人力成本的影响。车间连续运转与间断式运转的人力资源效率不同，白天工作与夜间工作的人力成本不同。

工业生产往往是提前计划，按时完成，并在较长时间内维持稳定，一般只会根据季节调整生产计划。对生产企业而言，虽然动态调整生产计划可以节省电费，但随之而来的是生产效率问题、人力成本问题、管理成本问题，因此，工业负荷一般与地方电力公司签订长期用电合同，错峰、限电等措施也是提前计划，不接受日内的管理控制。正因为工业生产的成本有多方面因素，电费只是其中并不独立的一小部分，本书中暂不考虑工业负荷日内的有序用电，也不干涉工业生产过程，只将工业负荷的自备电厂纳入控制对象。发电机主要特征参数如图 3-10 所示。

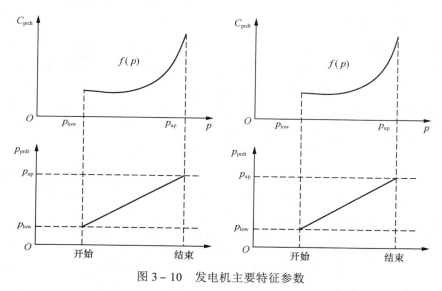

图 3-10　发电机主要特征参数

高耗能企业往往在本地建设自备电厂，以应对用电高峰、限电措施等紧急情况，防

止因错峰限电导致生产计划中断而带来的损失。在负荷管理中，不会直接控制工业生产设备，但可以通过调整自备电厂的出力来平衡对电网功率的需求。

发电机组的主要特征参数包括发电成本、最小发电功率、出力上限，如图 3-10 所示，发电机输出功率启动后可在功率上、下限间平滑调整。自备电厂的发电单位成本函数可以表示为输出功率的函数，即

$$C_{prdt} = f(p) \tag{3-8}$$

不同类型发电机组的成本函数有所差异，燃煤机组的发电单位成本函数可表示为二次函数，即

$$f(p) = a_2 p^2 + a_1 p + a_0 \tag{3-9}$$

机组最小发电功率是维持机组运转的最小出力，此时 p 记为 p_{low}；机组最大出力是发电机能发出的最大功率，此时 p 记为 p_{up}。

3.3 负荷聚合建模

本部分内容提出了负荷抽象和终端统一建模的思想，用调节潜力、状态转移和调节成本三大特征表征负荷统一模型，并分别列举了各类型负荷转换为统一模型的方案。

3.3.1 模型的一般化形式

负荷建模的根本目的是解决两个问题：对上的调节潜力计算问题、对下的控制功率分配问题。本节对负荷进行特征抽象，提出了负荷调节潜力模型和功率分配模型的一般化形式。负荷统一模型以负荷终端为单位，该模型将同一个用户下的所有空调、热水器合并，将一条线路下的充电桩合并，将同一个单位的自备发电机合并。

1．负荷调节潜力模型

假设负荷终端 LT 管理着 n 个负荷设备 LD_i $(i = 1, 2, \cdots, n)$，n 的取值表示该终端下的设备数量。每一个负荷设备 LD_i 的物理模型或许各不相同，但总能用有限个状态将其可能出现的运行方式完全表示出来，或者用分段逼近的方式进行模拟。

通过模型转换和计算，每一个设备最终都能用该设备的状态功率变化值 P_i^{ab} 来表示，P_i^{ab} 的含义是设备从状态 a 变化到状态 b 引起的功率变化值。在前文提出的几大类负荷中，电热水器只存在开机和关机两种状态，对应的功率变化就是其额定功率；空调不同的设定温度对应不同状态，状态间的功率变化相对更小；电动汽车则包括充电、待机、放电三种状态，对于充电功率可阶梯变化的电动汽车，每个阶梯也是一种状态；只有工业负荷自备电厂的状态是连续的，在建模时可采用功率分段近似模拟。

假设对负荷设备 LD_i 而言，其一共有 m_i 种状态，用向量表示为 $s_i = \{S_1, S_2, S_3, \cdots, S_{m_i}\}$，当前状态记为 $S_i = s_i[m_{now}]$，下一个状态记为 $S_i' = s_i[m_{next}]$，则其调节潜力一共存在 m_i 种可能。

根据用户使用需求，每一个用户对不同状态的接受能力不同，比如空调温度偏离越多越不能接受、热水器电费越高越无法接受等。因此，还需要通过条件判断、函数量化、

用户设定等方法对每个状态变化设定调节成本 D，该成本是用户为实现状态转移所承担的经济、舒适度等综合成本。

当一个终端下同时有多个负荷设备时，比如 LD_i 和 LD_j，总的状态变化有 $m_i \times m_j$ 种可能。当多个设备同时发生状态变化时，状态转移成本是各个设备转移成本之和，可表示为

$$D = \sum_{i=1}^{n} D_i, \ LD_i \in LD_{changed} \qquad (3-10)$$

式中：D_i 是各设备对应的调节成本；$LD_{changed}$ 表示状态发生变化的负荷设备集合。相应的单位调节成本可以表示为 D/P，该值反映了功率调节的性价比。

通过上述公式，可以对负荷终端下所有可能的负荷调节潜力按单位调节成本进行排序，从低到高生成负荷调节潜力序列和优先级序列。可知，对同一个终端，总是先调节单位成本较低的设备，从优先级上确保终端功率的优化分配。用户对某一状态变化设定的单位调节成本越高，该状态的优先级越低；特别的，当对某一个状态变化的单位调节成本取极大值时，等同于用户拒绝该状态变化，例如，空调温度偏离过大、发电机组出力过高等。

任何一个负荷终端都可以通过调节潜力序列、控制优先级、单位调节成本和状态转移集合进行表示，见表 3-1。通过这种方法实现对具体负荷的抽象和统一建模。

表 3-1　　　　　　　　　　　　　负荷终端统一建模

控制优先级	调节潜力序列	单位调节成本	状态转移集合
1	P_1	D_1/P_1	$[P_i^{exchg}, P_j^{exchg}, \cdots]$
2	P_2	D_2/P_2	$[P_i^{exchg}, P_j^{exchg}, \cdots]$
3	P_3	D_3/P_3	$[P_i^{exchg}, P_j^{exchg}, \cdots]$
4	P_4	D_4/P_4	$[P_i^{exchg}, P_j^{exchg}, \cdots]$
5	P_5	D_5/P_5	$[P_i^{exchg}, P_j^{exchg}, \cdots]$
...	—	—	—

最终得到的负荷终端调节潜力序列如图 3-11 所示，随着状态变化优先级增长，单位调节成本不断上升；但负荷终端调节能力不一定随优先级增长而增长。依据表 3-1 的终端统一模型，可以通过通信网络上传终端总体调节潜力序列和单位成本序列，实现负荷终端调节潜力的统一建模。

2．功率分配模型

基于表 3-1 所示的负荷终端统一模型，可以实现对负荷终端下辖的负荷设备进行精细化控制。负荷终端接受负荷群管理单元下发的功率控制命令，由于负荷群是依据终端上传的表 3-1 所示的模型，从系统构建机制上确保了负荷群下发的功率控制目标必然是与负荷终端调节潜力相匹配的。

假设上层下达的功率控制目标为 P_{goal}，则 P_{goal} 必然与表 3-1 中某一个调节潜力 P_i 相

匹配，且不排除 P_{goal} 同时与多个调节潜力相等的情况。基于上述负荷终端统一模型，在表 3 – 1 中按优先级从高到低寻找与 P_{goal} 相匹配的调节潜力 P_i，与该调节潜力相应的状态转移集合就是对应的负荷设备控制策略和功率分配方案。

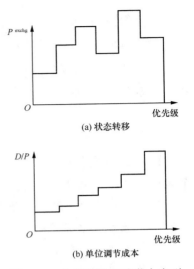

(a) 状态转移

(b) 单位调节成本

图 3-11 负荷终端调节潜力序列

可见，当具体负荷设备通过负荷终端统一建模后，底层的控制算法可以用一个简单的逻辑实现。对直接与用户接触的负荷终端设备而言，其控制算法本身应追求逻辑清晰、控制可靠、规律性强且对用户友好，才不至于发生问题时层级之间相互混淆，以至于难以排除。

3．模型优化

考虑同一负荷终端下可能有多个负荷设备，组合后的状态数量将会按指数增长。此时，可采用一定手段对状态转移数量进行削减，虽然对负荷终端而言，因为规模小，所以并不会明显提高其运算效率；但能有效减少大规模负荷群的计算量。此处提出以下五条原则，限制无意义的状态变化。

（1）如果某设备 LD_i 从状态 a 转向状态 b，其功率不发生变化，则该状态转移无效。

（2）如果某状态转移集合使设备 LD_i 和 LD_j 同时发生相反的功率变化，导致总功率保持恒定，则该状态转移集合无效。

（3）如果调节成本大于某一阈值 D_{set}，则该状态转移集合无效。

（4）如果某状态转移使功率变化小于某一阈值 P_{set}，则该状态转移集合无效。

（5）如果某状态转移集合使设备 LD_i 和 LD_j 同时发生相反的功率变化，则该状态转移集合无效。

上述第（5）条规则比较严苛，表明不能在减少用户负荷的同时增大用户负荷，虽然这样可以增加用户调节潜力的档次，减少不同梯次的级差，但对负荷过多的干涉没有必要。因为整个负荷管理的架构就是多负荷联合调整，所以并不需要单个负荷设备有很平滑的调节潜力。比如第（5）条中相反一方的功率调节完全可以由负荷群下其他负荷进行代偿。

3.3.2 空调统一建模

1．状态转移序列

基于空调变化功率模型 $\Delta P = a \cdot \Delta T_{set}$，可以直接计算出空调在不同设定温度间转换时的功率变化。假设用户设定的温度调节区间为 $\pm 2\ ℃$，当前温度为用户设定温度 T_{set}，则空调制冷时共有 5 个状态，得到空调的调节潜力、状态转移序列，见表 3 – 2。

表 3 – 2　　　　　　　　　空调的调节潜力、状态转移序列

调节潜力	状态转移
$-2a$	$+2℃$

续表

调节潜力	状态转移
$-a$	+1℃
0	维持不变
a	-1℃
$2a$	-2℃

2. 转移成本

评估状态转移优先级的依据是调节成本，空调负荷的调节成本由两部分组成：用户舒适度成本和电费成本。对制冷空调而言，只要温度偏离用户设定温度就会带来舒适度成本。当提高设定温度时，会降低空调平均功率，减少电费；当降低设定温度时，会升高空调平均功率，增加电费，两者成本不同。

目前，业内还没有统一的量化用户舒适度成本的方法，本书中认为这样的方法要满足三个基本原则。

（1）当 ΔT 为 0 时，舒适度成本为 0。

（2）量化函数是偶函数，即温度正偏和负偏的成本相同。

（3）一阶导数单调递增，对应到实际中就是当室温与理想温度差别越大时，用户对于调节温度的意愿越低，需要的补偿的成本越高。

此处设计了一个满足上述三个原则的舒适度量化函数，将温度变化 ΔT 引起的用户不舒度适量化为调节成本，函数表达式为

$$D=g(\Delta T) = d \cdot \Delta T^2 \qquad (3-11)$$

式中：d 是函数的二次项系数。

该方案的缺点是 d 值含义不明确，只能给出参考值让用户选取。

结合上述舒适度成本量化函数和实际电费成本，空调综合调节成本可表示为

$$D=d \cdot \Delta T^2 + a \cdot \Delta T \cdot t \cdot C_j \qquad (3-12)$$

式中：t 是控制周期；C_j 是 j 时段电费成本。

依据表 3-2 中的转移状态，计算出相应的单位调节成本，再按单位调节成本进行优先级排序，得到空调统一建模模型。

3.3.3　电热水器统一建模

电热水器只存在开、关两种状态，额定功率恒定；并且只要在用户设定时间内将水温加热到设定温度，就不存在用户舒适度成本。因此，电热水器的调节潜力、状态转移序列表示见表 3-3。

表 3-3　　　　　　　　电热水器的调节潜力、状态转移序列

调节潜力	状态转移
P	关→开
$-P$	开→关

电热水器的调节成本主要是电费成本。与空调不同，电热水器的负荷属于隐式负荷，电热水器的管理成本是热水器工作在不同时段的电费之差。计算电费成本的参考指标是电热水器一次调节的最优化电费，将前文所提到的电热水器一次优化模型表示为 $G_{\text{heater}}(\theta_{\text{heater}}, t_{\text{start}}, T_0)$，$\theta_{\text{heater}}$ 表示环境温度、水箱容量、用水时间、额定功率、保温层热阻等参数集合；t_{start} 表示优化计算的起始时间；T_0 表示优化计算的起始温度。优化模型的输出是最优化后的电费。

1. 关→开

状态转移"关→开"意味着在原来的优化模型中，当前时段不加热。因此，对应的调节成本可以表示为

$$\begin{cases} D = C_j \cdot P \cdot t + G_{\text{heater}}(\theta_{\text{heater}}, t_0 + t, T_0') - G_{\text{heater}}(\theta_{\text{heater}}, t_0, T_0) \\ T_0' = T_0 \, \mathrm{e}^{\frac{-t}{m_0 c_0 R}} + (P \cdot R + T_o) \times (1 - \mathrm{e}^{\frac{-t}{m_0 c_0 R}}) \end{cases} \quad (3-13)$$

式中：$G_{\text{heater}}(\theta_{\text{heater}}, t_0 + t, T_0')$ 表示热水器工作 t 时间后的最优化电费；T_0' 表示热水器在 j 时段工作 t 时间后的水温，由电热水器温度变化模型计算得出。

式（3-13）的含义是调节成本等于执行当前操作的最优化电费与不执行当前操作的最优化电费之差。

2. 开→关

状态转移"开→关"意味着在原优化模型中，当前时段需要加热，对应的调节成本可以表示为

$$\begin{cases} D = G_{\text{heater}}(\theta_{\text{heater}}, t_0 + t, T_0') - G_{\text{heater}}(\theta_{\text{heater}}, t_0, T_0) \\ T_0' = T_0 \, \mathrm{e}^{\frac{-t}{m_0 c_0 R}} + T_o \times (1 - \mathrm{e}^{\frac{-t}{m_0 c_0 R}}) \end{cases} \quad (3-14)$$

式中：T_0' 表示热水器在 j 时段停止加热 t 时间后的水温。

式（3-14）的含义是当前时段不加热的最优化电费与当前时段加热的最优化电费之差。由此，可以得到电热水器两种转移状态的调节成本，除以相应的调节功率后得到单位调节成本，生成优先级序列，实现电热水器的统一建模。

3.3.4 电动汽车统一建模

1. G2V 电动汽车统一建模

G2V 电动汽车与电热水器的情形相同，只有充电、待机两个状态，并且都是在一次优化的基础上计算调节成本，可采用同样的建模方式。G2V 的调节潜力、状态转移序列见表 3-4。

表 3-4　　　　　　　　　G2V 的调节潜力、状态转移序列

调节潜力	状态转移
$-p_i / \eta_i$	待机→充电
$-p_i / \eta_i$	充电→待机

将 G2V 电动汽车一次优化模型表示为 $G_{G2V}(\theta_{G2V}, t_{start}, soc_0)$，$\theta_{G2V}$ 表示电池容量、最小容量、截止时间、电价序列、充电功率、充电效率等参数集合；t_{start} 表示优化计算的起始时间；soc_0 表示优化计算的电池起始容量。优化模型的输出是最优化后的电费。

（1）待机→充电。状态转移"待机→充电"意味着在原来的优化模型中，当期时段不充电。因此，对应的调节成本可以表示为

$$\begin{cases} D=C_j \cdot \dfrac{p_i}{\eta_i} \cdot t + G_{G2V}(\theta_{G2V}, t_0+t, soc_0') - G_{G2V}(\theta_{G2V}, t_0, soc_0) \\ soc_0' = soc_0 + p_i \cdot t \end{cases} \qquad (3-15)$$

式中：$G_{G2V}(\theta_{G2V}, t_0+t, soc_0')$ 表示汽车充电 t 时间后的最优化电费；soc_0' 表示电动汽车在 j 时段充电 t 时间后的电池能量，由充电公式计算得出 $G_{G2V}(\theta_{G2V}, t_0+t, soc_0')$。

式（3-15）的含义是调节成本等于执行当前操作的最优化电费与不执行当前操作的最优化电费之差。

（2）充电→待机。状态转移"充电→待机"意味着在原优化模型中，当前时段需要充电，对应的调节成本可以表示为

$$D=G_{G2V}(\theta_{G2V}, t_0+t, soc_0) - G_{G2V}(\theta_{G2V}, t_0, soc_0) \qquad (3-16)$$

式（3-16）的含义是当前时段不充电的最优化电费与当前时段充电的最优化电费之差。

2．V2G 汽车统一建模

V2G 汽车的状态更加复杂，增加了一个向电网逆向充电的过程，其调节潜力、状态转移序列见表 3-5，3 种状态共 6 种转移方式。

表 3-5　　　　　　　　　　　　　　V2G 的调节潜力、状态转移序列

调节潜力	状态转移
p_i / η_i	待机→充电
$-p_i / \eta_i$	充电→待机
$-p_o \cdot \eta_o$	待机→放电
$p_o \cdot \eta_o$	放电→待机
$p_o \cdot \eta_o + p_i / \eta_i$	放电→充电
$-p_i / \eta_i - p_o \cdot \eta_o$	充电→放电

（1）待机→充电。状态转移"待机→充电"意味着在原来的优化模型中，当期时段不充电。因此，对应的调节成本可以表示为

$$\begin{cases} D=C_j \cdot \dfrac{p_i}{\eta_i} \cdot t + G_{V2G}(\theta_{V2G}, t_0+t, soc_0') - G_{V2G}(\theta_{V2G}, t_0, soc_0) \\ soc_0' = soc_0 + p_i \cdot t \end{cases} \qquad (3-17)$$

（2）充电→待机。状态转移"充电→待机"意味着在原优化模型中，当前时段需要

充电，对应的调节成本可以表示为

$$D = G_{\text{V2G}}(\theta_{\text{V2G}}, t_0 + t, soc_0) - G_{\text{V2G}}(\theta_{\text{V2G}}, t_0, soc_0) \tag{3-18}$$

（3）待机→放电。状态转移"待机→放电"意味着在原来的优化模型中，当期时段应该待机。因此，对应的调节成本可以表示为

$$\begin{cases} D = -C_j \cdot p_\text{o} \cdot \eta_\text{o} \cdot t + G_{\text{V2G}}(\theta_{\text{V2G}}, t_0 + t, soc_0') - G_{\text{V2G}}(\theta_{\text{V2G}}, t_0, soc_0) \\ soc_0' = soc_0 - p_\text{o} \cdot t \end{cases} \tag{3-19}$$

式中：soc_0' 表示电动汽车在 j 时段放电 t 时间后剩余的电池能量，由充电公式计算得出。

（4）放电→待机。状态转移"放电→待机"意味着在原来的优化模型中，当期时段应该放电。因此，对应的调节成本可以表示为

$$D = G_{\text{V2G}}(\theta_{\text{V2G}}, t_0 + t, soc_0) - G_{\text{V2G}}(\theta_{\text{V2G}}, t_0, soc_0) \tag{3-20}$$

（5）放电→充电。状态转移"放电→充电"意味着在原来的优化模型中，当期时段应该放电。因此，对应的调节成本可以表示为

$$\begin{cases} D = C_j \cdot \dfrac{p_\text{i}}{\eta_\text{i}} \cdot t + G_{\text{V2G}}(\theta_{\text{V2G}}, t_0 + t, soc_0') - G_{\text{V2G}}(\theta_{\text{V2G}}, t_0, soc_0) \\ soc_0' = soc_0 + p_\text{i} \cdot t \end{cases} \tag{3-21}$$

式中：soc_0' 表示电动汽车在 j 时段充电 t 时间后的电池能量，由充电公式计算得出。

（6）充电→放电。状态转移"充电→放电"意味着在原来的优化模型中，当期时段应该充电。因此，对应的调节成本可以表示为

$$\begin{cases} D = -C_j \cdot p_\text{o} \cdot \eta_\text{o} \cdot t + G_{\text{V2G}}(\theta_{\text{V2G}}, t_0 + t, soc_0') - G_{\text{V2G}}(\theta_{\text{V2G}}, t_0, soc_0) \\ soc_0' = soc_0 - p_\text{o} \cdot t \end{cases} \tag{3-22}$$

可以看到，在任意一个状态转移成本计算公式中，参考成本的形式都可以表示成 $G_{\text{V2G}}(\theta_{\text{V2G}}, t_0, soc_0)$。因为状态转移是从当前状态转向其他状态，而当前状态正好是 $G_{\text{V2G}}(\theta_{\text{V2G}}, t_0, soc_0)$ 优化计算的结果，因此可以用 $G_{\text{V2G}}(\theta_{\text{V2G}}, t_0, soc_0)$ 统一表示原始最优电费。

3.3.5　工业负荷统一建模

工业负荷是连续工作的设备，控制特性与空调相似；但空调不同状态之间是以 1℃ 为间隔离散分布的，而发电机的功率状态是连续分布的。对工业负荷自备电厂有两种处理方案。

方案一：将自备电厂输出功率进行分段离散，用有限个状态表示，再建立类似空调的终端统一模型。

方案二：将自备电厂当作一个独立受控单元，与负荷群平级，不需要进行多个电厂的聚合，也不需要进行功率分段离散。

在实际应用中，往往一个自备电厂的功率就达到数百千瓦，并且电厂自身具备平滑可调的能力，一台发电机本身就相当于大量空调设备聚合的负荷群。而提出负荷统一建

模的目的是便于聚合管理，实现负荷群建模。负荷群实现了将数量众多的模型不同、功率较小、调节能力离散的负荷聚合为一个连续、大功率的可调节对象，自备电厂已经具备这些条件。因此，建议选择方案二来处理自备电厂，将其当作独立的负荷群进行分析。

负荷群模型主要分析对象调节潜力与调节成本、调节成功率间的关系，在本部分主要讨论发电机组调节潜力与调节成本的函数关系，调节成功率将在后文介绍。

假设自备电厂当前发电功率为 p_{now}，目标功率为 p_{goal}，p_{goal} 符合机组出力约束 $p_{\text{low}} \leqslant p_{\text{goal}} \leqslant p_{\text{up}}$，则调节潜力记为 $\Delta p = p_{\text{goal}} - p_{\text{now}}$。根据发电机模型，可推导出相应的调节成本公式为

$$
\begin{cases}
D(\Delta p) = t \cdot \left[C_j \cdot (p_{\text{exchg}} - \Delta p) + C_{\text{goal}} \cdot p_{\text{goal}} - C_j \cdot p_{\text{exchg}} - C_{\text{now}} \cdot p_{\text{now}} \right] \\
\qquad\quad = t \cdot \left(C_{\text{goal}} \cdot p_{\text{goal}} - C_{\text{now}} \cdot p_{\text{now}} - C_j \cdot \Delta p \right) \\
C_{\text{goal}} = f(p_{\text{now}} + \Delta p) \\
C_{\text{now}} = f(p_{\text{now}})
\end{cases}
\tag{3-23}
$$

式中：C_j 是该时段的分时电价；p_{exchg} 是工业负荷当前从电网获取的平均功率；C_{goal} 是调整到目标功率对应的发电成本；C_{now} 是机组当前的发电成本 $f(\cdot)$ 是机组发电单位成本函数。

式（3-23）反映了机组调节潜力与调节成本的连续函数关系 $D(\Delta p)$，单位调节成本可以表示为 $D(\Delta p)/\Delta p$。

3.4　负荷侧优化管理

3.4.1　负荷聚合商集群建模

1. 模型需求分析

负荷群是分层管理架构中至关重要的一层，对上要响应全局控制目标，对下要进行终端功率分配。目前，大量负荷侧管理的文献都只研究到负荷群参与全局优化，而对于负荷群如何将控制功率分配到具体负荷设备少有提及；业内还没有文献研究负荷群模型该有什么样的数学表达式、什么样的控制特性和响应特性。

基于前文负荷特性分析和工程应用中的实际需求，本书提出负荷群模型必须满足的几个原则。

（1）模型的调节潜力必须真实有效，从底层负荷聚合而来，否则无法保证负荷群能满额完成全局优化下发的调节目标。

（2）模型必须包含真实有效的成本函数，不同调节功率下的调节成本不同。

（3）模型必须包含群内负荷的功率分配方案，形成可执行的设备操作指令。

（4）模型必须考虑用户响应不确定性，将响应失败的偏差计算在内。

此处提出负荷终端统一模型的根本目的就是建立负荷群模型，满足上述 4 个原则。首先，负荷群接收来自各负荷终端上传的统一模型，依据模型中的调节潜力序列计算出

负荷群下真实的调节潜力，确保满足原则（1）；其次，终端统一模型中包含了单位成本序列，负荷群可从大量终端上传的"成本-潜力"序列计算出负荷群的综合成本，确保满足原则（2）；最后，终端统一模型中包含的状态转移集合对应的就是负荷设备将要执行的操作，确保模型满足原则（3），直接生成设备操作指令。对于原则（4）对应的响应不确定性，则是与具体负荷终端无关的特性，要基于负荷群的历史数据单独分析。

图 3 - 12　负荷群模型

如图 3 - 12 所示，完整的负荷群模型应该由三个子模型组成，分别是"成本-潜力模型""功率分配模型"和"偏差-潜力模型"。"成本-潜力模型"着重考虑负荷群总体调节潜力与调节成本的关系；"功率分配模型"着重考虑目标功率往负荷设备分配并生成控制指令的方案；"偏差-潜力模型"则着重考虑调节潜力与响应不确定性的关系。

2．成本-潜力模型

负荷群的"成本-潜力模型"从终端统一模型中聚合而来，对负荷终端而言，调节潜力是离散的，不同状态转移对应的功率变化是不连续的；但对负荷群而言，这种功率跳变相对于总调节功率而言微不足道，因此，可以认为由大量离散序列组合而成的负荷群是连续的。

如图 3 - 13 所示，负荷群的调节潜力与单位调节成本之间是单调递增关系。从原理上看，负荷群的调节功率总是先往单位调节成本最低的设备派发，随着调节功率升高，才会往高成本设备蔓延，因此负荷群的单位调节成本与调节潜力之间是单调递增关系。

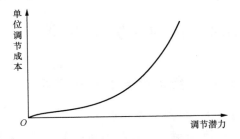

图 3 - 13　负荷群单位调节成本-调节潜力关系示意图

假设负荷群下包含 n 个终端，记为 LT_j $(j=1,2,\cdots,n)$；每个终端上传的统一模型表示为 M_j，见表 3 - 6。其中，P_1^j 是 1 级调节潜力；d_1^j 是一级单位调节成本；SC_1^j 是一级调节潜力对应的设备状态变化集合；l_j 是终端调节潜力的总数。

表 3 - 6　　　　　　　　　　　　　M_j 模型说明

优先级	调节潜力	单位调节成本	状态转移集合
1	P_1^j	d_1^j	SC_1^j
2	P_2^j	d_2^j	SC_2^j
3	P_3^j	d_3^j	SC_3^j
…	—	—	—
l_j	$P_{l_j}^j$	$d_{l_j}^j$	$SC_{l_j}^j$

则负荷群对应的功率调节方式共有 $\prod\limits_{j=1}^{n} l_j$ 种可能，这些可能中存在调节功率相同而单位成本不同的情况，放到坐标系下的散点图如图 3-14 所示。从中可见，负荷群要完成某一个功率调整目标，有许多种实现方式；本书所采用的"成本-潜力模型"就是所有实现方式中成本最低的点组成的函数关系，即图 3-14 中的下边界，将该下边界对应的函数记为 $\phi(P)$。

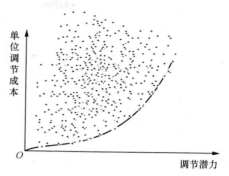

图 3-14　负荷群功率调节散点图

图 3-14 中所示的下边界可以认为是条连续曲线，但要获得该曲线的函数表达式比较困难，可提供两种替代解决方案。

方案一：计算落在下边界上的样本点，利用多项式逼近来拟合该函数关系；

方案二：设置成本阶梯，按成本分段，用分段线性函数拟合该下边界。

从原理上讲，两种方案都可行。方案一需要首先计算出下边界上的点，再利用多项式插值进行拟合，实现上更加复杂，因此建议采用方案二。

设置单位调节成本的分段步长为 Δd，则第 i 分段的成本区间可表示为

$$(i-1) \times \Delta d \sim i \times \Delta d \qquad (3-24)$$

该成本区间内功率可调范围可以表示为

$$\varphi\big[(i-1) \times \Delta d\big] \sim \varphi(i \times \Delta d) \qquad (3-25)$$

式中：$\varphi(i \times \Delta d)$ 表示调节成本小于 $i \times \Delta d$ 时的最大可调功率。

$\varphi(d_{up})$ 表示一个求解单位的成本低于 d_{up} 的计算逻辑，该计算流程如图 3-15 所示，详细步骤表示如下。

（1）设成本上限为 d_{up}，设总调节功率为 $P=0$，设终端起始编号为 $num=1$。

（2）轮询第 num 个终端，寻找终端统一模型中调节成本低于 d_{up} 的所有调节潜力序列，选择调节潜力最大的一级作为该终端的调节对象，调节潜力记为 P_{num}，总调节功率 $P=P+P_{num}$。

（3）$num=num+1$，如果 $num \leqslant n$，回到（2）；否则，转到（4）。

（4）输出总调节功率 P，各终端对应的调节潜力和单位调节成本，计算真正的单位调节成本 d_{real}；注意，由于各终端最大调节功率对应的调节成本总是小于或等于 d_{up}，因此 $d_{real} < d_{up}$，d_{real} 才是该分段

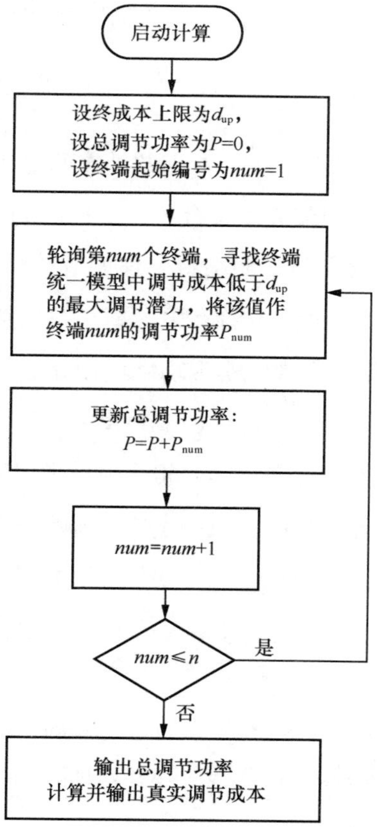

启动计算

设终成本上限为 d_{up}，
设总调节功率为 $P=0$，
设终端起始编号为 $num=1$

轮询第 num 个终端，寻找终端统一模型中调节成本低于 d_{up} 的最大调节潜力，将该值作终端 num 的调节功率 P_{num}

更新总调节功率：
$P=P+P_{num}$

$num=num+1$

$num \leqslant n$　是

否

输出总调节功率
计算并输出真实调节成本

图 3-15　$\varphi(d_{up})$ 计算流程

上真正的成本上限。

相应的，在该成本区间内，可调功率的变化量表示为

$$\Delta P_i = \varphi(i \times \Delta d) - \varphi[(i-1) \times \Delta d] \qquad (3-26)$$

则相应分段的线性函数可以表示为

$$\begin{cases} d_i(P) = d_{\text{real}}^{i-1} + (d_{\text{real}}^i - d_{\text{real}}^{i-1}) \times \dfrac{P - \varphi[(i-1) \times \Delta d]}{\Delta P_i} \\ \varphi[(i-1) \times \Delta d] \leqslant P \leqslant \varphi(i \times \Delta d) \end{cases} \qquad (3-27)$$

式中：$d_i(P)$ 表示调节功率在第 i 分段内时，单位调节成本与调节功率间的关系；d_{real}^{i-1}、d_{real}^i 分别表示第 $i-1$、第 i 段真实的成本上限。

依据式（3-27）可以将原来的调节成本下边界转换为分段连续的"成本-潜力模型"。

3. 功率分配模型

（1）原模型。功率分配模型主要实现将上层下发的控制功率分配到所有负荷终端；基于负荷统一模型和负荷群分段"成本-潜力模型"，负荷群的功率分配模型很容易推导，可表示为如式（3-28）所示的最优化问题。

$$\begin{cases} \min \ \sum_{j=1}^n P_j \cdot d_j \\ \text{s.t.} \\ \quad P_j, d_j \in M_j \\ \quad \sum_{j=1}^n P_j = P_{\text{goal}} \end{cases} \qquad (3-28)$$

式中：P_j 表示第 j 个终端分配的调节功率；d_j 表示第 j 个终端对应于 P_j 调节功率的单位调节成本；M_j 表示第 j 个终端的统一模型，即调节序列、调节成本集合；P_{goal} 表示负荷群目标调节功率，等式约束表示各个终端分配的调节功率之和等于负荷群总体调节目标。

上述公式的优化问题包含了 n 个终端，虽然每个终端的状态数量有限，要求解仍然很复杂。而在统一建模和负荷群分段建模的机制下，可以更高效地实现功率优化分配。

（2）改进模型。利用前文的负荷群分段模型，假设负荷群的目标调节功率 P_{goal} 落在第 i 分段，则对应的各终端的调节功率分配一定落在第 i 分段上某个点；相比原模型，明显缩小了寻优范围。计算第 i 分段的两个端点，由 $\varphi(i \times \Delta d)$、$\varphi[(i-1) \times \Delta d]$ 解出两个端点上各终端调节功率集合，分别表示为 $A_i = \{P_1, P_2, \cdots, P_n\}$、$A_{i-1} = \{P_1', P_2', \cdots, P_n'\}$。如果一个终端在 A_i 与 A_{i-1} 中的调节功率相同，则说明第 i 分段的任意一个点上，该终端调节功率始终恒定，等于 $\varphi(i \times \Delta d)$ 的解。

根据终端的调节功率在 A_i 与 A_{i-1} 中是否相同可以将终端分为两类：调节功率固定的终端和调节功率可变的终端。因此，集合 A_i 与 A_{i-1} 的交集必然是式（3-28）最优解的一部分，将式（3-28）的最优解表示为集合 A_{opt}，可表示为

$$A_i \bigcap A_{i-1} \subseteq A_{\text{opt}} \qquad (3-29)$$

对这部分终端而言，端点 $\varphi(i \times \Delta d)$ 解出的调节功率就是该终端的最优解，只需再求解剩余部分终端的最优解即可。假设剩余终端共 m 个，这些终端的调节功率只有两种取值可能，要么取在 A_i 中，要么取在 A_{i-1} 中，优化问题表示为

$$\begin{cases} \min \quad \sum_{j=1}^{m} P_j \cdot d_j \\ \text{s.t.} \\ \quad P_j \in \{P_j^i, P_j^{i-1}\} \\ \quad \sum_{j=1}^{m} P_j = P_{\text{goal}} - P_{\text{static}} \end{cases} \qquad (3-30)$$

式中：P_j^i 表示第 j 个终端在集合 A_i 中的调节功率，$P_j \in \{P_j^i, P_j^{i-1}\}$ 表示第 j 个终端的调节功率取值只有这两种可能；P_{static} 是调节功率固定的可调功率之和，是已经实现最优分配的功率。相较于式（3-28）式（3-30）显著缩小了寻优范围，将参与优化的终端减少到 m 个，并且每个终端都是 2 值变量，大大减轻了原问题的计算负担。

（3）快速算法。在实际应用中，如果对成本的控制精度要求没那么严格，式（3-30）的 2 值优化问题可以用快速算法近似替代，以较小的成本误差换取计算效率，在工程实践中应用最广。可采用的功率分配快速算法流程图如图 3-16 所示。

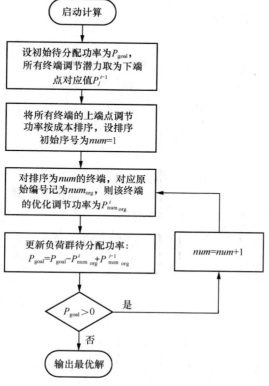

图 3-16　功率分配快速算法流程图

具体步骤如下：

1）设初始待分配功率为 P_{goal}。

2）对余下的 m 个终端，每个终端有两种调节能力选项，先假设所有终端调节能力取为 $\{P_j^i, P_j^{i-1}\}$ 中的较小值，都取下端点对应值 P_j^{i-1}，剩余待分配功率记为 $P_{goal} = P_{goal} - \sum\limits_{j=1}^{m} P_j^{i-1}$。

3）将上端点调节功率 P_j^i 按单位调节成本进行排序，设排序初始序号为 $num = 1$。

4）将排序后序号为 num 的终端原来的序号记为 num_{org}，将该终端的调节功率分配为 $P_{num_{org}}^i$，$P_{goal} = P_{goal} - P_{num_{org}}^i + P_{num_{org}}^{i-1}$。如果 $P_{goal} > 0$，$num = num+1$，转到3）；否则，输出最优解。

4. 偏差–潜力模型

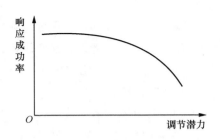

图 3 – 17　响应成功率–调节潜力曲线示意图

本书中尝试定义一种衡量负荷群响应不确定性的"偏差–潜力模型"，来表示负荷群响应成功率与调节功率的变化关系。此处的响应成功率表示负荷设备完成响应目标的比例，也可认为是负荷管理目标的完成率。

根据实际运行经验，响应成功率与调节潜力间的关系曲线如图 3 – 17 所示。因为响应成功率的定义属于比值的范畴，所以不存在调节潜力为 0 时的响应成功率。从图 3 – 17 中可以看到，响应成功率总体随着调节潜力的增加而降低，但在初始段相对平稳。这是因为在调节潜力较小时，控制的负荷都是对用户影响不大的低成本负荷，用户反弹不明显，因此成功率高；随着调节潜力提高，受控对象的影响越来越显著，必然导致越来越高的用户反弹。

负荷群响应偏差的计算是通过负荷群控制的历史数据统计而来，假设某次负荷群调节的目标功率为 P_{goal}，负荷群真实响应的功率为 P_{true}，得到一对样本点（P_{goal}, P_{true}/P_{goal}）。负荷群真实响应功率一般通过遥测获取，也可用负荷终端上送的实时功率进行加和计算。

在实际运行中，每个优化周期都能得到一对上述的样本点，当样本数量足够时，可由样本点拟合出图 3 – 17 所示的曲线，记为 $g(P)$。目前还没有文献对曲线 $g(P)$ 的函数形式进行研究，但根据中心极限定律，响应成功率的偏差密度函数应该类似正态分布。探索 $g(P)$ 的具体形式超出了本书的研究范畴，暂采用分段线性化的方面逼近 $g(P)$，力求在现有数据和研究的基础上，得到比原来不考虑不确定性时更优的管理效果。未来对 $g(P)$ 的研究有突破后，可代替分段线性化模型，不影响后文的聚合管理优化算法。

设置调节潜力的分段步长为 Δp，则第 i 分段的线性函数可以表示为

$$\begin{cases} g_i(P) = b_0 + b_1 \times P \\ (i+1) \times \Delta p \leqslant P \leqslant i \times \Delta p \end{cases} \tag{3 – 31}$$

式中：b_0、b_1 是未知参数，可由样本点进行最小二乘拟合。在样本点集合中，选择 P_{goal} 落在 $[(i+1) \times \Delta p, i \times \Delta p]$ 区间的样本点，由简单的二元参数回归即可得到 b_0、b_1 的值。

3.4.2　基于负荷群的聚合管理

负荷聚合商层面是分层管理结构的最高一层，实现多类型负荷的联合优化控制。负荷聚合商作为负荷侧管理的顶层，优化模型以最小化调节成本、最小化控制误差为优化目标。

1．单目标优化模型

（1）最小化调节成本。最小化调节成本要求系统在各负荷群间进行调节成本平衡，确保各负荷群的调节功率都落在成本较低的区间。设整个负荷聚合商的功率调节总目标为 P_{whole}，负荷群数量为 N，基于前文的负荷群"成本-潜力模型"，最小化调节成本的最优化问题可以表示为

$$
\begin{cases}
\min \quad \displaystyle\sum_{i=1}^{N} P_{\text{goal}}^{i} \cdot \phi(P_{\text{goal}}^{i}) \\
\text{s.t.} \\
\qquad \displaystyle\sum_{i=1}^{N} P_{\text{goal}}^{i} = P_{\text{whole}}
\end{cases}
\tag{3-32}
$$

式中：P_{goal}^{i} 表示给各负荷群分配的调节目标功率；$\phi(P_{\text{goal}}^{i})$ 是各负荷群的"成本-潜力"函数，对工业负荷自备电厂而言，该函数是连续的，对聚合负荷群而言，该函数是分段连续的。等式约束表示各负荷群的调节功率之和等于总调节功率。

（2）最小化控制误差。最小化控制误差要求系统在各负荷群间进行响应偏差平衡，确保各负荷群的调节功率都落在响应成功率较高的区间。基于上述负荷群"偏差-潜力模型"，对应的最优化问题可以表示为

$$
\begin{cases}
\min \quad \displaystyle\sum_{i=1}^{N} P_{\text{goal}}^{i} \cdot \left[1 - g(P_{\text{goal}}^{i}) \right] \\
\text{s.t.} \\
\qquad \displaystyle\sum_{i=1}^{N} P_{\text{goal}}^{i} = P_{\text{whole}}
\end{cases}
\tag{3-33}
$$

式中：$g(P_{\text{goal}}^{i})$ 表示负荷群响应成功率函数。上述最小化控制误差的优化问题可以写成如式（3-34）所示的最大化响应成功率的最优化问题。

$$
\begin{cases}
\max \quad \displaystyle\sum_{i=1}^{N} P_{\text{goal}}^{i} \cdot g(P_{\text{goal}}^{i}) \\
\text{s.t.} \\
\qquad \displaystyle\sum_{i=1}^{N} P_{\text{goal}}^{i} = P_{\text{whole}}
\end{cases}
\tag{3-34}
$$

2．双目标优化模型

上述优化模型都只考虑了一个优化目标，当系统出现极端负荷场景时将带来成本问

题或误差问题。例如，系统存在控制成本和响应成功率都很低的负荷群时，（1）中的优化模型会给该负荷群分配过大的功率份额，导致控制误差过大。相反的，当存在控制成本和响应成功率都很高的负荷群时，（2）中的优化模型统一会给该负荷群分配过大的功率份额，导致控制成本过高。

针对上述单目标优化存在的问题，本书给出了三种双目标优化方案，同时考虑两种需求：偏管理成本优化、偏控制误差优化、双目标协同优化。其中，偏管理成本优化和偏控制误差优化是将另一个优化目标作为约束条件；而双目标协同优化则是通过转换函数将控制误差转换为成本，进行协同优化。

（1）偏管理成本优化。当系统对管理成本要求较高，而对控制成功率要求相对较低时，优化模型可以表示为

$$
\begin{cases}
\min \quad \sum_{i=1}^{N} P_{\text{goal}}^{i} \cdot \phi(P_{\text{goal}}^{i}) \\
\text{s.t.} \\
\quad \sum_{i=1}^{N} P_{\text{goal}}^{i} = P_{\text{whole}} \\
\quad \dfrac{\sum_{i=1}^{N} P_{\text{goal}}^{i} \cdot g(P_{\text{goal}}^{i})}{P_{\text{whole}}} \geqslant 1 - \eta_{\text{low}}
\end{cases}
\tag{3-35}
$$

式中：η_{low} 为设定的最大控制误差，作为约束条件，表明要在误差下限的基础上尽量降低成本。这种优化管理方式在现实中应用最广。

（2）偏控制误差优化。当系统对控制误差要求较高，而对管理成本要求相对较低时，优化模型可以表示为

$$
\begin{cases}
\max \quad \sum_{i=1}^{N} P_{\text{goal}}^{i} \cdot g(P_{\text{goal}}^{i}) \\
\text{s.t.} \\
\quad \sum_{i=1}^{N} P_{\text{goal}}^{i} = P_{\text{whole}} \\
\quad \dfrac{\sum_{i=1}^{N} P_{\text{goal}}^{i} \cdot \phi(P_{\text{goal}}^{i})}{P_{\text{whole}}} \leqslant d_{\text{up}}
\end{cases}
\tag{3-36}
$$

式中：d_{up} 为设定的最大单位控制成本，作为约束条件，表明要在最大控制成本下尽量减小控制误差。

（3）双目标协同优化。控制成功率和管理成本属于不同量纲，当两者同时放在目标函数中时，需要设计一个量化函数，将两者等同。引入函数 $q(\cdot)$，将控制误差转换为控制成本，控制误差越大，隐性成本越高。函数 $q(\cdot)$ 是一个单调递增函数，该函数的具体形式视应用情况而定。假设已知该函数的形式，则双目标优化模型可以表示为

$$\begin{cases} \min \ \sum_{i=1}^{N} P_{\text{goal}}^{i} \cdot \phi(P_{\text{goal}}^{i}) + q(\eta_{\text{real}}) \\ \text{s.t.} \\ \qquad \sum_{i=1}^{N} P_{\text{goal}}^{i} = P_{\text{whole}} \\ \qquad \eta_{\text{real}} = \dfrac{\sum\limits_{i=1}^{N} P_{\text{goal}}^{i} \cdot g(P_{\text{goal}}^{i})}{P_{\text{whole}}} \end{cases} \qquad (3-37)$$

式中：η_{real} 表示优化过程中真实的控制误差。

3.4.3　基于智能台区的负荷管理

如果说前述基于负荷群的聚合管理是站在电网与用户双向交互的角度进行负荷管理，那台区就是连接电网与用户的最后一个关卡，也是当前电网对负荷进行管理的末端设备。台区是指（一台）变压器的供电范围或区域。

近些年，随着配电网对负荷信息需求的提升，部分省市在台区精益化管理上做了相应工作，建立了对应的台区精益化管理系统，实现公用变压器运行从看不见到看得见。智能台区的负荷管理目标与负荷群集中功率控制目标不同，更多是期望动态掌握低电压、超过载、三相不平衡、无功欠过补偿等运行异常情况。当前基于智能台区的负荷管理主要存在以下几方面的难点。

（1）低压配电变压器台区功能整合与集成困难。由于目前低压配电变压器台区设备数量庞大，种类繁多，不同设备之间的功能多有重叠，因此难以对不同种类的设备功能进行整合与集成。

（2）低压线路实时监测困难。目前国内低压配电线路实时监测部分应用基本处于空白状态，只有少数地区安装了停电监视仪对停电情况进行记录，但只具备就地显示查看功能，无法将数据进行通信远传。因此，难以实现线路实时监测，以支撑故障定位和过负荷告警等高级应用。

（3）快速故障定位与故障主动上报困难。目前台区故障信息主要依靠用户发生停电事件后拨打电话上报，之后电力部门再派人员寻找故障点并检修，故障信息获取不及时，停电时间长。因此，针对台区的快速故障定位与故障上报困难。

（4）三相不平衡治理困难。由于早期的低压配电变压器台区缺乏规划，导致配电变压器台区的三相不平衡程度较为严重。目前的三相不平衡治理主要是基于注入无功进行补偿的方式，并没有达到真正的三相平衡状态。选择三相不平衡调节方法，也是当前基于智能台区的负荷管理的核心难点之一。

针对前述难点，低压智能配电变压器台区建设是发展智能配电网和提供用户供电质量的关键。这就需要对低压配电变压器台区现有设备及功能进行分析，实现类型功能的整合集成，以支撑基于智能台区的负荷管理。

1．台区功能整合集成及低压配电变压器台区智能化实现

由于低压配电变压器台区设备众多，功能杂乱，根据台区的地理位置分布及功能区分，可将低压智能配电变压器台区实现方案分为三部分。

（1）智能配电变压器台区实时监测。智能配电变压器台区实时监测主要指配电变压器所在台区部分的监测功能，包含配电变压器监测、用电信息采集、变压器状态监测、环境监测等。

配电变压器台区实时监测以智能配电变压器终端为核心，通过载波/RS485/微功率无线等通信方式，实现对变压器状态监测以及对无功补偿装置、剩余电流动作保护器、台区总表/集中器、温湿度采集器等设备的监测，示意图如图 3 – 18 所示。

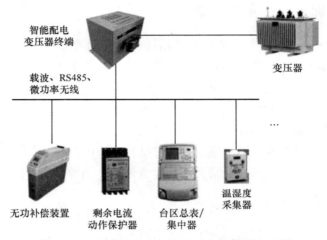

图 3 – 18　智能配电变压器台区实时监测示意图

1）变压器状态监测：监测变压器的电气量和状态量，并依据电气量计算变压器损耗和低压线损。

2）无功补偿监测：监测无功补偿装置的数据和投切状态。

3）剩余电流动作保护器监测：采集剩余电流动作保护断路器或剩余电流动作保护器等的数据及动作状态。

4）台区总表/集中器监测：采集台区总表/集中器等的用电信息。

5）环境监测：监测温湿度、门禁等环境信息。

除了通过与台区智能设备通信进行台区状态监测外，智能配电变压器终端还可以通过采集配电变压器台区的电压、电流等电气量，实现台区的电能质量监测，主要包括：

1）电压电流谐波含量监测：通过采集台区的电压电流量，计算电压谐波含量和电流谐波含量，并与谐波含量阈值比较，谐波含量超标时上报主站。

2）电压越限监测：根据采集的台区电压值，与电压上限阈值或下限阈值比较，超出标准时上报低电压或超电压至主站。

3）电流越限监测：根据采集的台区电流值，与电流上限阈值或下限阈值比较，超出标准时上报低电流或超电流至主站。

4）电压合格率监测：在一个月内，统计监测的电压合格时间总和，计算月合格时间与总监测时间的百分比，并将计算数据上报主站。

5）电流合格率监测：在一个月内，统计监测的电流合格时间总和，计算月合格时间与总监测时间的百分比，并将计算数据上报主站。

基于智能配电变压器终端对台区多种设备的监测，以及智能配电变压器终端自身的监测，通过智能配电变压器终端的计算分析与决策，可以实现充电桩有序充电管理、台区线损分析等高级应用。

（2）低压线路监测。低压线路监测主要指低压线路的设备及电气量监测，如低压线路状态监测、分布式电源状态监测等。

上述监测功能都采用智能设备实现，智能设备与智能配电变压器终端进行通信，将数据上送，智能配电变压器终端统筹智能设备的监测信息，进行数据分析与决策，进而完成故障定位与故障主动上报等高级应用。

（3）电能质量治理。电能质量治理主要指对台区整体的电能质量指标进行治理，包含三相不平衡治理、无功功率补偿等。

配电变压器台区的三相不平衡治理采用智能换相开关实现。智能换相开关安装于三相转单相的分支箱/配电箱处，实时采集换相开关处的三相电压与电流，并将数据上送至智能配电变压器终端。智能配电变压器终端通过换相策略计算，确定需要进行换相的负荷，发送换相命令至对应的智能换相开关，执行换相操作，以此实现台区负荷达到三相平衡。

配电变压器台区的无功功率补偿主要是采用智能配电变压器终端控制无功补偿装置的方式完成。若为智能无功补偿装置，则智能配电变压器终端对其进行监测；若为普通无功补偿装置，则智能配电变压器终端对其进行监测与投切控制。

整体的低压智能台区实现如图 3-19 所示。

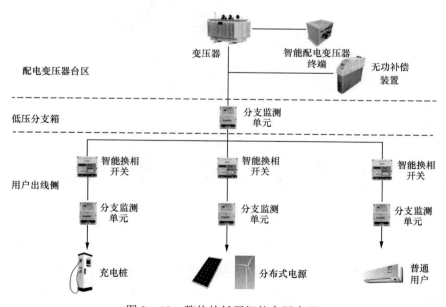

图 3-19 整体的低压智能台区实现

智能配电变压器终端作为整个台区的核心装置，安装在配电变压器台区变压器出线处，既能采集变压器出线处的电气量，也能与台区其他智能设备进行通信，收集设备及线路的数据和状态信息，对整个台区实现实时监控，并能进行数据计算与处理，进而实现故障定位、户用变压器识别与相别识别、换相决策等功能。

2. 低压线路实时监测

随着计算机通信技术的进步、电网信息化水平的提高，低压线路数据的完善以及围绕低压线路数据的一系列高级应用迫在眉睫。为了更精确、及时地判断线路带电情况，快速定位故障点和影响范围，为事故抢修和主动服务提供技术支撑，同时全面监控低压配电网的电压、电流、电能质量等信息，需要低压线路实时监测技术及对应的智能设备，实现低压线路的实时监测。

低压线路实时监测采用分路监测单元实现。分路监测单元实时采集低压线路的电气量和状态量信息，并将数据通过 RS485 通信上送至智能配电变压器终端，实现智能配电变压器终端对配电网低压线路的全面监视。依据上述监测信息，智能配电变压器终端进行数据分析与决策，进而完成故障定位、故障主动上报等高级应用。

3. 快速故障定位与故障主动上报

分路监测单元实时采集线路的电压、电流等电气量，将数据通过 RS485 通信上送至智能配电变压器终端，智能配电变压器终端实时监测线路的运行状况。

在发生故障时，监测到故障电流的分支监测终端采用 RS485 通信将故障信息快速发送至智能配电变压器终端，智能配电变压器终端根据分支监测终端上传的故障信息以及低压拓扑信息进行故障点定位。智能配电变压器终端将故障信息和定位的故障点上报给主站，以便主站安排人员进行检修。快速故障定位示意图如图 3 – 20 所示。

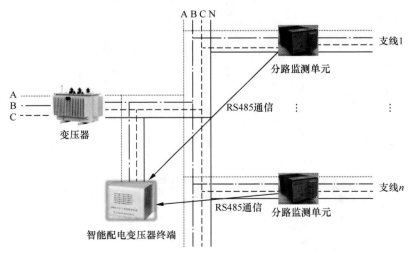

图 3 – 20　快速故障定位示意图

基于 RS485 通信的故障定位相比于传统的用户申报及人工核查方式，定位速度和准确率都大大提升，减少用户停电时间，减少检修人员人工查找故障的时间，提高抢修效率，而且也减少了人工的操作，减少错误率。

4．配电变压器台区三相不平衡治理。

目前三相不平衡治理主要是采用无功补偿的方法，设备构成主要是晶闸管控制电抗器（TCR）或静止无功发生器（SVG）。TCR 通过相间功率转移实现配电变压器出口三相平衡，SVG 通过注入反向不平衡补偿电流来实现配电变压器出口三相平衡，但都没有从根本上解决实际的负荷均匀分配问题，当前工程中一般采用智能换相开关对负荷的接入相别进行调整，从而使配电变压器台区达到三相负荷平衡。

智能换相开关主要实现电压、电流采样，并将采样数据上送智能配电变压器终端，智能配电变压器终端根据采样数据计算台区三相不平衡程度，并利用智能信息处理技术，计算最佳换相策略，使得配电变压器台区的三相不平衡程度最低，并向需要进行换相的开关下发换相指令，换相开关接收命令执行相应的相位切换操作，完成三相不平衡调节。

三相不平衡治理示意图如图 3－21 所示。

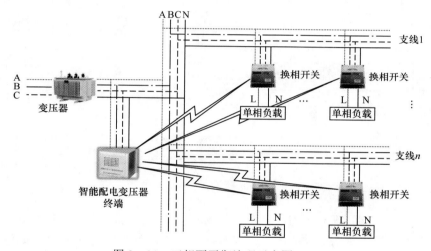

图 3－21　三相不平衡治理示意图

3.5　负荷主动管理系统及用户终端实现

3.5.1　总体架构分析

负荷主动管理的"主动"体现在两个维度：一是负荷的"主动"，负荷不再单单是一个指令的接受者和被调控者，负荷和能源的界限变得逐渐模糊，传统配电网络-负荷的管理框架被逐步打破，电力系统对于空调、热水器、照明设备等传统负荷及电动汽车、储能等新型负荷有了更加主动、灵活、多样的控制；二是用户行为的"主动"，用户可以充分将用电需求提供给供应商，得到满足个性化需求的定制化用电方案，用户与供应商之间的交互成为主动负荷管理的另一大亮点。由此来说，负荷主动管理与需求侧响应的相同之处在于，两者的终端用户都可以根据激励信号或者电价信息调整用电行为；不同之处在于，负荷主动管理更注重柔性负荷（flexible load, FL）及生产消费者的控制和管理，使其更好在源网荷储协同中实现优化潮流、消纳新能源，以及提高供电质量和可靠性的目标。本小节内容提出了源网荷储协同控制中负荷主动管理系统的概念，并详述了其具体的组成和功能。整个负荷管理系统由低到高共分为四个层面，包括具体负荷设备→负荷终端→负荷群→负荷聚合商。负荷管理系统分层管理架构如图 3 – 22 所示。

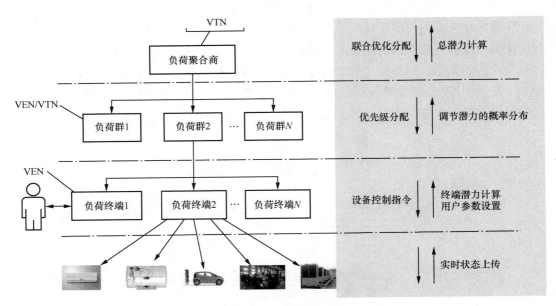

图 3 – 22　负荷管理系统分层管理架构

　　一个负荷终端管理一个用户、一个商场或一个车间内的相同属性负荷。对居民负荷而言，负荷终端管理着空调、电热水器等家用电器；对商业负荷而言，负荷终端集中管理整个商场的所有中央空调设备；对工业负荷而言，负荷终端集中管理同一车间的机床等工业设备。负荷终端是从物理层面对具体设备进行管理控制。

　　负荷群是同一类型负荷终端的集合，按通信节点和网络节点进行划分。比如同一小区内的负荷终端聚合为一个负荷群。负荷群通过对负荷终端的统一管理，是从群的角度进行分析，不涉及具体设备，将所有负荷抽象为统一建模后的负荷终端，根据潜力序列、偏差对其进行分析。负荷群的特点是对具体负荷设备进行了抽象，从群的角度进行控制。

　　负荷聚合商是更上一层的抽象，对群进行联合优化控制，实现不同类型负荷的协同互补。在负荷管理补偿机制中，对商业负荷、工业负荷和居民负荷的补偿标准应是不同的；同样，不同类型负荷的响应成功率也不同，居民负荷有更大的随机性。通过对控制成功率、补偿成本两个指标的优化，实现不同类型负荷的联合优化。同样，对大电网而言，负荷聚合商表现为一个拓扑节点，将馈线下分散的负荷整合为一个点，参与电网统一调度。

3.5.2　负荷主动管理系统及用户终端系统实现

负荷主动管理系统（load active management system, LAMS）作为源网荷储协调控制的重要组成部分，从功能性来说需要满足三个角度的需求：一是负荷管理系统作为直接进行需求侧管理的控制系统，负责了用户侧需求的实现，从工商业用户的设备监测和能效管理需求，到居民用户的减少用电支出、降低碳排放等用电偏好。负荷主动管理系统作为控制的执行者和需求的实现者，承担了需求侧绝大部分的工作。二是负荷主动管理系统通过基于信息流和电力流的综合优化，帮助供电商（电力公司等）实现了优化区域负荷曲线、备用电量交易、增加利润等目标，同时作为用户需求和电能供应的桥梁和信息交互平台，LAMS 系统必不可少。三是 LAMS 系统的应用本质是提高电能效率、合理配置资源，对于整个社会的节能减排、构建绿色城市有着积极的推动作用。

1. 系统架构

源网荷储协同控制中的负荷主动管理系统架构如图 3 - 23 所示。

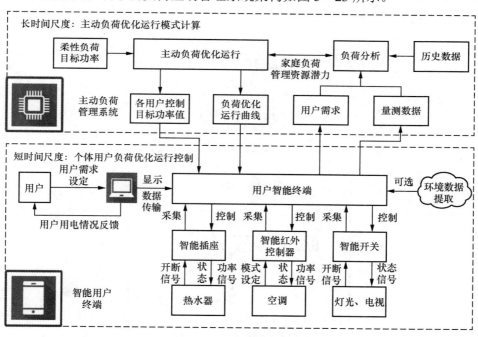

图 3 - 23　负荷主动管理系统架构

负荷主动管理系统控制结构采用分层控制方式，分两个层次实现负荷优化管理。具体如下：

（1）负荷优化层：负荷优化层属于长时间尺度控制，首先接受上层主站系统（或全局运行决策系统）最优运行指标，继而启动长时间尺度的主动负荷优化运行模式计算。该计算主要根据用户需求、用电习惯和量测数据对各个家庭用户的负荷管理资源潜力进行估算，在此基础上计算各个体用户负荷（以用户为单位）未来单位控制时段内的目标功率值和控制周期内的优化运行曲线，并下发给下层的用户智能终端。

（2）实时响应层：实时响应层的核心设备是用户智能终端，具体包括控制网关（包括通信单元、控制单元、管理单元三部分）及空调控制设备（智能红外控制器）、热水器控制设备（智能插座）、灯光开断控制设备（开关面板）、灯光亮度控制设备（调光面板）等多类型智能设备组成。用户智能终端主要用于实现对个体用户负荷进行优化运行控制，根据该用户目标功率值和未来运行曲线具体安排其用电方式，并校正运行曲线，同时更新负荷管理资源潜力评估结果。智能用户终端是直接连接用户和负荷管理系统的接口。针对各类型智能用电设备的具体的控制方法及需求响应策略都整合入了终端中，用户通过操作定制的个性化需求进行用电习惯调整，同时可以实现功率查看、电费查询、设备控制、运行模式调整等多个功能。

负荷主动管理系统通过对于楼宇内空调、热水器等传统家用负荷的主动控制，使得电力系统可以更好地进行用电行为优化，用户将不再是简单的电力消费者，而是逐渐成为电力生产和消费者，用电的行为将更加灵活，用电的服务将更加多样，从而降低电力系统的成本，提高电网的总效益。考虑当前通信方式的复杂化趋势，负荷主动管理系统设备及通信连接方式如图 3 - 24 所示。

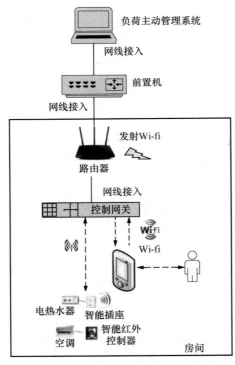

图 3 - 24　负荷主动管理系统设备及通信连接方式

2．负荷主动管理系统实现

（1）负荷主动管理软件。系统计算并产生预测电价（一般为日内 24h），通过前置机、路由器、网关最终下送给智能用户终端。

系统接受主站中为其计算的最优功率值，同时接收智能用户终端上送的实时功率值、可调节的柔性功率范围，对以上数据进行优化计算得到需要调节的柔性功率及其方向，并再次下发给智能用户终端。

（2）前置机。前置机是一个重要的连接和转发设备，将负荷主动管理连接楼宇内各个房间，实现智能家居的控制。

（3）路由器。安置在每个房间内，路由器提供 Wi-Fi 信号用于转发从智能终端上送给负荷主动管理上层系统的信息，如房间内实时功率、可调节的柔性负荷范围等。

（4）网关。作为房间内连接智能设备和智能用户终端的局部枢纽，网关主要服务于控制信号、监测信息的上送和下达。具体是接收智能插座检测的实时功率和电量等信息，并转发给智能用户终端；将用户下达的控制信号传送给智能用电设备。

（5）智能插座。直接连接被控用电设备，实现开/关设备，监测实时功率、用电量等功能。值得注意的是，由于对于空调等用电设备的物理模型的准确度远不如测量数据，因此智能插座检测实时功率的功能将在设备协调控制中发挥很大的作用。

（6）智能用户终端。作为负荷主动管理系统的算法核心，智能用户终端是直接连接用户和上级管理系统的接口。针对智能用电设备的具体控制方法及需求响应策略都整合入了终端 APP（PAD）内，用户通过操作定制的 APP 来实现查看功率、查询电费、控制设备、调整运行模式等基本功能，以及实时响应附加合约、计算碳排放等高级功能。

中负荷主动管理系统、前置机集中安置在楼宇的控制室内，而路由器、网关、智能用户终端、智能插座和智能用电设备均安置在用户房间内。

负荷主动管理系统平台主要为负荷主动管理系统各组成部分的有机协作，系统的长期、稳定可靠运行提供统一的技术支撑和保障。具体包括实现负荷主动管理采集模型建立、数据集成及管理、调度各负荷主动管理功能运行，并依据优化结果策略对用电负荷运行进行调节控制，平台还需提供友好的人机交互界面方便系统维护，运行人员对系统进行监视、维护和控制。负荷主动管理系统平台实现的功能主要如下。

（1）负荷模型建立及管理。重点实现各种特性的负荷设备模型相关的配置及管理，建立负荷采集信息参数，为各种配电网全局运行决策分析优化算法提供基础模型数据。

（2）负荷数据信息实时采集与监测。需与用户智能终端设备通信实现对各负荷运行信息数据的采集，并可以下发负荷调节和控制命令，实现对负荷的主动控制。并对负荷运行及优化控制的各种关键指标数据进行统计分析。

（3）负荷分析及优化控制功能支撑。实现对负荷主动管理系统中各种负荷分析和优化控制功能的灵活接入，实现高级应用功能驱动调用、基础数据提供、结果数据的获取、展示以及控制策略命令的执行等功能。

负荷主动管理系统平台按照功能进行区分，主要包括平台基础软件模块、应用服务接口模块、人机交互模块等几个部分。负荷主动管理系统平台软件功能组成如图 3-25所示。

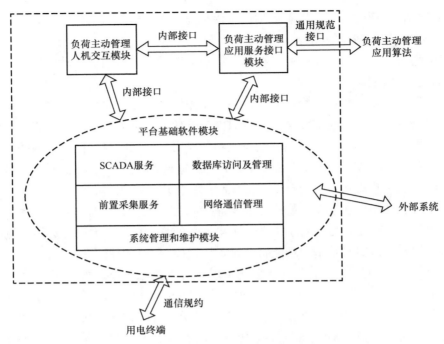

图 3 - 25 负荷主动管理系统平台软件功能组成

3. 智能用户终端系统实现

智能用户终端作为负荷主动管理系统中直接与用户交互的设备，包括智能设备控制、模式选择、电费查询、实时电价查询、实时电量监测、负荷曲线和可选合约 7 个一级功能，部分一级功能下面包括若干二级功能，智能用户终端功能分级及各功能模块如图 3 - 26 所示。

（1）智能设备控制。负荷主动管理系统智能用户终端软件能将用户控制指令经智能网关下发至受控用电设备，实现对用电设备的远程、实时控制。

（2）实时电量监测。在程序界面上能够实时查看各用电设备的瞬时功率、累积能量等用电数据，用电设备的用电情况采用智能插座计量。

（3）负荷优化控制。程序能根据每天的实时电价和控制功率对用户端负荷进行优化控制，在考虑用户舒适度的情况下，尽量避开实时电价高峰时间段，减少电费支出，提高用电效率。

（4）用电数据上传。程序能将用户端各设备的开关状态、用电情况、可优化范围等数据传送给主站，供负荷主动管理系统进行负荷分析等使用。

（5）新能源认购。程序提供的新能源认购功能可由用户自主认购一定比例的新能源并将数据上传主站，经能效分析后将实际的新能源比例和碳排放减少量等数据返回到用户端，用户可在相关界面上查看实际能效数据。

（6）实时电价查询。程序提供的电价查询功能为用户提供当天 24h 的实时电价信息、系能源电价信息，实时电价采用提前一天下发的方式下发至用户端，用户可根据实时电价协调使用家庭用电设备。

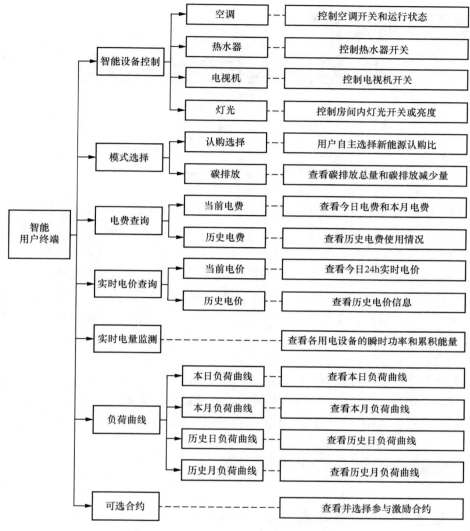

图 3-26 智能用户终端功能分级架构图

第4章
储能并网运行特性与控制

传统电力系统通常按照产-输-配-用的模式进行能源供用，储能技术在源网荷储协同控制中增加了"储"的环节，把发电与用电从时间和空间上分割开来，发电不再是即时传输，用电和发电也不再必须实时平衡，使得原有"刚性"系统的系统变得"柔性"起来，电网运行的安全性、经济性、灵活性也因此得到大幅提高。在配电网中引入储能系统，可以有效地实现需求侧的管理，减小负荷峰谷差，不仅可以更有效地利用电力设备，减低供电成本，促进可再生能源的应用，还可以作为提高系统运行稳定性，调整频率、步长、负荷波动的一种手段。储能系统一旦形成规模效应，可以通过储能系统提高电网资源利用效率，减少相应的电源和电网建设费用。

本章介绍了储能的技术特性及其应用领域，并进一步提出了储能并网的供蓄能力指标，实现并网特性的量化分析，通过储能就地预测控制技术实现对不同类型储能的最优预测控制。最后，介绍了储能控制管理单元的工作原理与功能。

4.1 储能系统特性及应用领域

4.1.1 储能系统对于配电网支撑特性分析

储能技术可以调节能量供求在时间、空间、强度和形态上的不匹配性，是合理、高效、清洁利用能源的重要手段，是保证安全、可靠、优质供电的重要技术支撑。近年来，在智能电网技术的驱动下，多种新型储能技术已在电力系统中进行了示范应用。从储能技术进行分类可以划分为电化学储能（锂电池、铅酸电池、钠硫电池、液流电池、钠-氯化镍电池、镍镉电池、氢储能等）、相变储能（蓄水、热储能等）、机械储能（飞轮储能、压缩空气储能）、电磁储能（超级电容储能、超导储能）。智能配电网中源网荷储协同需根据电网运行经济与安全优化等目标，要求储能系统可以快速响应网络中由于分布式电源固有的间歇性带来的动态变化，又具备充足的供蓄电容量满足能量优化管理、紧急电源、负荷调节等需求。总体而言，储能系统对于源网荷储协同控制的支撑作用可以从如下三个方面来描述：①降低峰谷差，改善负荷特性；②抑制电压跌落和抬升，提高电压质量；③缓解间歇性分布式电源功率波动的影响，提供功率主动调节能力。

1. 降低峰谷差

储能系统接入后，通过适当的充放电策略，在负荷处于低谷时段充电、负荷处于高峰时段放电，可以起到削峰填谷、降低峰谷差、改善馈线的总体负荷特性的作用，是对于系统运行经济性提升的体现。储能系统所发挥的削峰填谷，降低负荷峰谷差的作用可以通过图4-1来说明。

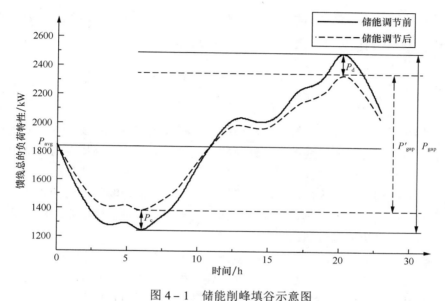

图4-1　储能削峰填谷示意图

图4-1中实线表示的是没有储能系统接入情况下馈线一天总的负荷特性，P_{avg}是馈线全天的平均负荷，P_{gap}是馈线全天负荷的峰谷差；虚线表示的是经过储能系统削峰填谷之后馈线的全天负荷特性，P_c是负荷低谷时刻（负荷值小于平均值）储能系统的充电功率，P_d是负荷高峰时刻（负荷值大于平均值）储能系统的放电功率；P'_{gap}是储能系统调节后馈线全天负荷的峰谷差。由图4-1可知，馈线的负荷峰谷差在储能接入后有了明显的改观，可与两部制电价结合，有效降低用户的用能成本。储能接入后的馈线负荷特性可以根据其接入的总容量以及相似形方法来确定。所谓相似形方法就是使得储能系统的充放电功率严格按照负荷特性偏离其平均负荷的偏差曲线以及储能系统的总容量来确定，以确保储能作用后馈线的负荷特性与原有的负荷特性曲线相似，且保证储能削峰填谷过程中的能量守恒。假设理想削峰能量 $S = \sum_j (P_j - P_{avg}) \times \Delta T \quad j \in \left(t \mid P_t \geqslant P_{avg} \right)$，则对于任一时刻 t，储能系统总的功率输出可以确定如下，其中 P_{avg} 为平均负荷。

若 t 时刻馈线负荷大于其平均负荷，则该时刻储能放电，放电功率为

$$P_{\mathrm{d}} = \begin{cases} \left(P_t - P_{\mathrm{avg}}\right) \times \dfrac{E}{S} & E \leqslant S \\ P_t - P_{\mathrm{avg}} & E > S \end{cases} \qquad (4-1)$$

若 t 时刻馈线负荷小于其平均负荷，则该时刻储能充电，充电功率为

$$P_{\mathrm{c}} = \begin{cases} \left(P_{\mathrm{avg}} - P_t\right) \times \dfrac{E}{S} & E \leqslant S \\ P_{\mathrm{avg}} - P_t & E > S \end{cases} \qquad (4-2)$$

式中：E 表示储能总的能量，由式（4-1）和式（4-2）可得，经过储能系统削峰填谷后馈线的峰谷差 P'_{gap} 的值可以采用式（4-3）计算，即

$$P'_{\mathrm{gap}} = \begin{cases} P_{\mathrm{gap}} \times \left(1 - \dfrac{E}{S}\right) & E \leqslant S \\ 0 & E > S \end{cases} \qquad (4-3)$$

由式（4-3）可知，储能系统接入后馈线负荷峰谷差的改善程度与接入馈线的储能系统的总能量成正比，接入馈线的储能系统的总能量越大，其削峰填谷的作用越明显，馈线的峰谷差也越小，负荷特性更加平稳。当储能系统接入的总能量超过馈线的理想削峰能量时，可以使得馈线全天的总负荷始终等于其平均负荷，峰谷差为 0。这种近似的计算方法虽然忽略了线损的影响，但该方法计算简单，用来预估储能系统对于馈线负荷峰谷差的改善程度是可取且合理的。

2. 提高电压质量

配电网中分布式电源的启停容易受自然条件、用户需求以及政策法规等诸多因素的影响，因此分布式电源极易发生不规则启停的现象，而且间歇性的分布式电源功率输出固有的波动性和间歇性，都会对配电网造成明显的电压波动。此外，分布式电源与配电网负荷的不协调运行也有可能导致配电网的电压质量进一步恶化。例如，光伏发电在中午光照强度很大的时候可以发出较大的有功功率而在晚上则没有功率输出，这样就可能导致白天该点电压水平偏高，而夜晚期间电压水平偏低，特别是若光伏的容量较大，接入点在馈线的末端情况下，这种现象更为明显。

对于大多数可再生分布式电源而言，发电的功率波动是难以避免的，但通过储能系统的功率控制可以有效抑制分布式电源的功率波动和不规则启停对于配电网供电电压质量的影响，有效提升网络的电压水平。这一过程主要通过储能的时间转移特性对节点功率进行调整，从而间接实现电压水平调节的效果。

为了定量反映储能系统对于网络电压水平的提升作用，可采用能反映节点电压质量的节点电压指标 VP_i 以及能反映馈线综合电压水平的馈线电压指标 VP 进行描述，分别如式（4-4）和式（4-5）所示，即

$$VP_i = \frac{(U_i - U_{\min})(U_{\max} - U_i)\left|P_i\right|}{(U_{\mathrm{n}} - U_{\min})(U_{\max} - U_{\mathrm{n}})\displaystyle\sum_{j=1}^{M}\left|P_j\right|} \qquad (4-4)$$

$$VP = \sum_{i=1}^{M} VP_i \tag{4-5}$$

式中：U_i 是节点 i 的电压幅值；U_{min} 和 U_{max} 分别是节点电压下限值和节点电压上限值；P_i 是节点 i 的注入功率；U_n 是节点电压额定值；M 是馈线的节点数。

由式（4-5）分析可得，VP_i 作为节点 i 的电压指标，不仅能反映其偏离额定电压的程度，还能表征该节点对于整个馈线电压水平的影响程度。节点电压指标 VP_i 的值越小，则说明该节点偏离额定电压的程度越大，该节点对于整个馈线电压水平的影响越小；若 VP_i 为负值，则说明该节点电压越限；由式（4-5）可知，VP 值反映的是整体馈线的综合电压水平，VP 值越大，表明馈线的整体电压水平越好，VP 的最大值为 1，此时，馈线所有节点的电压都等于其额定电压值。

3.提供功率主动调节能力

储能系统兼具充电和放电能力，并且包含一定的存储能量，其旋转备用的范围很广，包括正的发电调节能力和负的充电调节能力，因而可以赋予配电网灵活的功率主动调节能力，是系统运行主动性的体现。但储能系统赋予配电网的这种功率主动调节能力一方面受到储能系统自身的能量限制，另一方面也受网络潮流（包括节点电压和支路电流）的约束，因而与储能的接入位置也息息相关。

储能系统赋予配电网的功率主动调节能力需要从放电和充电两个方面进行描述，即储能系统的最大供电能力和最大蓄电能力。储能系统能够提供给配电网的最大供电能力是指在满足网络潮流约束和自身容量约束条件下，所能够发出的最大功率，从含义上可以认为是配电网的最大正调节能力 P^+。同理，储能系统所能提供的最大蓄电能力是指在满足网络潮流约束和自身容量约束条件下，所能够吸收的最大功率，从含义上可认为是配电网的最大负调节能力 P^-。

配电网的最大正调节能力 P^+ 可以表示为

$$P^+ = \max \sum_{i=1}^{n} P_i^+ \quad \text{s.t.} \begin{cases} P_i^+ \leqslant P_{max} \\ g(P_i^+) \leqslant 0 \end{cases} \tag{4-6}$$

式中：P_i^+ 是第 i 个储能的放电功率；P_{max} 是储能放电功率的上限值，一般由其逆变器的容量以及储能自身状态决定，当储能 SOC（state of charge）状态值达到其下限值的时候，$P_{max} = 0$，其他时候 P_{max} 的值就是储能逆变器的容量限制值。$g(P_i^+) \leqslant 0$ 就是要确保储能在放电的过程中，满足网络的不等式约束，包括支路潮流不等式约束和节点电压不等式约束，这里主要考虑节点电压越上限的因素。

配电网的最大负调节能力 P^- 可以表示为

$$P^- = \max \sum_{i=1}^{n} P_i^- \quad \text{s.t.} \begin{cases} P_i^- \leqslant P_{max} \\ g(P_i^-) \leqslant 0 \end{cases} \tag{4-7}$$

式中：P_i^- 是第 i 个储能的充电功率；P_{max} 是储能充电功率的上限值，一般由其逆变器的容量以及储能自身状态决定，当储能 SOC 状态值达到其上限值的时候，$P_{max} = 0$，其他

时候 $P_{\max}$ 的值就是储能逆变器的容量限制值。$g(P_i^-) \leq 0$ 就是要确保储能在充电的过程中，满足网络的不等式约束，包括支路潮流不等式约束和节点电压不等式约束，这里主要是考虑节点电压越下限的因素。

根据上述定义，储能系统赋予配电网的最大正调节能力 P^+ 的计算可以采用连续潮流法求解，对于包含 n 个储能系统的配电网，求解步骤如下。

（1）设置各储能初始放电功率输出为 0，即 $x_0 = [\underbrace{0, 0, \cdots, 0}_{n}]^{\mathrm{T}}$。

（2）设置初始功率步长向量 $b_0 = [\underbrace{b_1, b_2, \cdots, b_n}_{n}]^{\mathrm{T}}$，其中步长向量元素 b_i 的值可以根据储能的容量来确定。

（3）计算储能输出功率向量 $x_i = x_{i-1} + b_{i-1}$，检查 x_i 各元素的值，若超过该储能的放电功率的上限值，则令该元素值等于该储能放电功率的上限值，进行潮流计算，若存在节点电压越上限，则停止计算，令 P^+ 为 x_i 各元素值的和，若不存在节点电压越上限因素，则转到步骤（4）。

（4）修正功率步长向量，令 $b_i = b_{i-1} / \lambda_{i-1}$，修正因素 $\lambda_{i-1} = \lambda_0 \times \mathrm{e}^{\max(U_i)-1}$，转到步骤（3），通过修正系数的设定，可以使得随着储能功率不断增加注入功率，节点电压随之抬升后减小功率步长向量，从而慢慢逼近其电压越限临界点，得到更精确的解。

同理可以相同的方法求解配电网的最大负调节能力 P^-，不过在计算 P^- 的时候功率步长向量的修正关系如下：令 $b_i = b_{i-1} \times \lambda_{i-1}$，修正因素 $\lambda_{i-1} = \lambda_0 \times \mathrm{e}^{\min(U_i)-1}$，这样随着储能充电功率的不断增加，节点电压会不断降低，此时修正因素也会随之减小，从而更加精确地逼近其收敛点。

4.1.2 储能系统在电力系统源网荷领域中的应用分析

储能系统具有灵活可控的能量双向吞吐能力，其充放电行为取决于配电网的调度指令，其幅值决定了储能系统吞吐功率的大小，持续时间决定了储能系统蓄能或者释能时间的长短。配电网的长时性，需要储能系统具有较大的储能容量以进行长时间的能量存储与释放。配电网的短时性，需要储能系统具有优良的大功率充放电响应能力。因此，电力系统中"源网荷"各应用领域对储能系统也提出了不同的技术要求，具体见表 4-1。

表 4-1   "源网荷"各应用领域对储能系统的技术要求

应用领域	应用场景	储能的功能
源	分布式发电	（1）提供稳定电压和频率； （2）解决分布式电源发电的间歇性问题； （3）提高供电质量； （4）可靠的备用电源
	取代火力发电	储能可以降低或延缓对新建发电机组容量的需求
	辅助动态运行	通过储能技术快速响应速度，在进行辅助动态运行时提高火电机组的效率，减少碳排放

续表

应用领域	应用场景	储能的功能
网	二次调频	通过瞬时平衡负荷和发电的差异来调节频率的波动，通过对电网的储能设备进行充放电以及控制充放电的速率，来调节频率的波动
	电压支持	电力系统一般通过对无功的控制来调整电压。将具有快速响应能力的储能装置安装在负荷端，根据负荷需求释放或吸收无功功率，以调整电压
	调峰	在用电低谷时蓄能，在用电高峰时释放电能，实现削峰填谷
	无功支持	通过调整输出的无功功率大小，进而调节整条线路的电压，使储能设备能做到动态补偿
	缓解线路阻塞	储能系统安装在阻塞线路的下游，储能系统会在无阻塞时段充电，在高负荷时段放电，从而减少系统对输电容量的需求
	延缓电网扩容升级	在负荷接近设备容量的电网系统内，将储能安装在原本需要升级的电网设备的下游位置来缓解或者避免扩容
荷	用户分时电价管理	帮助电力用户实现分时电价管理的手段，在电价较低时给储能系统充电，在高电价时放电
	电能质量	提高供电质量和可靠性

由表 4-1 可知，在电力系统中的各不同环节对储能系统的要求各不相同，利用储能系统响应配电网调度时，需要储能系统兼具有很高的能量配置、功率配置及长循环使用寿命。

单一种类的储能有时无法同时满足以上要求，可引入复合型储能解决上述问题。复合储能系统（hybrid energy storage system，HESS）采取将具有快速、大功率响应能力的功率型储能单元和具有大容量、可长时稳定出力的能量型储能单元联合使用的方式，最大限度地发挥储能技术的性能，因此在独立光伏电站、风电场、微电网中目前都成为研究的焦点之一。将复合储能应用于配电网中满足源网荷储不同层次互动需求，对智能配电网的建设具有良好的促进作用。

复合储能系统将不同的储能方式进行有机组合，使不同储能方式的储能特性得以互补，可以提高储能系统的整体性能，同时降低储能系统的投资、运行成本。为了充分发挥能量型和功率型储能各自优势，对其功率任务分配如下：能量型储能系统具有能量密度大的优点，用于稳定工况下的输出；功率型储能系统具有功率密度大、充放电速度快的优点，用于快速充放电过程。由此，复合储能系统具备了高功率密度、高能量密度的特性。

由于功率型储能系统的循环使用寿命远大于能量型储能系统，因此复合储能系统的使用寿命主要取决于能量型储能系统。用功率型储能系统进行快速充放电工作，这样一方面可降低能量型储能系统的快速响应频率，另一方面能够避免能量型储能系统因大功率充放电而造成的损伤，因此可延长能量型储能系统的使用寿命，进而使复合储能系统的循环使用寿命得到延长。

复合储能系统的选择通常需要综合分析对比多种储能技术的优缺点、环境要求、经济性等指标，建立复合储能匹配模型，制订储能投资成本目标函数，为配电网完全消纳间歇式能源拟采用的储能技术类型、容量及配置提供科学、快速的指导。

4.2 储能并网系统的组成和典型结构

4.2.1 基本组成

以电池储能系统为例，储能并网系统由储能并网模块、低压接入开关或升压变压器单元构成，通过储能监控系统进行统一管理和控制，基本组成如图 4-2 所示。储能并网模块是储能并网系统的基本组成单元，由储能电池、电池管理系统（battery management system，BMS）、能量转换系统（power conversion system，PCS）组成。储能本体是储能系统的能量存储单元。BMS 负责监视储能本体的运行状态，采集本体的电压、电流、温度等信息，并能对储能本体实现实时均衡和保护功能。PCS 是连接电网与储能本体的装置，实现交流与直流的双向转换，接收 BMS 的控制命令，按一定的工作模式进行充放电；同时与电网的上层系统进行信息交互，保证储能并网模块在安全稳定的状态下正常工作。储能监控系统接收上层电网的调度指令，上传储能并网模块的实时运行数据，完成储能并网模块的实时数据处理、分析、图形化显示、数据存储、调度功率分配、历史数据查询、分析等功能。超级电容储能并网系统与其他类型储能并网系统的基本组成与此系统相似，不再赘述。

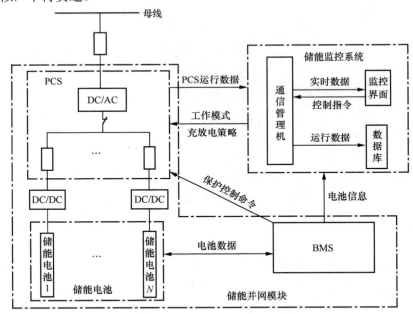

图 4-2 储能并网系统的基本组成

4.2.2 子模块功能说明

1. 储能并网模块

储能并网模块由一台储能变流器（PCS）、电池堆（BP）和电池管理系统（BMS）

构成,如图4-3所示。

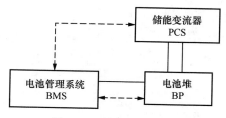

图4-3　储能并网模块

2．储能并网支路

储能并网支路由1个储能并网模块和1个低压接入开关构成,如图4-4所示。在特定应用场合下,可以通过升压变压器单元接入更高电压等级。

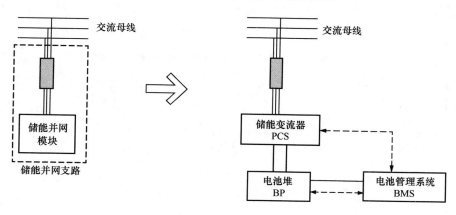

图4-4　储能并网支路的结构示意图

3．储能并网回路

储能并网回路可以由多条并联储能并网支路、1个升压变压器单元和对应的储能并网回路监测单元构成,如图4-5所示。储能并网支路是储能并网回路的最小组成单元;升压变压器单元主要由低压侧断路器、并网侧断路器、升压变压器及其测控保护装置组成;储能并网回路监测单元汇集各个储能并网支路中 PCS 和 BMS 的信息,以及升压变压器单元的运行信息,上送到储能集中监控系统。

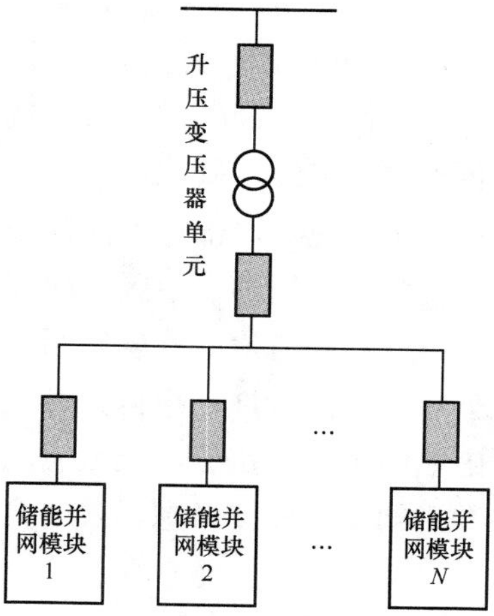

4.3　储能系统并网的供蓄能力分析

图4-5　储能并网回路结构示意图

储能系统的接入使配电网具备能量储存与释放的能力,4.1 中对独立储能系统的正反向调节能力进行了计算,但是在源网荷储协同中,通常需要从系统的角度对配电网的调节能力进行估算,尤其在并网分布式电源/

储能数量较多时，为避免计算量的大幅提高，更希望从区域或馈线角度对供蓄能力进行分析。本节内容将含有储能、分布式电源及负荷的配电网局部自治区域作为整体，提出局部自治区域供蓄能力指标的概念与模型，定量描述局部自治区域的功率调节能力。并进一步将线路作为整体，提出了线路的供蓄能力指标，定量描述配电网线路间交换功率的能力。

4.3.1 储能系统的供蓄能力指标

1. 配电网局部自治区域供蓄能力指标

配电网及其局部自治区域示意图如图 4－6 所示，多种分布式电源、储能广泛接入电网，若对配电网中所有分布式电源、储能系统与可控负荷采用集中优化计算与调度控制，存在计算量大、通信压力大的问题。配电网通常采用多层控制框架以解决上述问题。

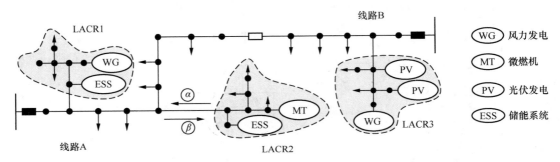

图 4－6　配电网及其局部自治区域示意图

α—LACR 最大输出有功功率；　β—LACR 最大消纳有功功率

全局优化与调度控制系统以各局部自治区域总功率为优化变量，根据某特定优化目标及各自治电网外特性指标，优化计算各自治区域的总功率控制目标。各局部自治控制器从全局优化与调度控制系统接受本自治区域总功率控制目标，并基于此目标值协调内部各分布式电源、储能运行以实现预定控制目标。为有效支撑上述控制目标，需定义指标量化描述电网局部自治区域功率外特性。因而提出配电网局部自治区域供蓄能力指标，其定义为考虑局部自治区域内部电网支路潮流约束、节点电压约束、分布式电源/储能功率约束的局部自治区域向电网线路注入与吸纳的最大有功功率。在指标中，结合前文所述分布式电源特性，根据分布式电源功率是否可控对其进行分类，并分析其功率约束；考虑储能系统额定倍率充放电功率以及其荷电状态约束条件；而电网节点电压约束、支路潮流约束也需要考虑。各约束条件分析如下。

（1）分布式电源功率约束。根据功率是否可控，分布式电源可分为可控分布式电源类设备和不可控类设备，即间歇式能源。对于可控分布式电源类设备，其功率需满足分布式电源额定功率与最小正常运行功率的约束；对于光伏发电、风力发电机组等间歇式能源或不可控类设备，其功率则主要受分布式电源额定功率与自然条件决定。因此分布式电源功率约束条件可描述为

$$\begin{cases} P_i^{\min} \leqslant Pi \leqslant P_i^{\mathrm{R}}, \ i \in F_{\mathrm{ctrl}} & \text{a)} \\ P_j = P_j^{\max}, \ j \in F_{\mathrm{inte}} & \text{b)} \end{cases} \quad (4-8)$$

式中：F_{ctrl} 为功率可控分布式电源类设备集合，P_i、$P_i^{\min}$、P_i^{R} 为第 i 个分布式电源的实际功率、最小正常运行功率与额定功率；F_{inte} 为不可控类设备集合；$P_j^{\max}$ 为由外界自然条件及分布式电源额定功率确定的分布式和电源最大可输出功率。

虽然部分间歇式能源可通过改变运行点的方式，使其实际输出功率小于最大可输出功率，从而具备一定的功率调节能力，但是配电网优化调度的重要目标之一即为最大限度利用可再生能源，因而在式（4-8）b）中仍认为其功率保持为最大可输出功率。

（2）储能系统功率约束。与分布式电源相比，储能可处于充电、放电状态，且充/放电功率不仅受其额定充/放电功率约束，还需满足储能荷电状态约束，而 SOC 变化量受充/放电功率与充放电时间共同影响。

储能系统 SOC 变化量可用式（4-9）描述为

$$\Delta S_{\mathrm{oc}}(\Delta T) = \begin{cases} \int_T^{T+\Delta T} (\mu P_{\mathrm{c}} / E_{\mathrm{R}}) \mathrm{d}t & \text{充电} \\ -\int_T^{T+\Delta T} \dfrac{P_{\mathrm{d}}}{\eta E_{\mathrm{R}}} \mathrm{d}t & \text{放电} \end{cases} \quad (4-9)$$

式中：$\Delta S_{\mathrm{oc}}(\Delta T)$ 为 $T \sim T + \Delta T$ 时间段内储能荷电状态改变量；μ、η 分别为储能充、放电效率；P_{c}、P_{d} 分别为储能充、放电功率；E_{R} 为储能额定容量。

由于过度充电或放电均会减少储能寿命，因此有式（4-10）所示约束，即

$$S_{\mathrm{oc}}^{\min} \leqslant S_{\mathrm{oc}}(T) \leqslant S_{\mathrm{oc}}^{\max} \quad (4-10)$$

式中：$S_{\mathrm{oc}}^{\min}$、$S_{\mathrm{oc}}^{\max}$ 分别为储能正常运行最小、最大 SOC；$S_{\mathrm{oc}}(T)$ 为 T 时刻 SOC。调节 $T \sim T + \Delta T$ 时间段内储能充放电功率，需使 $S_{\mathrm{oc}}(T + \Delta T)$ 满足式（4-10）约束。忽略储能充/放电效率在 $T \sim T + \Delta T$ 时间段内的变化，可推出式（4-11），即

$$\begin{cases} P_{\mathrm{c}} \leqslant \dfrac{S_{\mathrm{oc}}^{\max} - S_{\mathrm{oc}}(T)}{\mu \cdot \Delta T} \cdot E_{\mathrm{R}} \\ P_{\mathrm{d}} \leqslant \dfrac{S_{\mathrm{oc}}(T) - S_{\mathrm{oc}}^{\min}}{\Delta T} \cdot \eta \cdot E_{\mathrm{R}} \end{cases} \quad (4-11)$$

综合考虑储能额定最大充/放电功率约束及 SOC 约束，储能功率约束可描述为

$$\begin{cases} P_{\mathrm{c}} \leqslant P_{\mathrm{c}}^{\max} = \min\left[\dfrac{S_{\mathrm{oc}}^{\max} - S_{\mathrm{oc}}(T)}{\mu \cdot \Delta T} \cdot E_{\mathrm{R}}, P_{\mathrm{c}}^{\mathrm{R}} \right] \\ P_{\mathrm{d}} \leqslant P_{\mathrm{d}}^{\max} = \min\left[\dfrac{S_{\mathrm{oc}}(T) - S_{\mathrm{oc}}^{\min}}{\Delta T} \cdot \eta \cdot E_{\mathrm{R}}, P_{\mathrm{d}}^{\mathrm{R}} \right] \end{cases} \quad (4-12)$$

式中：$P_{\mathrm{c}}^{\mathrm{R}}$、$P_{\mathrm{d}}^{\mathrm{R}}$ 为储能额定充、放电功率；$P_{\mathrm{c}}^{\max}$、$P_{\mathrm{d}}^{\max}$ 分别为计算得到的储能最大充/放电功率。

（3）配电网局部自治区域供蓄能力指标模型。局部自治区域供蓄能力并不是各分布式电源与储能最大/最小功率及各负荷功率的简单叠加，而需满足电网约束条件，并将线

损考虑在内,其计算模型为多约束最优化模型,其目标函数如式(4-13)、式(4-14)所示,约束条件为式(4-15)。

$$P_{\text{su}}^{\max} = \max\left(\sum_{i \in F_{\text{ctrl}}} P_i + \sum_{j \in F_{\text{inte}}} P_j^{\max} + \sum_{k \in F_{\text{Ess}}} P_{d.k} - \sum_{l \in F_{\text{L}}} P_l\right) \tag{4-13}$$

$$P_{\text{st}}^{\max} = \max\left(-\sum_{i \in F_{\text{ctrl}}} P_i - \sum_{j \in F_{\text{inte}}} P_j^{\max} + \sum_{k \in F_{\text{Ess}}} P_{c.k} + \sum_{l \in F_{\text{L}}} P_l\right) \tag{4-14}$$

式中:符号"Σ"与"$+$"均表示考虑线路损耗的相加,通过潮流计算求解;$P_{\text{su}}^{\max}$、$P_{\text{st}}^{\max}$ 分别为局部自治区域供电能力、蓄电能力;F_{ESS}、F_{L} 分别为储能、负荷集合;$P_{c.k}$、$P_{d.k}$ 为 k^{th} 储能充、放电功率;P_l 为第 l 个负荷功率。

式(4-15)为约束条件,其中式(4-15)a)与式(4-15)b)分别为节点电压约束与支路额定电流约束;式(4-15)c)为功率可控分布式电源功率约束;式(4-15)d)、式(4-15)e)为储能充、放电功率约束。

$$\begin{cases} U_{\min} \leqslant U \leqslant U_{\max} & \text{a)} \\ I \leqslant I_{\text{Rated}} & \text{b)} \\ P_i^{\min} \leqslant P_i \leqslant P_i^{\text{R}}, i \in F_{\text{ctrl}} & \text{c)} \\ P_{c.k} \leqslant P_{c.k}^{\max}, k \in F_{\text{ESS}} & \text{d)} \\ P_{d.k} \leqslant P_{d.k}^{\max}, k \in F_{\text{ESS}} & \text{e)} \end{cases} \tag{4-15}$$

供电能力以注入线路为正;蓄电能力以流出线路为正。根据供蓄能力指标取值的正负,局部自治区域具有可控分布式电源、可控负荷和储能系统供蓄能力特征,如图4-7所示。

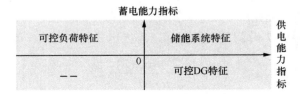

图4-7 局部自治区域供蓄能力特征

若供电能力为正,蓄电能力为负,表示该局部电网分布式电源容量大于内部负荷功率,可向电网注入功率,具有可控分布式电源特征;若供电能力为负,蓄电能力为正,表示局部电网内部负荷功率较大,需从电网吸纳功率,表现为可控负荷特征;若供/蓄能力均为正值,表示局部电网功率调节范围较大,可认为具有储能系统特征。

2.线路供蓄能力指标

配电网正常运行时为开环结构,避免电磁环网与环流损耗。配电网不同线路间通过常开的联络开关进行连接,并在线路中接入分段开关以提高配电网运行的灵活性。

配电网线路间的功率交换如图4-8所示。图4-8(a)中,若线路B出口断路器发生故障,则该线路负荷失电。线路A与线路B之间存在两个联络开关,可通过闭合联络开关的方式,对电网进行网络重构,为线路B的失电负荷进行供电,提供负荷转移能力,以减少故障的影响范围。图 4 - 8（b）中，若线路 B 中可再生能源功率高于线路 B 负荷功率，由于配电网不允许向高电压等级电网倒送功率，需要降低可再生能源输出功率。为提高可再生能源利用率，可对电网进行网络重构，使线路 A 对多余的可再生能源进行储存或消耗。

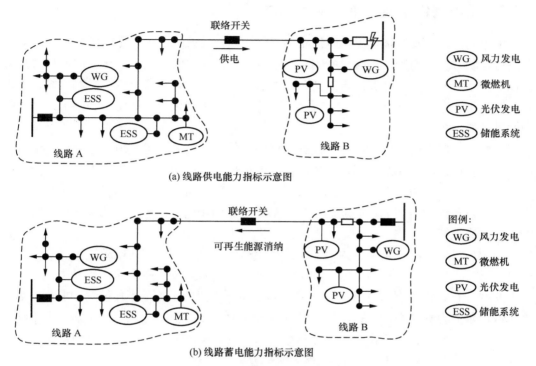

(a) 线路供电能力指标示意图

(b) 线路蓄电能力指标示意图

图 4 - 8　配电网线路间的功率交换

通过上述分析，可定义配电网供蓄能力指标，为配电网线路通过闭合联络开关向相邻线路所提供或吸纳的最大功率，作为消纳模式自适应切换的条件之一。当线路间有多个联络开关时，线路供蓄能力指标为通过所有联络开关向相邻线路提供或吸纳的总功率最大值。

线路供蓄能力指标模型为

$$P_{\text{su.N}}^{\max} = \max\left(P_B + \sum P_m - \sum P_l\right) \tag{4-16}$$

$$P_{\text{st.N}}^{\max} = \max\left(-P_B - \sum P_m + \sum P_l\right) \tag{4-17}$$

s.t.

$$\begin{cases} U_{\min} \leqslant U \leqslant U_{\max} & \text{a)} \\ I_b \leqslant I_{\text{b. Rated}} & \text{b)} \\ -P_{\text{st.m}}^{\max} \leqslant P_m \leqslant P_{\text{su.m}}^{\max} & \text{c)} \\ P_B \geqslant 0 & \text{d)} \end{cases} \tag{4-18}$$

式中：$P_{\text{su.N}}^{\max}$、$P_{\text{st.N}}^{\max}$ 即为电网线路对互联线路的供电能力、蓄电能力；P_B 为高压配电网向

配电网线路的注入功率；P_m 为第 m 个局部自治区域对电网的注入功率；P_l 为局部自治电网外的配电网负荷；$P_{su.m}^{max}$、$P_{st.m}^{max}$ 分别为第 m 个局部自治区域的供电能力与蓄电能力。

式（4-18）c）为局部自治区域功率约束，式（4-18）d）为配电网禁止倒送功率约束。

4.3.2 配电网供蓄能力指标求解算法

配电网局部自治区域及配电网线路供蓄能力指标受天气、可再生能源功率、储能设备的运行状态及负荷功率等因素影响。上述各因素均随时间变化而变化，因而供蓄能力指标是一个时变量。在计算确定的某时刻的供蓄能力指标时，可认为该时刻天气、可再生能源功率、储能系统 SOC 及负荷功率都已确定。在上述因素已确定的基础上计算该时刻的供蓄能力指标。

配电网局部自治区域及配电网线路供蓄能力的提出是为了定量地描述局部自治区域的功率外特性，并简化配电网运行全局优化的模型，减小优化计算量。因此供蓄能力指标的计算方法应实用、高效。局部自治区域及配电网线路供蓄能力指标模型求解关键为满足各约束条件的前提下，计算局部自治区域对外电网最大/最小注入功率或配电网线路间的最大交换功率。

由于需考虑电网节点电压约束、支路潮流约束，需分析分布式电源、储能功率的改变对电网节点电压与支路潮流的影响。若改变分布式电源/储能单位大、小功率，在不同节点并网分布式电源/储能对配电网节点电压、支路电流的影响是不相同的。求解局部自治区域供蓄能力算法中，计算各分布式电源/储能功率变化量对电网节点电压、支路潮流的影响，并在循环中逐步增大/减小影响最小的分布式电源/储能功率，最终通过潮流计算得到局部自治区域对外电网的最大/最小注入功率。

定义节点电压指标，以描述配电网节点电压偏移水平，即

$$RD = 1 - \frac{\sum_{i=1}^{M}\left[(U_i - U_{min})(U_{max} - U_i)|P_i|\right]}{(U_{nom} - U_{min})(U_{max} - U_{nom}) \cdot \sum_{i=1}^{M}|P_i|} \qquad (4-19)$$

式中：M 为配电网中节点数量；U_i、P_i 分别为节点 i 电压、注入功率（负荷为负值）；U_{min}、U_{max} 为节点电压下限与上限；U_{nom} 为节点标准电压。RD 为配电网网络所有节点电压偏移水平，配电网各节点电压与标准电压偏差越大，RD 取值越大；反之，各节点电压与标准电压偏差越小，RD 取值越小。当节点电压与标准电压相等时，$RD=0$。

定义配电网网络所有支路综合负载率为

$$RL = \frac{1}{B}\sum_{j=1}^{B}\frac{I_j}{I_{j.max}} \qquad (4-20)$$

式中：I_j 为支路 j 实际电流；$I_{j.max}$ 为该支路额定电流。RL 即为配电网网络综合负载率，配电网各支路电流越大，则 RL 越大。

结合式（4-19）、式（4-20），定义 k^{th} 分布式电源/储能功率变化对电网节点电压、支路电流的影响系数为

$$C_k = (\Delta RD + \Delta RL) / \Delta P_k \qquad (4-21)$$

式中：ΔRD、ΔRL 分别为第 k 次分布式电源/储能功率改变 ΔP_k 时 RD、RL 的改变量；ΔP_k 为第 k 次分布式电源/储能功率的改变量，为一个较小值。

在求解供蓄能力指标算法中，各分布式电源、储能功率被初始化为 0。在算法的循环中，计算各分布式电源、储能对电网节点电压、支路潮流的影响系数，并选择影响系数最小的分布式电源、储能，增大其功率，并验证各约束条件。进入下次循环汇总，重新计算各分布式电源、储能对电网的影响系数。

1. 配电网局部自治区域供蓄能力求解算法

在供蓄能力算法迭代中，计算各分布式电源/储能的 C_k 值，并选择 C_k 值最小的分布式电源/储能，增大/减小其功率，并验证各约束条件。配电网局部自治区域供蓄能力求解流程如图 4-9 所示，以供电能力为例，其求解具体步骤如下。

（1）初始化，各分布式电源/储能放电功率 $P_k = 0$；计算各分布式电源/储能功率当前可调范围。

（2）计算各分布式电源/储能对电网的影响系数 C_k。

（3）取影响系数最小的分布式电源/储能，增大该分布式电源/储能单位步长功率。

（4）检验各约束条件，排除无法增大功率的分布式电源/储能。若所有分布式电源/储能均被排除，跳至步骤（6）。

（5）在新电网状态下，跳至步骤（1）。

（6）通过潮流计算得到局部自治区域对外电网的注入功率，即为该局部自治区域供电能力。

局部自治区域蓄电能力具体计算步骤、流程与供电能力求解类似，其区别在于步骤（3）：选择对电网影响系数最小的分布式电源、储能，减小其输出功率或增大储能充电功率。

2. 配电网线路供蓄能力求解算法

配电网供电能力为配电网线路向互联线路可提供的最大功率。相对于配电网线路，互联线路可虚拟为功率可变负荷（用符号 P_V 表示该可变负荷的功率），求解配电网供电能力问题即为满足各约束条件前提下的可变负荷的最大功率。其算法总体流程为增大可变负荷功率，调节各局部自治区域功率，使各约束条件均能满足。进一步增大可变功率负荷，直至约束条件无法满足。此时可变负荷功率即为配电网对互联线路的供电能力。

配电网供电能力求解流程图如图 4-10 所示。

求解配电网蓄电能力时，互联线路虚拟为虚拟电源，在满足各约束条件的前提下计算虚拟电源的最大功率即为配电网对互联线路的蓄电能力。其算法流程与计算配电网供电能力类似。

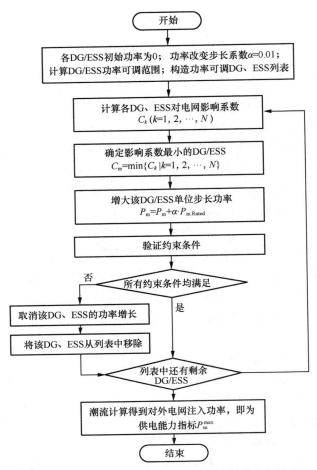

图 4-9 配电网局部自治区域供蓄能力求解流程图

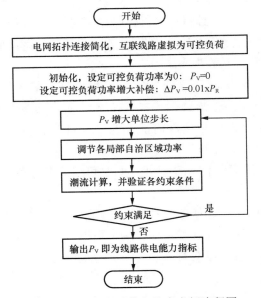

图 4-10 配电网供电能力求解流程图

4.4 储能系统并网的协调控制

4.4.1 储能并网运行控制策略

当前，实现对不同类型储能的最优预测控制的技术较为多样化。本书中以一种考虑储能特性曲线的储能就地预测控制技术为例进行具体分析。

储能系统的 SOC 在未来一段时间内的变化受其充放电功率、充放电效率以及容量影响。功率型储能的循环寿命长、响应速度快的特性，可以承担所需出力中充放电变化频率较高的部分，并且由于变化频率快的部分功率属于概率分布的潮流功率波动，恰好符合功率型储能储存能量较低的特性；而变化频率低的平滑部分功率则由能量型储能承担，使循环次数少的能量型储能能回避不必要的小范围的循环充放而由功率型储能承担，延长其寿命，提高储能装置的经济效益。

储能装置经过双向 DC/DC 变换，首先将电压抬升并保持直流侧电压稳定；然后经过三相电压源逆变器（voltage source inverter, VSI）将能量从直流侧灌入交流侧，逆变器输出侧接入电感 L，在并网时对高次谐波电流起到平抑效果，以此来取得理想的控制效果。

为了取得良好的控制效果，对于并网变流器的控制，本小节采用一种应用于复合储能系统三相变流器控制策略的模型预测控制方法。这种控制方法物理模型清晰，易于数字化实现，具有优秀的控制效果，与传统的三相并网变流器控制方式相比，省去 PI 参数整定环节，并且控制原理简单易懂。其控制结构图如图 4-11 所示。

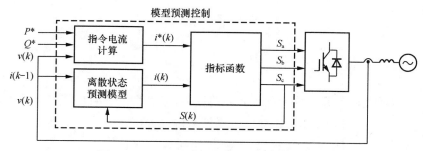

图 4-11 并网变流器模型预测控制结构图

1. 优化目标

为实现复合储能网侧的有功功率和无功功率接受上层控制器的功率指令并跟踪，预测控制中优化目标应为在预测时段内网侧有功功率和无功功率与设定值偏差最小，由于在变流器中往往分析电流和电压的数学模型，较直接用功率值建模易于表达，因此先将优化目标通过指令电流的计算表示为电流的优化模型。

三相平衡条件下，系统有功功率和无功功率的计算表达式为

$$\begin{cases} P = E_d i_d + E_q i_q \\ Q = -E_d i_q + E_q i_d \end{cases} \quad (4-22)$$

式中：E_d、E_q 为网侧电压的 d、q 轴分量；i_d、i_q 为网侧电流的 d、q 轴分量。

由 $E_q=0$，式（4－22）进一步简化如式（4－23）。

$$\begin{cases} P = E_d i_d \\ Q = -E_d i_q \end{cases} \tag{4－23}$$

则根据它们的给定值计算得到交流侧电流指令值 i_d^*、i_q^* 为

$$\begin{cases} i_d^* = P_{ref} / E_d \\ i_q^* = -Q_{ref} / E_d \end{cases} \tag{4－24}$$

式中：P_{ref}、Q_{ref} 表示上层控制器给出的网侧有功、无功出力优化目标值。将得到的 i_d^*、i_q^* 经过坐标变换后得到 i_α^*、i_β^*。因此可以设定模型预测控制中的优化指标函数为

$$\min J = \left\| i_\alpha^*(k) - i_\alpha(k) \right\|_{Q_\alpha}^2 + \left\| i_\beta^*(k) - i_\beta(k) \right\|_{Q_\beta}^2 \tag{4－25}$$

式中：Q_α、Q_β 为误差权矩阵，其阶数等于预测时域。

采取一步预测减少控制算法的计算量保证计算的实时性，这样优化退化为单步的优化。该优化保证了并网电流也即有功功率和无功功率的快速准确跟踪。

2. 预测模型

预测模型需要得到在被控制量的作用下模型的预测输出，在并网变流器模型预测中对应控制相应的开关状态，对并网电流输出进行预测，为此应用电路理论知识，对三相 VSR 进行物理建模。

$$\begin{cases} L\dfrac{di_a}{dt} + Ri_a = E_a - E_{aN} \\ L\dfrac{di_b}{dt} + Ri_b = E_b - E_{bN} \\ L\dfrac{di_c}{dt} + Ri_c = E_c - E_{cN} \end{cases} \tag{4－26}$$

在假定三相 VSR 各开关管为理想元件前提下，各桥臂开关管的状态函数可以定义为

$$S_k = \begin{cases} 1 & k\text{相上桥臂管导通，下桥臂管关断} \\ 0 & k\text{相上桥臂管关断，下桥臂管导通} \end{cases} (k = a,b,c) \tag{4－27}$$

因此，三相 VSR 的开关状态定义为

$$S_a = \begin{cases} 1, & S_1 = 1, \ S_4 = 0 \\ 0, & S_1 = 0, \ S_4 = 1 \end{cases}$$

$$S_b = \begin{cases} 1, & S_2 = 1, \ S_5 = 0 \\ 0, & S_2 = 0, \ S_5 = 1 \end{cases} \tag{4－28}$$

$$S_c = \begin{cases} 1, & S_3 = 1, \ S_6 = 0 \\ 0, & S_3 = 0, \ S_6 = 1 \end{cases}$$

逆变器的开关状态矢量定义为

$$S = \frac{2}{3}\left(S_a + aS_b + a^2S_c\right) \tag{4-29}$$

式中：$a = e^{j2\pi/3}$，式（4-30）给出了变流器的网侧电压矢量 v 为

$$v = U_{dc}S \tag{4-30}$$

式中：U_{dc} 是直流侧电压值。

考虑在三相并网变流器的所有开关状态下，直流侧在交流侧形成 8 个电压矢量，在表 4-2 列出。

表 4-2　　　　　　　　　　　　电压矢量

S_a	S_b	S_c	电压矢量
0	0	0	v_0
0	0	1	v_1
0	1	0	v_2
0	1	1	v_3
1	0	0	v_4
1	0	1	v_5
1	1	0	v_6
1	1	1	v_7

由基本电路原理得到系统模型为

$$v = Ri + L\frac{di}{dt} + e \tag{4-31}$$

式中：v 是并网逆变器的输出电压；R 是线路等效电阻；i 是线路电流；L 是网侧平波电抗；e 是电网电压。

设定控制采样时间为 T_s，则并网电流的微分方程近似表达为

$$\frac{di}{dt} \approx \frac{i(k) - i(k-1)}{T_s} \tag{4-32}$$

将式（4-31）代入式（4-32）中，可以得到离散形式并网电流预测表达式为

$$i(k) = \frac{1}{RT_s + L}\left[Li(k-1) + T_sv(k) - T_se(k)\right] \tag{4-33}$$

式中：$i(k-1)$ 是上一时刻的并网电流实际量测值。该预测模型对上一时刻量测值的使用使预测模型变为增量形式的控制，消除了静差，起到了反馈校正的作用。

并网变流器模型预测控制程序流程图如图 4-12 所示。根据模型预测控制的滚动优化控制的原理与算法，通过将这些并网电流的预测值和给定值代入优化指标函数，选出指标函数最小值对应的电压矢量，根据这个电压矢量对应的开关状态来控制变流器下一个时刻的输出，并通过实时的反馈校正修正预测误差，在下一时刻重新进行优化实施控制实现模型预测控制的滚动优化。

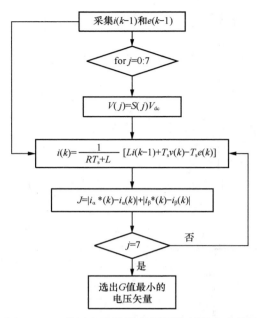

图 4-12 并网变流器模型预测控制程序流程图

4.4.2 储能控制管理单元

与分布式电源类似，为了实现储能的有效调节，可增设储能控制管理单元。

1．硬件组成及结构

储能控制管理单元要完成对逆变器的就地协调控制，需要具备通信功能、数据处理功能、维护和调试功能、就地协调控制功能，以及其他必要功能。储能控制管理单元具备安装方便、抗电磁干扰、结构可靠、备用电源支持等特点。储能控制管理单元对下通过串口或网口接入光伏逆变器，对上通过网络接入上层控制装置/系统。储能控制管理单元具备多种通信功能，提供多串口通信，具备强大的网管功能，网络管理系统支持 CLI、Telnet、Web、基于 SNMP 的网管软件。储能控制管理单元的硬件组成见表 4-3。

表 4-3　　　　　　　　　　储能控制管理单元的硬件组成

序号	硬件名称	描述
1	电源模块	提供稳定电源，满足容量和稳定性需求，有备用电源管理功能，断电时能维持一段时间正常工作
2	机壳	结构简单，结实耐用，便于安装拆卸，防电磁干扰
3	机载控制板	性能合适、通用性好、工作稳定、抗干扰能力强
4	外围接口	包括串口、网口等多种通信接口，接口耐插拔，抗电磁干扰，数量足够
5	指示灯	指示控制单元工作状态，包括运行、故障、通信口状态等

2．软件功能及实现

储能控制管理单元在多时间尺度下的源网荷储协同控制框架中为底层就地控制装置，功能为控制区域内的储能装置使它们能适应源网荷储协同控制的要求。

储能控制管理单元由储能管理系统采集储能电池堆的实时运行状态，获得 SOC 等必要信息，以及告警信息等，同时向上层控制装置/系统上报实时的储能状态，来提供协调控制必须的决策信息。控制方面由储能控制管理单元接收上层控制装置/系统发出的功率增量调整目标，结合其协调控制的每个储能装置的功率限值、SOC 状态等，根据一定的具体策略确定储能的功率输出，并将目标值发送至储能管理系统进行控制。

主要功能包括：

（1）针对复合储能功率分配。结合前述复合储能分析，目前使用一类的储能技术无法做到顾全所有的性能指标，因此结合两种储能的混合储能可以结合能量型储能以及功率型储能的技术优势，来适应各种不同的运行需求，使得系统的整体性能达到更好的状态。因此，针对复合储能的功率分配是储能控制管理单元的主要功能之一，能使复合储能最大化地发挥其优势。

（2）优化储能协调控制效率。在优化复合储能功率分配以外，还需考虑同一个种类的储能装置仍有功率分配问题。即如何使在一个目标值下的多个装置进行优先充放电的同样考虑到使电池寿命、经济效益最大化的目标。

储能控制管理单元能根据调节目标与下辖的各个储能装置的运行情况（SOC、限值、寿命等）进行协调控制，使得各个储能装置都尽量运行在最佳工作区间内，使得系统调节能力尽量提高，且使得它们工作寿命尽量延长。

（3）保护功能。储能控制管理单元除了协调控制还具有对储能装置的保护功能，根据从储能装置采集的信息自动判断故障进行动作，包括过充过放保护、故障自动退出运行及重新投入功能等。

储能控制管理单元采集获得下方各储能装置的运行信息，并向上层控制装置/系统上报实时的储能状态，来提供协调控制必须的决策信息。同时接收上层控制装置/系统下发储能装置的有功、无功出力目标或增量值实现对区域储能的总体控制。

储能控制管理单元由储能管理系统采集储能电池堆的实时运行状态，获得 SOC 等必要信息，以及告警信息等。根据具体策略实现针对复合储能功率分配及优化储能协调控制效率等功能，并下发具体功率目标值给储能管理系统实现对下属储能的协调控制。

储能控制管理单元与储能管理系统通信可采取 IEC 60870-5-104 规约，在正常运行情况下，储能管理系统向储能控制管理单元提供的信息应当包括但不限于：①储能装置并网状态、有功和无功输出、SOC；②储能装置有功、无功最大出力限值；③储能装置接入点的电压、电流。

储能管理系统向储能控制管理单元提供的控制接口应当包括但不限于：①储能装置开关机、充放电状态切换指令；②储能装置有功、无功控制目标值。

第5章
信息物理融合的配电网

在云计算、物联网、新型传感器、5G 通信、人工智能等新一代信息技术迅速发展的背景下，信息物理系统（cyber physical systems, CPS）是智能控制系统、嵌入式应用的扩展与延伸，依靠分布在现实世界中的丰富传感监测设备资源，以及高速可靠的通信网络，实现物理过程与其所涉及的内部与外部数据等信息量的集成融合，更好地揭示受控对象的本质，目标是解决复杂场景以及并发处理问题，并能对物理过程进行更加精确有效的控制。双碳背景下的新型配电网具备源网荷储协同控制的复杂工况，采用信息物理系统的视角和方法来分析具有很好的研究价值，电网 CPS 概念及理论是实现信息空间与电网物理系统融合分析与控制的有效手段，能够较好地支撑新型配电系统面临的复杂场景分析与控制问题。

本章将探讨配电网信息物理融合的形态、协同优化控制和安全分析及防御，对配电网在物联网背景下的信息物理系统中的映射关系进行探索，提出数字孪生配电网的基本功能需求并分析虚实映射所带来的应用价值，提出配电网信息物理系统的协同控制的控制区域建模以及动态分区机制，并在跨信息-物理空间风险因素分析基础上建立信息物理系统安全性指标体系。最后，探讨配电网 CPS 系统的安全性，基于信息物理安全要素的因果逻辑关系，提出信息和物理安全性指标相关性的量化分析方法，以及对相关安全性指标融合与拓展的方法，建立适用于配电网 CPS 的安全性指标体系与计算方法。

5.1 配电网信息物理融合形态

5.1.1 配电物联网

物联网（internet of things, IoT）是互联网的延伸和拓展，应用传感、定位、通信和计算等技术，实现物与物、物与人、人与人之间的连接，对物理世界进行数字化反映，并通过数据处理做出一系列反应和操作的信息通信系统。对工业企业而言，物联网、工业互联网等概念实质上是一致的，主要通过打通工业生产运行与企业经营管理各环节，推动企业内、外部资源共享，构建工业生态，创新业务模式，推动企业转型。

从技术发展趋势看，物联网应用通常经历三个阶段，如图 5-1 所示，逐步从垂直封闭模式向水平开放模式转变。第一阶段，以独立运行为特征的垂直封闭模式，各类应用从终端到系统一一对应、独立工作。第二阶段，以资源共享为特征的一次水平化，在终端层实现各类业务终端标准化接入和数据融合；在平台层实现数据统一汇聚和资源共享。第三阶段，以能力开放为特征的二次水平化，在终端层引入边缘计算和智能化等技术，实现功能可扩展；在平台层引入大数据和人工智能等技术，实现数据分析处理能力可共享复用。

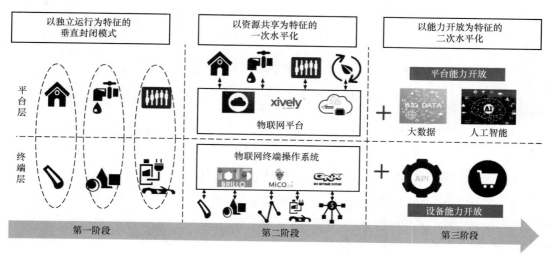

图 5-1　物联网技术发展阶段

目前，国家电网有限公司物联网相关技术应用已具有一定规模，一体化"国网云"平台和大数据平台建成投运，骨干通信网基本覆盖 35kV 及以上变电站，已接入智能电表、输变电监测装置、配电自动化装置、调度自动化测点、摄像头等终端 5 亿余台（套），采集数据日增量达 TB（240 字节）级，在输电、变电、配电、用电、调度和经营管理、新兴业务等方面开展十余类应用，支撑了当前各专业自身的管理和应用需求。

通过电力物联网的建设，从感知、连接、融合三个方面全面提升，一是提高感知能力，着力提升终端设备智能化水平和客户信息采集能力，确保准确、实时、完整地反映能源互联网运营全过程、全流程、全环节，实现能源生产、传输、消费各环节设备、客户状态全感知，业务全穿透。二是提高连接能力，着力提升网络覆盖的广度和深度，增强网络带宽和资源调配能力，打造能源互联网生态，实现能源电力基础设施与政府行业机构、能源客户、供应商、内部用户的全时空泛在连接。三是提高融合能力，着力提升业务融合度和数据创新驱动能力，推动电网信息物理的深度融合，打破专业壁垒，贯通业务流程，对内促进电网生产安全高效、公司管理科学精益、客户服务精准优质，对外架起电网应用与社会应用的桥梁，建立上下游生态链，驱动能源互联网业务创新发展。

传统配电网管理模式不满足新时期配电网发展需求，迫切需要深入应用"云大物移智"等先进技术，从本质上提升配电网建设、运维、管理水平，实现配电网的数字化转型。

国家电网有限公司发布了《国家电网有限公司配电物联网建设方案》，遵循国家电网有限公司统一智慧物联体系，基于国家电网有限公司统一的云平台、企业中台和物联管理平台，开展配电物联网应用及关键技术验证。配电物联网总体架构如图 5-2 所示。

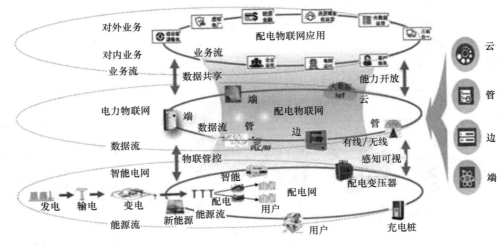

图 5-2　配电物联网总体架构

（1）"云"：基于公司统一的云平台、企业中台和物联管理平台，实现物联网架构下的配电主站全面云化和微服务化，满足需求快速响应、应用弹性扩展、资源动态分配、系统集约化运维等要求。

（2）"管"："管"是为"云""边""端"数据提供数据传输的通道，采用"远程通信网+本地通信网"的技术架构，完成电网海量信息的高效传输，根据配电物联网"云管边端"的整体架构，配电物联网通信整体架构主要包括"边"与"云"之间的通信；"端"与"边"之间的通信；"端"与"云"之间的通信三大类。

（3）"边"："边"即边缘计算节点，采用"通用硬件平台+边缘操作系统+边缘计算框架+APP 业务应用软件"的技术架构，融合网络、计算、存储、应用核心能力，通过边缘计算技术提高业务处理的实时性，降低主站通信和计算的压力；通过软件定义终端，实现电力系统生产业务和客户服务应用功能的灵活部署。在配电物联网系统架构中，边缘计算节点是"终端数据自组织，端云业务自协同"的载体和关键环节，实现终端硬件和软件功能的解耦。对下，边缘计算节点与智能感知设备通过数据交换完成边端协同，实现数据全采集、全感知、全掌控；对上，边缘计算节点与物联管理平台实时全双工交互运行数据完成边云协同，发挥云计算和边缘计算各自优势。

（4）"端"："端"层是配电物联网架构中的感知层和执行层，实现配电网的运行状态、设备状态、环境状态以及其他辅助信息等基础数据的采集，并执行决策命令或就地控制，同时完成与电力客户的友好互动，有效满足电网生产活动和电力客户服务需求。

"端"为"边"和"云"提供配电网的运行状态、设备状态、环境状态以及其他信息，根据"端"的存在形态，可分为智能化一次设备、二次装置类、传感器类以及运维和视频等其他类型。智能化一次设备是集成了传感器、监控和通信终端等功能新型的一二次深度融合设备，包括变压器、智能开关、补偿装置等；二次装置类主要是 IP 化的智能终端，包括监控终端、电力仪表、故障指示等；传感器是用于监测一个或多个对象且带有通信功能的物联网化传感器；其他装置类主要包括用于辅助运维的视频、手持终端等。

5.1.2　配电网的信息物理融合特性

加州大学伯克利分校 Edward Lee 教授在其著作中完整地提出并总结，信息物理系统的本质特征在于计算机信息网络及数据处理过程与物理世界进程的深度紧密结合。其理论和方法可用于解决信息物理交互的复杂系统运行中的动态、时序、并发性等问题。具体而言，信息物理系统（CPS）是信息空间与物理过程的结合，包含物理设备、计算平台、网络结构。在物理实体系统运行过程中，计算机和网络通过反馈回路监视并控制物理过程，在反馈回路中物理过程与计算和信息处理进程相互影响。物理设备、信息计算处理及通信传输网络三者的紧密深度结合，使物理设备和系统的运行具备新的功能、更好的运行效果。信息物理融合系统基本概念示意图如图 5-3 所示。

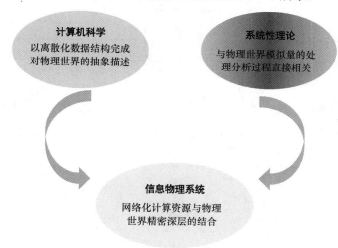

图 5-3　信息物理融合系统基本概念示意图

当前对信息物理系统这一概念的理解和认知在不同范围、不同阶段和不同层次内存在一定差异，现有各方观点不一定具备很强的普适性，因而还不存在广泛认可和接受的统一的定义。但随着研究实践和应用的深入，对 CPS 概念的理解与认知也在不断迭代和演进中逐步完善。工信部于 2017 年 3 月在京发布《信息物理系统白皮书（2017）》，给出其基本内涵、定义、本质、特征如下。

信息物理系统通过集成先进的感知、计算、通信、控制等信息技术和自动控制技术，构建了物理空间与信息空间中人、机、物、环境、信息等要素相互映射、适时交互、高效协同的复杂系统，实现系统内资源配置和运行的按需响应、快速迭代、动态优化。

信息物理系统的本质是构建一套信息空间与物理空间之间基于数据自动流动的状态感知、实时分析、科学决策、精准执行的闭环赋能体系，解决生产制造、应用服务过程中的复杂性和不确定性问题，提高资源配置效率，实现资源优化。信息物理系统具有六大典型特征，分别为数据驱动、软件定义、泛在连接、虚实映射、异构集成、系统自治。

回到本专业领域上，电力系统是一个非线性高阶复杂的能源生产、输送、分配与转换消费的巨大网络，其构成成分高度复杂，其运行调度依赖于大量控制设备。根据上述对 CPS 核心概念和含义的阐述，在智能化信息化的发展背景下，电网中二次设备与主网间进行海量信息交换作为状态感知和控制执行这一数据自动流动的起点和终点，大量并发的能量流和信息流在整个电网的运行分析优化决策控制中交互存在，信息物理融合的鲜明特征得到集中体现，因此，电力系统是一种典型的信息物理融合系统。

信息物理融合的电网虚实映射示意图如图 5 - 4 所示。据上述给出的 CPS 基本内涵、定义、本质、特征，在电网信息物理融合系统这一闭环赋能体系中，数据源源不断地从物理空间中的隐性形态转化为信息空间的显性形态，并不断迭代优化形成知识库。数据是 CPS 的灵魂，数据存在于图 5 - 4 所示的每一个环节里。数据在自动生成、自动传输、自动分析、自动执行以及不断的迭代优化中不断累积，螺旋上升，不断产生更为优化的数据，能够通过质变引起聚变，实现对外部环境的资源优化配置。

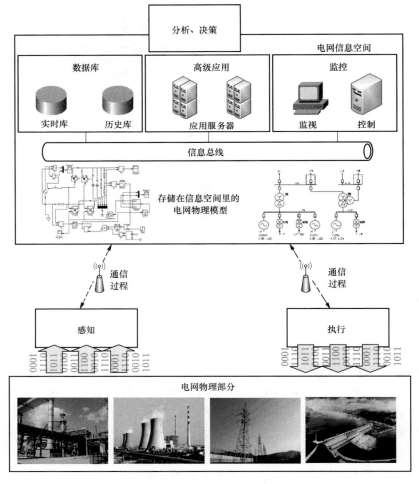

图 5 - 4　信息物理融合的电网虚实映射示意图

软件是实现 CPS 功能的核心载体之一。软件对电网物理运行规律代码化，通过感知和控制，将电网运行的状态实时展现出来，通过分析、优化，再反馈作用到物理网络本身，实现迭代优化和各类资源的优化配置。通信是电网 CPS 的基础保障，能够实现 CPS 组件内部单元之间以及与其他组件之间的互联互通。网络通信将会更加全面深入地融合信息空间与物理空间，表现出明显的泛在连接特征，实现安全高速可靠的通信。支撑跨网络、异构多技术的融合与协同，以保障数据在系统内的自由流动。泛在连接通过对物理电网状态的实时采集、传输，以及信息系统控制指令的实时反馈下达，提供优化决策和智能服务。

电网 CPS 构筑信息空间与物理空间数据交互的闭环通道，能够实现信息虚体与物理实体之间的交互联动。以物理实体建模产生的静态模型为基础，通过实时数据采集、数据集成和监控，动态跟踪物理实体的工作状态和工作进展（如采集测量结果、追溯信息等），将物理空间中的物理实体在信息空间进行全要素重建，形成具有感知、分析、决策、执行能力的数字化映射或镜像。同时借助信息空间对数据综合分析处理的能力，形成对外部复杂环境变化的有效决策，并通过以虚控实的方式作用到物理电网实体。在这一过程中，物理实体与信息虚体之间交互联动，虚实映射，共同作用，提升资源优化配置效率。并且电网 CPS 能够根据感知到的环境变化信息，在信息空间进行处理分析，形成知识库、模型库、资源库，使得系统能够不断自我演进与学习提升，提高应对复杂环境变化的能力，自适应地对外部变化做出有效响应。

因此新型配电系统是信息网络充分与电力系统技术融合，电网一次、二次系统相互影响、融合、促进，多源海量信息得到准确高效利用的新型配电网。从信息物理深度融合的角度和眼光去看待、分析、认识配电网，构建配电信息物理系统，具有网络拓扑结构更加灵活，同时有强大的 ICT 技术支撑，基于物联网的云-边-端计算架构，可以通过虚实结合支撑复杂应用场景的分析与控制，对源荷两端不确定性有较好的预测能力等特征。

配电信息物理系统充分反映物理过程和信息过程，体现两者融合机理和相互作用机制，以期更好地对电网运行进行深入分析，解决传统方法无法解决的问题，获得深入的电网复杂运行本质特性的结论，实施更高级的自趋优控制，提升系统整体性能并优化全局系统运行，提高能源利用率、设备利用潜力及电网运行的可靠性、安全性、稳定性、经济性。

为指导电力物联网的建设，IEC 在《IoT2020 白皮书：智能安全的物联网平台》中，给出了多种常用的物联网体系架构模式，重点引入了边缘层的概念。边缘通常包括传感器、控制器、执行器、标签和标签读取器、通信组件、网关和物理装置本身。目前边缘设备已经具有足够的计算能力来实现源数据的本地处理，并将结果发送给云计算中心；边缘计算模型不仅可降低数据传输带宽，同时能较好地保护隐私数据，降低终端敏感数据隐私泄露的风险。包含边缘层的物联网架构如图 5-5 所示。

图 5-5 中所示的架构由边缘层、平台层和企业层组成，三层之间由近场网、接入网和业务网连接。该架构中的网络，通常采用有线和无线技术的组合，例如 RFID、蓝牙、

蜂窝、ZigBee、Z-Wave、Thread、以太网等。边缘层通过近场网从边缘节点（在装置或"物"层级）收集数据，再经过接入网将这些数据转发到平台层。平台层一方面处理从边缘层发送来的数据并转发到企业层，另一方面也在接入网中传输从企业层返回到边缘层的控制指令。平台层通过业务网与企业层进行通信，而企业层提供终端用户接口、控制指令和领域专业应用。

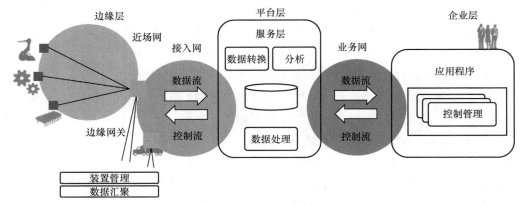

图 5 – 5　包含边缘层的物联网架构

电力物联网架构，从技术视角看包括感知层、网络层、平台层和应用层 4 个层次。电力物联网是建立在智能电网的感知控制互联和电力通信网的数据信息互联基础上，通过信息与网络的融合，可支持全局优化与局部控制的协同。电力物联网与配电网 CPS 的概念模型如图 5 – 6 所示。

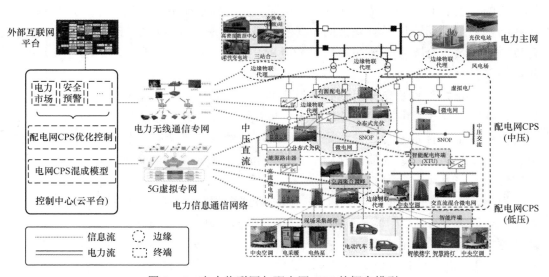

图 5 – 6　电力物联网与配电网 CPS 的概念模型

在配电网 CPS 中，既有集中的控制中心，在云端进行集中的混成模型计算和整理优化控制，同时又在边缘侧，通过具有数据处理能力的边缘物联代理，连接云中心和终端设备。边缘物联代理靠近数据源和数据所有者，实现局部的数据处理、共享和优化控制。

5.1.3　数字孪生配电网的基本形态

近年来随着元宇宙在社会各个领域的广泛应用，数字孪生技术也得到了重视，2010年美国 NASA 提出数字孪生（digital twin，DT）的基本概念，体现在集成了多物理量、多尺度、多概率的系统或飞行器仿真过程。

国际标准对数字孪生定义为具有数据连接的特定物理实体或过程的数字化表达，该数据连接可以保证物理状态和虚拟状态之间同速率收敛，并提供物理实体或流程过程的全生命周期的集成视图，有助于优化整体性能。

数字孪生与信息物理系统 CPS 的关系可以这样表述，CPS 技术是数字孪生的技术与理论支撑，数字孪生系统是 CPS 技术的具体物化体现。两者相同之处在于：数字孪生 DT 和信息物理系统 CPS 都是研究数字空间与物理实体之间的映射关系，利用数字化手段构建系统为现实服务；不同之处在于：数字孪生是物理和虚拟空间的一对一的映射，而 CPS 更为宽泛，可以是一对多或多对一的映射。数字孪生体具有特性可描述、数据可观测、状态可预测、场景可演进、控制可反馈等特征。

数字孪生电网是通过全息信息感知和精准实时映射，在数字空间构建实体物理电网的数字镜像，并可反向作用于实体电网，数字孪生配电网虚实映射分析的基本架构如图 5 - 7 所示。

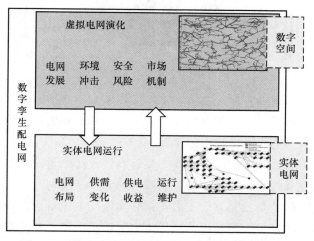

图 5 - 7　数字孪生配电网虚实映射分析的基本架构

数字空间和实体电网虚实同步、状态互动，采用虚实结合实现电网真实空间与虚拟空间的实时动态映射，可以在数字空间实现全生命周期电网演化与分析。数字孪生配电网虚实映射可以将实体电网的物理系统实现多时间尺度仿真以及信息系统的仿真，共同构造配电网的数字空间，实现信息物理融合建模、云-边-端物联网平台实体感知与虚实映射，从而实现复杂应用场景重现的推演，解决配电网源网荷储协同控制的复杂应用场景的运行难点与痛点。

针对实体电网在电网布局、源荷供需变化的不确定性、供电收益分析以及运行维护的经济与技术需求可以在数字空间的虚拟电网场景演化进行分析，实现电网发展动态演化、环境变化包括低碳与环保要求的变化对电网演化分析、重大灾害等安全场景的演化分析以及市场机制变化的演化场景分析。这些在虚拟数字空间的分析可以获得实体电网运行所不能看到的效果，从而可以反作用于实体电网的改进与完善。

电网信息物理系统可以从多维全景感知、信息-物理-价值多流融合模型构建，支撑数字孪生电网与设备技术发展，为新型配电系统提供新的理论方法与模型基础，改进传统配电网的运行与控制模式。

数字孪生配电网的几个关键技术包括但不限于：建立电力信息物理形态结构多阶段演化分析模型，刻画电气网络演化拓展，通信网络演化升级，电网及设备的三维全息仿真模型，电网安全态势演变和信息安全防护策略演进等复杂动态场景的分析与控制技术。

数字孪生配电网的典型应用场景分析如图 5-8 所示。

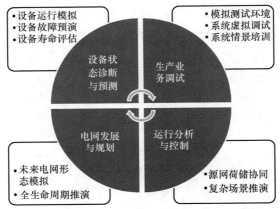

图 5-8　数字孪生配电网的典型应用场景分析

（1）在电网发展与规划方面：数字孪生体实现未来电网形态模拟，实现配电网发展的全生命周期推演，实现比传统配电网规划更加全面和直观展现配电网发展过程，特别是对关键年份或区域的更加准确的规划计算。

（2）在运行分析与控制方面：虚实结合实现当前运行场景的配电孪生体的复杂场景模拟推演，从而实现源网荷储协同控制更加精准的分析与控制。

（3）在设备状态诊断与预测方面：虚实结合实现配电设备运行模拟，在配电孪生体实现设备的故障场景模拟与故障过程的演化，也可以实现基于配电孪生体运行工况场景模拟演化后的设备寿命评估分析。

（4）在生产业务调试方面：虚实结合实现配电运行模拟测试环境，在配电孪生体实现系统虚拟调试，解决实体电网不具备测试工况的场景模拟调试，也可以配电孪生体实现系统情景培训。

5.2　配电网的信息物理协同优化控制

配电网中接入了规模化的间歇式能源和可控分布式电源，由于间歇式能源功率具有间歇性、波动性的特点，如不对其产生的潮流变化进行合理管控，将限制其并网运行。因此，为了提高配电网整体对间歇式能源的消纳能力，需要对可控分布式电源、网络潮流以及网络联络开关进行主动协调控制。传统的微电网或者独立间歇式能源的控制一般都是局限在小范围内的协调控制，无法完成一条馈线上的多个可控分布式电源甚至是多条馈线间的协调控制。集中式控制对通信要求高，可靠性差；单层分布式控制对多个区域的协调能力不足；分层控制方法既可以令配电网运行在较优的状态，取得良好的经济效益，又兼顾间歇式能源的出力波动，实时消纳其出力，因此采用了区域内自治-区域间交互-全局协调的三层协同交互控制技术，在控制区域的划分基础上，将全局优化和区域控制相结合，实现分层能量管理，提出配电网的网格自治与协同处理，基于动态组网实现各区域就地自治控制与区域协同控制。

5.2.1　配电网的网格自治与协同处理

针对间歇式能源和可控分布式电源大量接入配电网的背景，欧洲的 ELECTRA 研究机构提出一种 WoC 的体系结构，这本质上是一种网格自治与协同处理的控制模式。cell 的概念定义为：在一定的电力或地理分区范围内，互联的分布式电源、储能单元以及负荷的一种灵活组合。每个 cell 内都有足够的有功备用容量和无功补偿容量进行电压和功率平衡控制，单个 cell 并不是一个孤立的供电孤岛，它与相邻 cell 之间存在基于平衡功率的功率交换，在 WoC 体系中，未来的配电网被划分为许多 cell，每个 cell 具有自治性，cell 间的关系在控制上具有协同机制。

以 cell 为基础的配电网格自治与协同处理机制如图 5-9 所示。

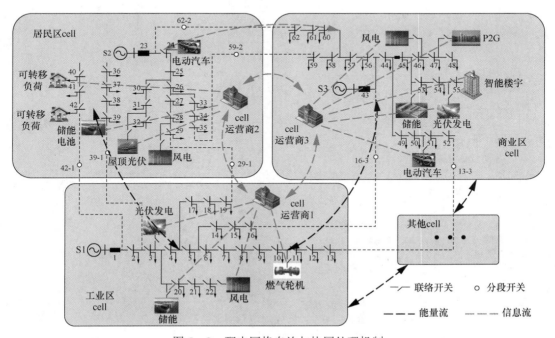

图 5-9　配电网格自治与协同处理机制

配电系统的电源、电力网络、负荷、储能设备根据网格自治与协同处理控制理念将配电系统的管理与控制分解为若干具有自治能力的 cell 个体，也可称之为一个网格自治单元，每个网格自治单元采用 cell 运营商作为其控制的核心，网格自治单元间通过与相邻的单元的通信与协调，以分布式控制模式实现对整体的一致性控制。这样就将传统的集中式电力系统控制模式转化为就地自治的智能控制，并可以通过相邻的单元实现区域间的协同。

在配电网格自治与协同处理体系中，网格自治单元划分需要考虑物理电网的实际情况、地理或电力边界以及负荷类型。图 5-9 中根据负荷类型的不同划分为居民、工业及商业的 cell，即网格自治单元。各个网格自治单元在控制上对等，但在地理分布、控制区域规模、能源资源分布上可以根据需要进行匹配。此外，网格自治单元内部有大量的监测设备，为其提供充足的可观测性服务和辅助服务，既能够实现单元内部监测、控制、调度及优化，也能与相邻单元中的运营商配合，实现整个配电网的全局优化。

针对上述问题，采用分层的控制结构实现主站系统、控制器和终端设备之间的信息交互，协同控制体系框架结构如图 5-10 所示。

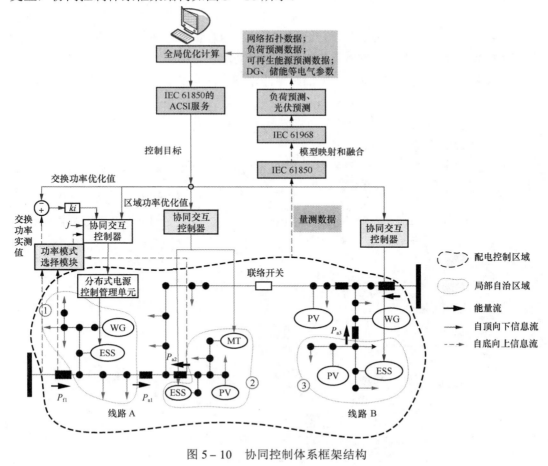

图 5-10　协同控制体系框架结构

图 5-10 中，位于最上层的主站系统全局优化决策是整个配电控制区域的中枢，通

过配电网数据采集与监控（distribution networks supervisory control and data acquisition, DSCADA）系统采集网络数据以及各分布式电源的状态信息后，在对负荷需求以及间歇式能源发电功率进行预测的基础上，根据最优化算法计算出长时间尺度下的全局优化控制策略，并得出各自治区域与网络的功率交换目标值。协同交互控制器是中间层的控制单元，为一个自治区域的管理者，根据全局优化目标值和实际运行状况，通过区域自治控制策略实现在长时间尺度优化协调控制的间隔周期内各个分布式电源的实时协调控制，以修正实际运行工况与理想优化工况的偏差，使配电网整体运行在全局优化与区域自治相协调的环境下。分布式电源控制管理单元是最底层的控制单元，管理同一配电节点（配电房/开关站/环网柜等）下所有的可控分布式电源以及柔性负荷，它接收协同交互控制器的功率目标，并将功率合理分配。

协同交互控制技术结合了集中式控制和单层分布式控制方法，采用分层的控制方式实现系统一次侧的多级消纳，不仅缓解了控制系统的信息阻塞，又能使系统运行在整体优化的状态。当上层的主站系统出现故障或者需要维护时，协同交互控制器依旧能够对本地的设备进行管理。

配电网协同交互控制相比于传统配电网的管理来说，配电网信息控制策略实现配电网信息模型的横向集成、纵向贯通，是一种积极主动的控制和管理方式。第一个子控制系统为全局运行决策系统，该系统是实现配电网"全局统筹–分层管理"的大脑所在。其核心职责在于根据具体的全局优化目标对配电网进行统筹、优化，通过其他层次配合采集整个配电网络的运行信息，结合间歇式能源的短期预测结果，实现配电网全局层面长时间尺度的优化运行计算，在此基础上配合协同交互控制器和分布式电源控制管理单元实现短时间尺度上的功率平衡跟踪与优化运行。

5.2.2　配电控制区域

配电网信息控制策略的基础是针对配电控制区域进行信息建模，将分布式电源、馈线、等效电网、功率交换和控制联合起来考虑，就形成了相对完整的配电网控制区域模型。

1. 配电控制区域的模型

（1）配电控制区域自身模型。配电控制区域可认为是一组相对完整的拓扑区域，其最小范围可认为是某一馈线的分支线，最大范围可认为是由若干个通过联络开关互联的具备完全负荷转移能力的馈线群，因此配电控制区域在模型上表现为自聚集。在配电网运行和控制中经常需要涉及的是一组由联络开关互联的馈线群，它是配电管理系统实现负荷转移、最优控制运行等高级应用的最小电网物理实体区域。一般来说，配电控制区域主要在 10kV 配电线路组成的配电网络中进行划分，因此其主要组成部分为 35kV 电站下的 10kV 馈线，其边界确定方法：①以 35kV 电站中 10kV 母线接的某一馈线出口处为起点，按电网实际拓扑连接进行深度遍历；②经馈线间的联络开关在末端负荷、分布式电源或 35kV 电站下的 10kV 母线处停止；③经以上拓扑遍历所确定的由 10kV 配电线路所组成的区域，即一个独立的配电控制区域，如图 5–11 所示。

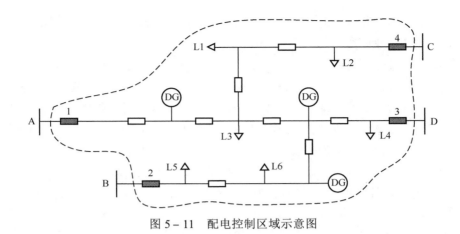

图 5-11　配电控制区域示意图

如图 5-11 所示，A、B、C、D 表示 4 个 35kV 电站下的 10kV 母线；开关 1、2、3、4 分别表示各电站相应馈线的出口断路器；L1～L6 表示馈线未接有分布式电源的分支线路，图 5-11 中简化表示为负荷；各 DG 表示接有分布式电源的馈线分支线，图 5-11 中简化表示为 DG；若以电站 A 的 10kV 母线下的馈线为拓扑遍历起点，则上图虚线框所示区域即为一个配电控制区域；若以其他出口断路器为起点，所得区域也是相同的。图 5-11 所示则为由 4 条 10kV 馈线所组成的配电控制区域。

从以上区域范围确定方法可知，配电控制区域主要具有以下特点：

1）配电控制区域以 35kV 电站中的 10kV 母线为边界，即区分不同配电控制区域的界限必在 35kV 电站的 10kV 母线处，同时，此处也是单个配电控制区域与外部大电网的唯一连接点。

2）配电控制区域的范围完全由各馈线间的拓扑连接决定，其范围大小不随区域内联络开关状态的变化而改变；同时，在实际配电网中，单个配电控制区域可能由几条馈线组成，也可能由 1 条辐射状馈线组成；同一电站的几条 10kV 馈线也可能同属一个配电控制区域。

3）配电控制区域中的单条馈线供电范围会随其中各联络开关开断状态组合的变化而变化，但总的馈线组成数目和配电控制区域范围保持不变，这就为区域内负荷转移或供电优化提供基础。

配电控制区域（distribution control area）相比输电网的控制区域（control area）并无本质上的差异。为体现配电控制区域在紧急状况和停电状态下对负荷转移和电源的支持特性，在配电控制区域中扩展控制类型（control type）、负荷转移能力（load transfer capacity）和电源供电能力（power supply capacity）三个属性。

由于在配电控制区域的末端并网分布式电源，涵盖储能装置、发电装置、线路、开关装置、负荷等，又与邻近馈线或者配电网区域构成联络，因此配电控制区域的特点从宏观来看，可分为网络重构（network reconfiguration）、电能质量调整（power quality adjustment）、运行优化和控制（optimization and control）、电能充放电（power charge and discharge）。

（2）配电控制区域与拓扑的关系。配电控制区域本身是由一些电气设备以一定连接方式组成的一个整体,因此应该在模型中补充对电气设备和拓扑结构的描述。建立配电控制区域与连接节点容器的关联关系,则可获取设备类和拓扑类对配电控制区域的支持,如图 5 - 12 所示。

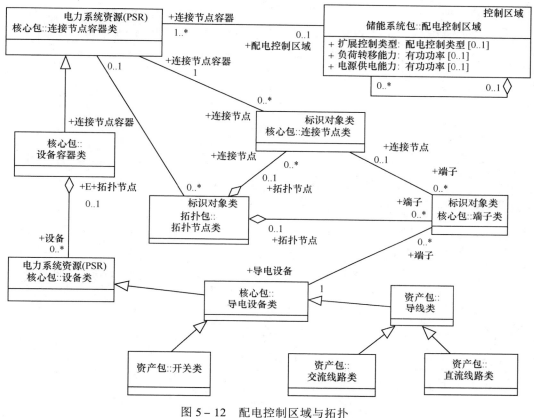

图 5 - 12　配电控制区域与拓扑

(3)配电控制区域与等效电网的关系。如果将配电控制区域作为整体来考虑,那么与之关联的等效电网(equivalent network)能够满足对整体特性的描述,将整个分区作为等效电网,支持高级应用中的模型和数据的简化。

配电控制区域与等效电网如图 5 - 13 所示。

(4)配电控制区域与功率交换。由配电控制区域对控制区域的继承,可以获得交换功率的特性,并兼顾了量测,虽然从线路的 terminal 上也可获得量测数据,此处的端子专指联络点。因此,馈线或者分支线与其他联络的馈线的功率交换特性就可清晰地描述,如图 5 - 14 所示。

2．基于 IEC 61850 的配电网拓扑信息建模

配电网的拓扑信息模型的构建可以分为自治控制区域局部拓扑和配网全局拓扑两个方面。配电网的自治区域拓扑建模应在遵循 IEC 61850 自身建模风格的前提下进行,并尽可能地按照 IEC 61850 建模原则进行适当的扩建。而配网全局拓扑模型应基于 IEC 61850 和 IEC 61968 标准共同构建,保持两者间的一一对应关系。本小节将从主站的角度分析配

电网自治控制区域的作用，提取并抽象其中关键功能，构建自治控制区域的 IEC 61850 智能终端设备模型（IED 模型）。同时，参考 IEC 61968 的静态全局拓扑模型以及与模型融合相关的指导性文件，构建符合 IEC 61850 建模风格的配电网全局拓扑描述元模型。

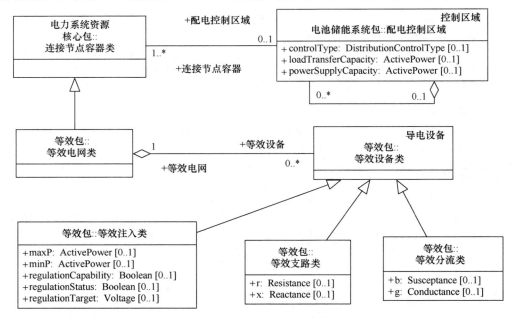

图 5-13　配电控制区域与等效电网

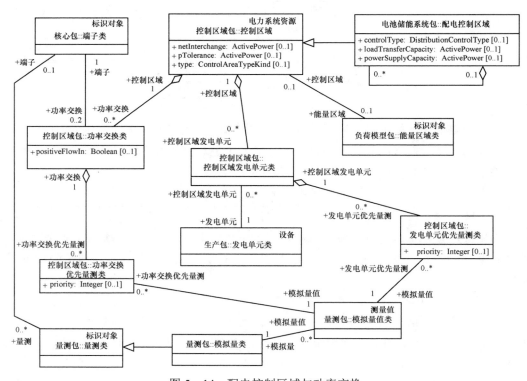

图 5-14　配电控制区域与功率交换

（1）IEC 61850 自治控制区域建模。按照自治控制区域划分原则，就可以将整个配电网络划分为多个自治控制区域的一个主要研究内容就是利用 IEC 61850 信息模型的自描述特性解决由拓扑变动导致的自治控制区域重新划分的问题。

在 IEC 61850 中，逻辑节点是面向对象信息建模的关键部分。每个逻辑节点（logical node）就是一个模块，代表了一项具体的功能。在变电站自动化中，各个功能和信息模型的表达最终都是通过逻辑节点体现的。综合以上考虑，可以提取"自治控制区域"的边缘拓扑信息并抽象为单独的功能逻辑节点，将其作为智能终端设备"协同交互控制器"的一个功能子模块，承担描述该逻辑设备的局部拓扑信息自描述的任务。

基于配电网自治控制区域划分规则，并结合主站的拓扑连接特点，构建了符合 IEC 61850 扩展逻辑节点命名规范的逻辑节点 ATPG，以表征配电网抽象"自治控制区域"模型，其完整结构见表 5－1。

表 5－1　　　　　　　　　　　　扩展逻辑节点类 ATPG

属性名	属性类型	说明	M/O
公用逻辑节点信息			
Mod	INC	模式	M
Beh	INS	性能	M
Health	INS	健康状况	M
NamPlt	LPL	铭牌	M
拓扑描述信息			
areaType	SPS	区域类型	M
areaSecIP1	ING	边界分段开关 1 的 ID	M
areaSecIP2	ING	边界分段开关 2 的 ID	O
areaUpdate	DPS	区域更新操作	M
区域能源信息			
DerNum	INS	区域内所含分布式电源数量	O
CtrDERCap	ASG	区域内可控分布式电源容量	O
DerLodCrv	CURVE	区域内分布式电源的负荷特性曲线	O
设定参数			
selfCtrID	MRID	协同交互控制器 IP 地址	M

（2）IEC 61850 协同交互控制器建模。单个"自治控制区域"逻辑节点具有特殊的功能定位，因此不能任意附着于其他对象，需要建立与该逻辑节点相配套的"协同交互控制"逻辑设备，对应于协同交互控制体系中协同交互控制器的设备功能集合。目前，IEC 61850 中没有针对"协同交互控制器"的标准化定义，因此，有必要对其进行功能分析和归纳，构建基于 IEC 61850 的"协同交互控制器"的逻辑设备模型。

目前，IEC 61850 中的一些标准逻辑节点已经可用来表示协同交互控制器的部分功能，例如开关类逻辑节点"XCBR""XSWI"和"CSWI"三者可组成协同交互控制器的线路开断控制逻辑。保护类逻辑节点"PIOC""PTRC"以及"RREC"可形成控制器的区域线路保护系统。前文中所构建的逻辑节点"ATPG"综合了协同交互控制器所对应区域局部拓扑的关键信息，但无法承担诸如区域内运行信息整合和区域优势评估等其他重要功能。逻辑节点"DRCT"（DER device controller）定义了每个区域内单个分布式电源设备的运行特性，但是无法向上层的协同交互控制器提供可控参考的区域规划信息。因此，有必要就协同交互控制器的其他关键功能构建定义新的兼容逻辑节点。

定义"自治控制区域控制"节点"SACT"（self-control area controller）。该节点定义了协同交互控制器所管辖区域的整体可控指标，同时统计区域内可控分布式电源总数、各类型分布式电源所占比例、区域总负荷特性曲线和预测曲线等并定期上传给主站控制器，其模型结构见表5-2。

表5-2　　　　　　　　　　　　　　扩展逻辑节点类SACT

属性名	属性类型	说明	M/O
公用逻辑节点信息			
AutoMan	SPS	自动或手动模式	M
OpModOnConn	SPS	运行模式：开启且已连接	M
OpModOnAvail	SPS	运行模式：开启且准备好连接	M
OpModffUnav	SPS	运行模式：关闭且无法使用	M
LodModBase	SPS	基准负荷	O
DerNum	INS	区域分布式电源数量	O
模拟量设定			
CtrDerCap	ASG	可控分布式电源数量	M
PwDstPrc	ASG	区域分布式电源的电压扰动程度	M
DerLodCrv1	CURVE	区域内分布式电源的总体负荷曲线	M
量测值			
AreFltRate	MV	区域内总体故障率	O
控制量			
AreStr	SPC	开启协同交互控制器S	O
AreStop	SPC	关闭协同交互控制器	O
控制设置			
OutWset	ASG	总有功功率输出指标	M
OutVArSet	ASG	总无功功率输出指标	M
OutPFSet	ASG	功率因数指标	O
MaxVArLim	ASG	区域最大输出功率	O
PlanCurv	CURVE	计划发电曲线	O
参数			
SelfAreId	MRID	协同交互控制器地址	M
LocCtrID1	MRID	分布式电源控制管理单元1地址	O
LocCtrID2	MRID	分布式电源控制管理单元2地址	O

定义"区域竞争计算（self-control area competition，ACMP）"扩展逻辑节点在协同交互控制模式下，运行于主站的协调控制算法可以精确计算每条馈线的最优潮流指标，然而同一条馈线上可能分布着多个自治控制区域，每个区域承担电力扰动的能力各不相同，主站需要从中挑选出最合适的区域来完成电能消纳的任务，因此，协同交互控制器应当具备计算所管辖区域性能优势的能力，其各类计算功能可整合为逻辑节点 ACMP，相应的模型结构见表 5-3。

表 5-3   扩展逻辑节点类 ACMP

属性名	类型	说明	M/O
公用逻辑节点信息			
PriceFactor	ASG	自控区的平均价格需要平衡扰动的成本	M
DiffRstFactor	ASG	自控区平均抗差能力	M
DistSlctFactor	ASG	规划与自控区实际输出功率的平均差值	M
模拟量设置			
DerLodCrv1	CURVE	Load characteristic curve of DER type1	M
DerLodCrv2	CURVE	Load characteristic curve of DER type2	O
DerLodCrv3	CURVE	Load characteristic curve of DER type3	O
...	CURVE		O
DerLodCrv9	CURVE	Load characteristic curve of DER type9	O

（3）IEC 61850 配电网全局拓扑建模。基于 CIM 公共信息模型的配网静态拓扑模型特征，以及变电站内部和外部拓扑结构的比较，对现有模型在全站唯一标识属性、电力变压器模型、对象类和容器类间关系以及智能配电网新增对象增补四个方面做出修改和扩展，从而获得配电网全局拓扑建模，图 5-15 展现修改后的 IEC 61850 拓扑模型 UML 示意图。

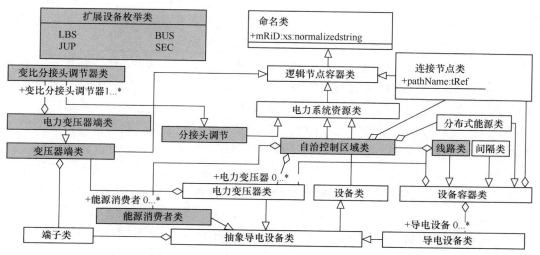

图 5-15   IEC 61850 拓扑模型 UML 示意图

本修改和扩建不仅为 IEC 61850 增添了描述配电网拓扑所必需的对象类，也将 IEC 61968 的建模风格融入 IEC 61850 中，在两种模型中获得了结构和内容上最大程度上的一致性。对象和容器间关系的改变使得不同终端设备的连接关系可以更加灵活表达，而新型配电网导线设备类的增补也保证了描述配电网个体设备时的完整性。

5.2.3　配电网拓扑识别和动态分区机制

基于 IEC 61850 局部和全局拓扑的构建为配电网的拓扑识别和分区的实现提供了信息流层面的基础，提出配电网的拓扑识别算法，并基于 IEC 61850-80-1 导则提出适用于多个场景的通信机制，构建拓扑识别和动态分区系统，并以典型算例验证分区结果的正确性。

1．基于区域边缘信息的拓扑识别算法设计

深度优先算法（depth first search，DFS）的目的是沿着树的深度单次遍历树的所有节点，尽可能深地搜索树的分支，是图论中最经典的搜索算法之一。但随着众多可控分布式电源的接入，配电网络的潮流分布已不再遵循辐射状分布的特性，但若将各分布式电源看作叶节点处理时，配电网络仍然可以抽象为树状拓扑的结构。而本书构建的 IEC 61850 配电网拓扑模型是以 XML 语言格式的结构化文档表达的，完全可以作为树状拓扑进行处理。因此，可以运用 DFS 算法遍历全局拓扑模型的子节点，并通过对原有算法的改进，实现局部拓扑识别。

主站所接收到的 IEC 61850 协同交互控制器的配置文件中，包含了该控制器所管辖区域的边界分段开关的标识，主站需要根据这些分段开关推理得出该区域在主站存储的全局静态拓扑中的位置。原始的 DFS 算法虽然可以快速准确地完成对全网拓扑节点的遍历，但还不能帮助确定含 3 个以上边缘节点的二维区域。前文中指出 A 类区域特指馈线上包含可控分布式单元的二端口区域。然而，在含多个支路的配电网馈线上，可能会出现 3 个甚至 4 个分段开关共同确定一个自治控制区域的情况。在 DFS 算法的基础上，为每个节点增加不同的权重，将处于区域内部的节点与外部节点区分开来。算法以局部拓扑的各个边缘分段开关为起点，对当前网络全局拓扑分别进行深度优先遍历。

对于 B 类自治控制区域，由于其边界仅由单个分段开关判定，分界点开关的功率流向也起到了界定自治控制区域的作用，忽略分段开关的左端子和右端子将造成管辖区域叠加、控制混乱的识别结果，因此不能采用类似 A 类自治控制区域的识别算法。由前文自治控制区域的划分规则和配电网的拓扑连接特性可知，B 类自治控制区域的边界开关与母线节点之间存在唯一的通道（配电网络中不允许出现孤岛和环网），在模型树中，剔除该通道经过的所有其他节点以及以这些节点为起点的其他支路的集合即为 B 类区域在模型树中的数学表达。因此，B 类自治控制区域的拓扑识别实际上可运用以路径搜索为目的的改进 DFS 算法来实现。基于改进 DFS 算法的路径搜索法在应用于配电网 B 类自治控制区域的局部拓扑识别场景时，需要根据电力网络的特性外加如下约束条件。

（1）需排除包含母线节点的所有路径分支。

（2）需排除不包含任何可控分布式电源的路径分支。

（3）路径分支数为 0 的区域为无效区域，需标记对应的边缘开关节点为无效的自治控制区域边缘信息节点。

2．面向嵌套型拓扑模型的多场景分析

改进 DFS 算法可用于在全局拓扑中识别局部区域，而其最终目的是对该区域进行修改和局部更新，从而完成动态分区的目标。传统编程语言中的指针和链表无法表达这类嵌套式的拓扑连接关系，因此有必要结合配电网的电气特性，分别讨论不同场景下改进 DFS 算法的具体应用规则。多区域融合和分解场景示意图如图 5-16 所示。

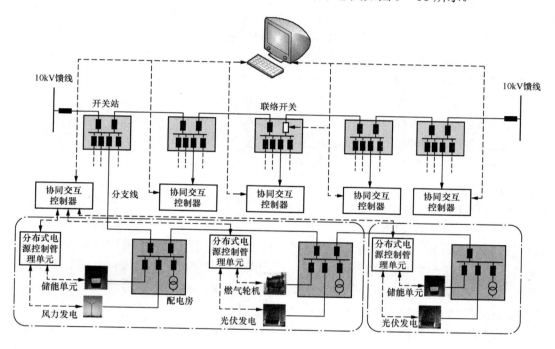

图 5-16　多区域融合和分解场景示意图

1）场景一：多区域融合。配电网中的多区域融合即大于或等于 2 个相邻自治控制区域合并为一个自治控制区域的过程，并且被合并的每个自治控制区域不发生内部分裂。

a．若改进 DFS 算法搜索结束后获得的局部区域拓扑，经检测后确认只含有完整的"tSelfControlArea"类型节点，且该类型子节点数目大于或等于 2 时，将该次分区判定为融合型分区。

b．在被识别区域内，选取深度系数最小的"tSelfControlArea"类型节点为新区域的目标区域节点 S'。

c．将同级别的非"tSelfcontrolArea"类型节点（一般为"tSectionlizer"节点）作为子节点添加到目标区域节点内 S'。

d．搜索同级别的其他"tSelfControlArea"类型节点的子节点，添加到目标区域节点 S' 中。删除非目标区域节点的所有"tConnectivityNode"节点及其子节点。

117

e. 边界分段开关为域外导电设备，新增域S′的边界只到各个边界分段开关所附着的连接节点为止。

f. 新域S′内的所有层级的"tConnectivityNode"子节点，以及附着于该连接节点的"tTerminal"类子-子节点，其属性"pathName"的值须在a.～d.步完成后统一重新配置。

2）场景二：区域分解。配电网中的区域分解即为含多个分段开关以及多个含可控分布式电源支路的自治控制区域分解为1个或多个小型自治控制区域的过程，并且分解过程中不涉及与其他区域的融合。

a. 若改进DFS算法搜索结束后获得的局部区域拓扑，经检测确认内部不含自治控制区域，但存在包含于自治控制区域的连接节点或端子，则将此次分区判定为分解型分区。

b. 确认被识别部分拓扑所在的自治控制区域S，在域S父节点（通常为"tLine"类型节点）内添加与域S同级别的"tSelfControlArea"类型节点域S′。同时，将用于识别局部拓扑的边缘分段开关也作为同级别子节点添加，类型为"tSectionlizer"。

c. 将被识别部分的全部对象作为子节点从原域S转移到域S′中。

d. 修改域S′中所有层级的"tConnectivityNode"子节点，以及附着于该连接节点的"tTerminal"类子-子节点的"pathName"属性值。

e. 检测原域S的子节点个数，若为0，则删除该节点；否则，将原域S的属性"status"赋值为"false"。

区域的分解伴随了对原有分区规则的破坏，从而导致"伪自治控制区域"的出现。这类控制区域的内部拓扑连接可能呈现为非连通的状态，即使是内部结构正常的区域，也有可能存在尚未被任何协同交互控制器接管的问题，这在配电网管理过程中是不被允许的。因此，在前文进行IEC 61850配电网全局拓扑建模时，为代表自治控制区域的对象类"tSelfControlArea"添加了名为"Status"的属性，该属性为布尔量，值为"ture"时表示该区域处于正常受控状态，值为"false"时表示处于非正常状态。当一个SCD文件中的配电网全局静态拓扑模型中检测到包含"Status=fasle"的自治控制区域时，该文件将不被允许下发到各个终端设备中。

实际上，当发生自治控制区域的分解时，也会新增多个与之对应的协同交互控制器，当这批控制器依次接入主站协同交互控制系统中时，上述步骤中的原域S所包含的子节点会越来越少，当子节点数目为0时，表示所有被分解区域都已配备对应的协同交互控制器。

3）场景三：混合分区。配电网的混合分区是上述2种场景的综合，即进行几个区域融合的同时又产生了区域的分解。配电网混合分区场景示意图如图5-17所示。

a. 若改进DFS算法搜索结束后获得的局部区域拓扑，经检测确认内部既含有自治控制区域，也存在一部分包含于其他自治控制区域的连接节点或端子，则将此次分区判定为混合型分区。

b. 确认被识别部分拓扑所在的完整自治控制区域 S1-Sn，和部分自治控制区域 S_n+1-S_n+k，在域 S_n+1-S_n+k 父节点（通常为"tLine"类型节点）内添加同级别的"tSelfControlArea"类型节点域 $S_n+1'-S_n+k'$。

c. 搜索用于识别局部拓扑的边缘分段开关，将其中所有处于域 S_n+1-S_n+k 内的那部分开关也作为同级别子节点添加到域 $S_n + 1 - S_n + k$ 父节点内。

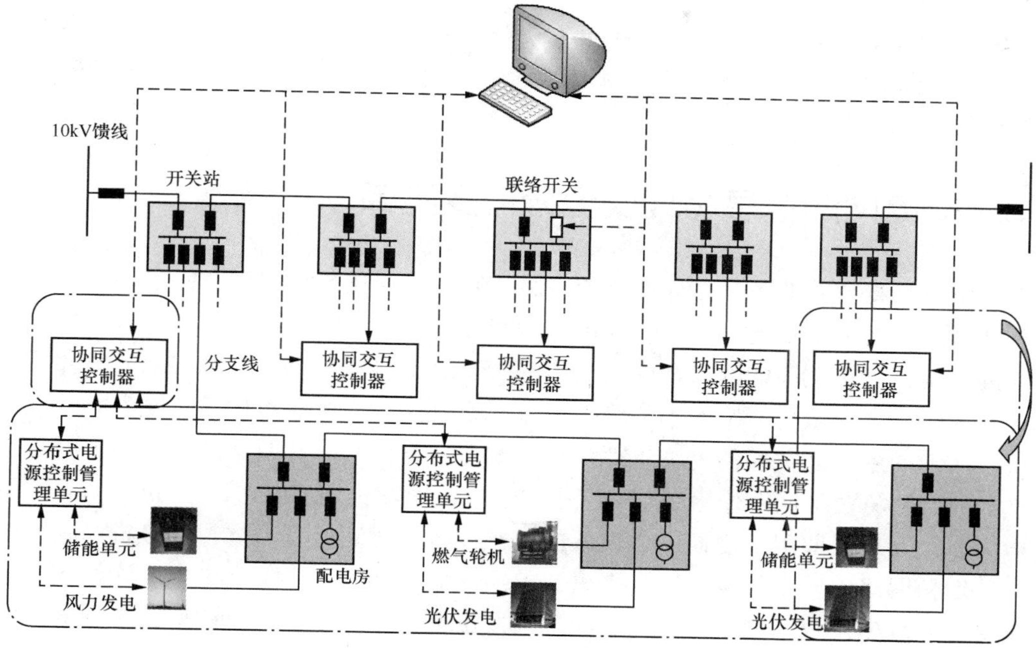

图 5 - 17　配电网混合分区场景示意图

　　d. 在被识别区域内，选取深度系数最小的完整自治控制区域 S_i，$i \in [1, n]$，为新区域的目标区域节点 S′。

　　e. 将同级别的非"tSelfcontrolArea"类型节点（一般为"tSectionlizer"节点）作为子节点移动到目标区域节点内 S′。

　　f. 搜索同级别的其他"tSelfControlArea"类型节点的子节点，添加到目标区域节点 S′ 中。删除非目标区域节点的所有"tConnectivityNode"节点及其子节点。

　　g. 边界分段开关为域外导电设备，新增域 S′ 的边界只到各个边界分段开关所附着的连接节点为止。

　　h. 新域 S′ 内的所有层级的"tConnectivityNode"子节点，以及附着于该连接节点的"tTerminal"类子-子节点，其属性"pathName"的值须在 a.～h. 完成后统一重新配置。

　　3. 基于 IEC 61850 的配电网动态分区

　　通信机制拓扑识别和动态分区的信息传递流程显示了基于上述模型和算法所构建的配电网动态分区机制的总体流程。当某条馈线上新增自治控制区域时，该新增区域的局部拓扑信息由对应设备的 IEC 61850 配置文件整合为特定格式，存储于智能电子终端设备的子模型 ATPG 逻辑节点中。协同交互控制器将上述配置文件经由"发现/注册"机制建立的上层信息通路，传达到主站管理系统中。主站接收到新增自治控制区域的自描述文件后，即时提取其中有关拓扑的自描述信息，调用基于区域边缘信息的改进 DFS 局部拓扑识别算法识别区域，并与存储于主站的全网静态拓扑元模型数据进行对比，确认局部拓扑的边界并生成分区结果，按照规则修改局部信息模型，完成信息流层面配电网的动态分区操作。

IEC 61850 信息模型文件到 IEC 61968/IEC 61970 格式的消息体子集的转换，引入该模型转换是为了保证动态分区机制的输出结果可以与某些配电网主站的 CIM 公共信息模型相兼容。

5.3　配电网的信息物理安全分析及防御

配电信息物理系统是二元异构复合网络，其安全问题包括信息空间虚拟网络的安全和物理空间实体网络的安全，以及由两者相互依存、相互作用而导致的耦合性的跨空间的风险，当某空间的网络发生安全事故时，除了造成本空间内网络部分组件被破坏外，同时也会导致另一空间的网络中与该网络组件相依存的组件损坏或失效，进而再引发本空间中与之关联的另一组件故障，如此反复，故障在两个网络之间不断传递并叠加，直至将故障连锁传播到整个配电网 CPS。对配电网 CPS 而言，位于信息空间的电力二次系统（即用于监控电力设备的电子设备、自动控制装置、计算机控制系统及相关通信网络）发生故障后，会丧失对电网的监控能力。若某个电力二次系统被恶意攻击并篡取使用权，则攻击者可以向电网发出恶意操作指令，可能引发电网故障并导致部分地区停电，停电事故又会导致依靠该区域供电的其他电力二次系统失效，进而引发更大规模的电网事故。

5.3.1　配电网 CPS 安全要素分析

电力物联网通过感知层、网络层和平台层承载数据共享、基础支撑的建设内容，通过应用层承载对内业务、对外业务的建设内容，安全防护体系与技术贯穿各层次，如图 5 - 18 所示。

可见，电力物联网和配电网信息物理系统相互融合，支撑业务流、能量流、信息流。基于上一节中分析的物理空间安全要素、信息空间安全要素，相关的信息物理安全要素包括而不限于表 5 - 4。

表 5 - 4　　　　　　　　　　　电力物联网的信息物理安全要素

项目	业务流	能量流	信息流
感知层	物理攻击、拒绝服务攻击、假冒伪装、信息窃听、数据篡改等	电气设备故障、线路故障、非法访问等	IT 设备故障、电磁干扰、信道阻塞、重放攻击、感知数据破坏等
网络层	控制网络 DOS 攻击，拒绝服务攻击，汇聚节点攻击、方向误导攻击、应答哄骗、错误路径选择等		路由攻击、泛洪攻击、选择性转发、隧道攻击虚假路由等
平台层	分布式拒绝服务、漏洞攻击、病毒木马等		恶意代码、云计算服务威胁、数据库攻击
应用层	数据挖掘中的隐私泄露、用户隐私泄露等	控制命令伪造攻击、非授权访问等	

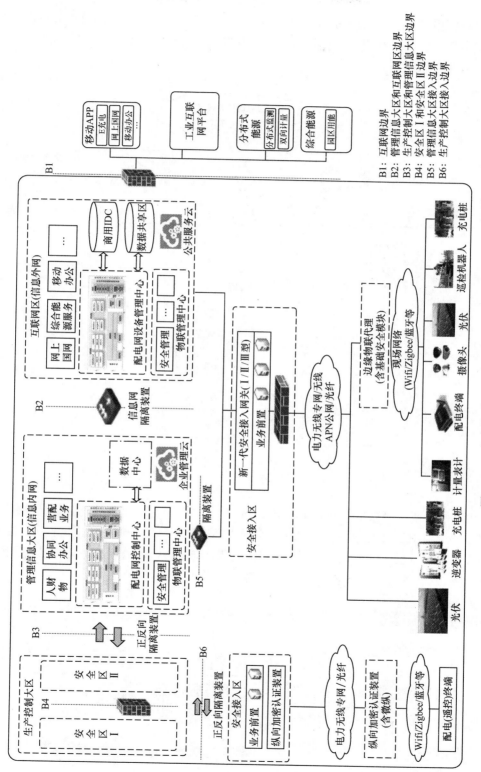

图 5-18　电力物联网的层次架构和安全边界

B1: 互联网边界
B2: 管理信息大区和互联网区边界
B3: 生产控制大区和管理信息大区边界
B4: 安全区 I 和安全区 II 边界
B5: 管理信息大区接入边界
B6: 生产控制大区接入边界

梳理配电网 CPS 中物理系统安全要素、信息系统安全要素以及叠加产生的新形态跨空间安全要素，分析其类型、作用范围、触发机制、持续时间等特性。配电网信息物理系统的安全要素如图 5 – 19 所示。

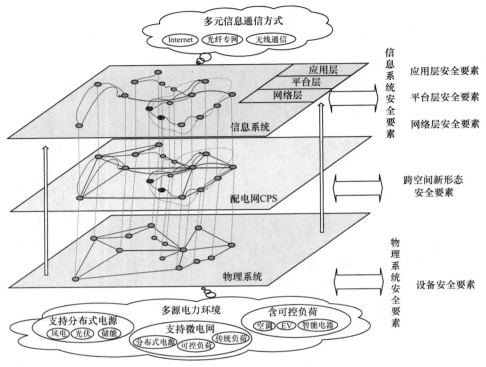

图 5 – 19　配电网信息物理系统的安全要素

1．信息系统安全要素

（1）网络层。网络安全贯穿配电网 CPS 终端、网络、平台应用，实现端到端的安全防护。通过使用独立的网络设备组网，实现生产控制大区、管理信息大区内外网的区域物理隔离。设置安全接入区，生产控制大区使用纵向加密认证，管理信息大区使用统一认证传输协议 SSAL。配电网 CPS 网络层架构如图 5 – 20 所示。

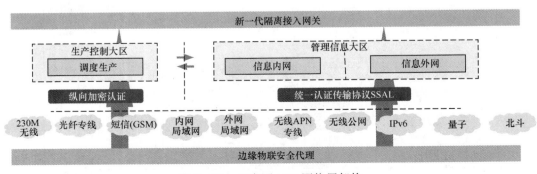

图 5 – 20　配电网 CPS 网络层架构

配电网 CPS 采用"下一代网络"作为其核心承载网。"下一代网络"本身的架构、接入方式和网络设备会带来一定的安全威胁，同时数据传输层存在海量节点和海量数据，可能引起网络阻塞，容易受到 DOS（denial of service）/DDOS（distributed denial of service）攻击。异构网络之间的数据交换、网间认证、安全协议的衔接等也将为信息物理系统数据传输层带来新的安全问题。

配电网 CPS 中信息系统的网络层存在的安全要素见表 5 - 5。

表 5 - 5　　　　　　　　配电网 CPS 中信息系统的网络层存在的安全要素

安全要素名称	安全要素说明（类型、作用范围、触发机制、持续时间等）
拒绝服务攻击	攻击者通过迫使服务器的缓冲区满，不接收新的请求或使用 IP 欺骗，造成服务器把合法用户的连接复位、影响合法用户的连接等方式，使系统服务被暂停甚至系统崩溃
路由攻击	指攻击者通过发送伪造路由信息，产生错误的路由，干扰正常的路由过程
控制网络 DOS 攻击	指攻击者通过对网络带宽进行消耗性攻击等方法导致目标系统停止提供服务的攻击方式
汇聚节点攻击	汇聚节点是数据传输层网络的核心节点，是内部网络与管理节点的接口，汇聚节点攻击通过对汇聚节点进行破坏，中断感知执行层与数据传输层网络之间的数据传输
方向误导攻击	恶意节点在接收到一个数据包后，通过修改源和目的地址，选择一个错误的路径发送出去，从而导致网络的路由混乱
黑洞攻击	恶意节点向接收到的路由请求包中加入虚假可用信道信息，骗取其他节点同其建立路由连接，然后丢掉需要转发的数据包，造成数据包丢失
泛洪攻击	通过 SMURF 和 DDOS 等方式使数据传输层网络服务器资源耗尽，无法提供正常的服务
陷阱门	攻击者在系统数据传输层网络中设置的"机关"，使得在特定的数据输入时，允许违反安全策略
女巫攻击	是指一个恶意节点违法地以多个身份出现，对系统网络造成破坏
水坑攻击	恶意节点吸引周围节点选择其作为路由路径中的点，使全部数据流经该节点，阻止基站获取完整和正确的传感数据，严重破坏网络负载均衡，使攻击者可以发起更加严重的攻击
虫洞攻击	由两个以上的恶意节点共同发动攻击，恶意节点间的跳跃数少，容易取得路权，进而对随后的数据包进行窃听或者阻断数据传输
路由环路攻击	路由回环攻击是指恶意节点通过修改数据路径造成数据无限循环，导致系统网络严重阻塞
HELLO 泛洪攻击	攻击者使用能量足够大的信号来广播路由信息，使得网络中的每一个节点都认为攻击者是其直接拒绝服务，并试图将其信息发送给恶意节点
应答哄骗	恶意节点窃听欺骗网络链路，使得发送者选择差的路径或者向失效节点发送数据，导致传输数据失败
错误路径选择	攻击者通过修改数据路径等方式，使得数据在错误的路径中进行传输
选择性转发	恶意节点不全部转发收到的信息，而是在转发中丢掉部分和全部的关键信息，严重破坏数据的收集，降低网络的可用性
隧道攻击	指网络中的恶意节点共同隐藏相互之间的真实链路距离，引诱其他节点建立经过恶意节点的路由路径
虚假路由	信息通过篡改路由信息，攻击者可以进行创建路由回环，影响网络传输，改变数据路径等一系列攻击行为

（2）平台层。应用/平台安全包括应用安全、数据安全、平台安全、安全感知与主动防御等内容。其中，通过身份鉴别、访问控制、安全审计、软件容错、应用加固等技术实现系统应用和物联网应用安全；通过数据完整性和机密性保护，并对数据备份恢复，实现应用数据的安全；通过访问控制、边界安全防护、入侵检测可实现平台自身安全；通过大数据分析、安全态势感知、动态安全预警、攻击溯源及反制等技术实现泛在物联网的安全态势感知和主动防御。配电网 CPS 应用/平台层架构如图 5-21 所示。

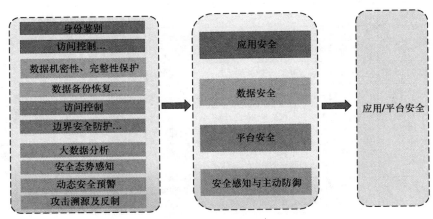

图 5-21　配电网 CPS 应用/平台层架构

平台层实现感知数据的精加工处理，服务于调度控制，是配电网 CPS 的核心。根据系统信息及计算处理层挖掘的知识对系统模型进行修正，并结合系统仿真的结果制定策略对物理设备进行控制。同时，通过与 CPS 的其他子系统互联以实现整个 CPS 的协作。基于大规模分布式计算，将得到的知识提供给策略控制层，同时提供各电网信息物理系统（GCPS）参与者之间的信息共享和协同机制。

配电网 CPS 中信息系统的平台层存在的安全要素见表 5-6。

表 5-6　　　　　　　　　配电网 CPS 中信息系统的平台层存在的安全要素

安全要素名称	安全要素说明（类型、作用范围、触发机制、持续时间等）
恶意代码	指没有作用却可能具有安全隐患的代码，在广泛的定义中可以把系统中不必要的代码都看作是恶意代码
分布式拒绝服务	大量 DOS 攻击源同时攻击系统网络中某台服务器，就组成了分布式拒绝服务 DDOS 攻击，通过使网络过载来干扰甚至阻断正常的网络通信
数据挖掘中的隐私泄露	系统应用控制层中对海量的用户数据进行数据挖掘，根据所得数据分析结果改善应用服务为用户提供便利，但同时使得用户个人隐私面临巨大的泄露风险
控制命令伪造攻击	攻击者通过伪造应用控制层中系统的控制命令，达到恶意利用系统或者破坏系统的目的
云计算服务威胁	在云计算的模式下，网络安全、网络边界以及网络架构的改变为系统应用控制层带来新的安全问题

（3）应用层。应用层的某些应用会收集大量的用户隐私数据，因此必须考虑配电网 CPS 中的隐私保护问题。同时由于应用系统种类繁多，安全需求也不尽相同，这也为制定合适的信息物理系统安全策略带来了巨大的挑战。

配电网 CPS 中信息系统的应用层存在的安全要素见表 5－7。

表 5－7　　　　　　　　　　配电网 CPS 中信息系统的应用层存在的安全要素

安全要素名称	安全要素说明（类型、作用范围、触发机制、持续时间等）
用户隐私泄露	用户的个人资料、访问记录等隐私数据由于不安全的数据传输、存储和展现，被隐私收集者获取所造成的隐私泄露
非授权访问	攻击者在未经授权的情况下不合法地访问系统网络数据，包括非法用户假冒合法用户进入网络系统进行操作、合法用户擅自扩大权限以未授权方式进行操作等
漏洞攻击	是指攻击者利用系统应用控制层中应用程序存在的漏洞对系统进行攻击的攻击方式
病毒、木马	病毒和木马是系统应用控制层普遍具有的安全威胁，可能会对系统造成破坏或者窃取系统数据和用户隐私数据
数据库攻击	是对系统应用控制层的常见攻击手段，主要包括口令入侵、特权提升、漏洞入侵、SQL 注入、窃取备份等

2．物理安全要素

物理安全要素主要涉及设备自身安全、设备接入安全和设备安全监测等几个方面，如图 5－22 所示。其中，存量终端采用操作系统安全加固，增量终端采用安全操作系统，实现物联网终端操作系统安全和可信；基于安全芯片或安全组件，采用轻量级密码加密、轻量级接入认证及传输数据加密技术，实现终端现场接入安全；通过边缘物联安全代理，实现终端自身安全监测、终端流量监测及北向数据统一安全传输。

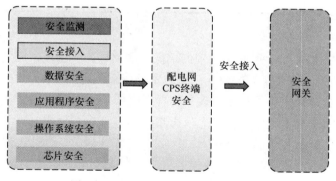

图 5－22　配电网 CPS 物理安全要素

在配电网 CPS 中，物理实体是具备感知执行能力的，是重要的感知数据来源和控制命令执行场所。物理终端可能会部署在无人监控的环境中，容易成为攻击者的目标。并且其节点数据处理能力、通信能力和存储能力有限，使得传统的安全机制难以直接应用在物理实体中。

配电网 CPS 中物理系统存在的安全要素见表 5－8。

表 5 – 8   配电网 CPS 中物理系统存在的安全要素

安全要素名称	安全要素说明（类型、作用范围、触发机制、持续时间等）
物理攻击	指针对感知节点本身进行物理上的破坏，导致信息泄露、信息缺失等
设备故障	指设备由于外力、环境或者老化等的原因降低或失去了性能，不能正常运行
线路故障	指发生在节点电力线路上的故障
电磁泄漏	设备在工作时会经过地线、电源线、信号线等线路将电磁信号辐射出去，电磁信号如果被接收下来，经过提取处理，就可恢复出原数据，造成数据失密
电磁干扰	通过无用电磁信号或电磁骚动对有用电磁信号的接收产生不良影响，导致设备、传输信道和系统性能劣化
拒绝服务攻击	指攻击者通过对网络带宽进行消耗性攻击等方法导致目标系统停止提供服务的攻击方式
信道阻塞	指通信信道被长时间占据导致数据无法进行传输
女巫攻击	指在系统中单一恶意节点具有多个身份标识，通过控制系统的大部分节点来削弱冗余备份的作用
重放攻击	指攻击者将合法用户的身份验证记录等有效数据经过一段时间后再次向信息的接收者或系统发送，获取接受者或系统的信任
感知数据破坏	感知数据被非授权地进行增删、修改或破坏
假冒伪装	攻击者通过欺骗系统冒充合法用户，或者特权小的用户冒充成为特权大的用户
信息窃听	通过对通信线路中传输的信号搭线监听，或者利用通信设备在工作过程中产生的电磁泄漏截取有用数据等手段窃取系统中或传输中的数据资源和敏感信息
数据篡改	指攻击者将截获到的数据进行修改然后将修改后的数据发送至接收者
非法访问	某一资源被某个非授权的人，或以非授权的方式访问
被动攻击	指攻击者通过嗅探、信息收集等攻击方法被动收集信息，不涉及数据的任何改变，检测困难
节点捕获	指网关节点或普通节点被攻击者控制，可能导致通信密钥、广播密钥等密钥泄露，危及整个系统的通信安全

3. 新形态跨空间安全性要素

综上所述，配电网 CPS 可以从物理终端层、网络层、平台层、应用层进行分析，梳理出 7 大类 16 小类安全要素，如图 5 – 23 所示，覆盖配电网 CPS 业务架构各层级。

配电网安全要素分为信息系统要素和物理系统要素两个并发的子集。如图 5 – 24 所示，新形态跨空间安全要素就是要考虑信息系统具有分布式硬实时系统的特征，满足物理系统及时性和安全性要求的安全要素，因此，时序性是信息物理因果逻辑的关键。

4. 电力物联网中的信息物理安全要素

国际电信联盟的电信标准化部门（ITU-T）第 13 研究组编制了 ITU-T Y.2060 *Overview of the Internet of things*。该标准规定了物联网（IoT）功能特性、高层需求和参考模型等内容。该标准中规定的功能特性包括互联性、与"物"相关的服务、异构性、动态变化和规模等。针对 IoT 列举的高级需求包括基于身份识别的连接、互操作性、自组网、基于位置的功能、安全性、隐私保护、高质量和高安全性的体域服务、即插即用和可管理性。该标准正式地定义了关键术语"装置""物""物联网"以作为核心概念（与许多模型一样，关注于装置的连接以作为 IoT 的区别性特征）。ITU-T Y.2060 如图 5 – 25 所示。

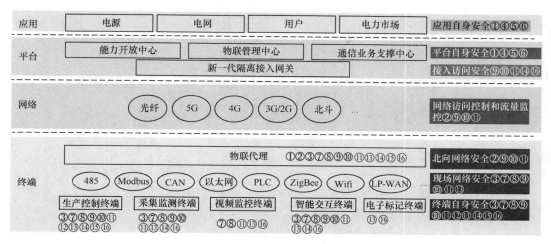

图 5 - 23　配电网 CPS 安全要素分类

①—应用监控；②—网络监控；③—终端监控；④—存储数据加密；⑤—存储数据完整性校验；⑥—数据防泄露；⑦—应用程序加固；⑧—软件在线更新；⑨—网络数据加密；⑩—网络数据完整性校验；⑪—网络接入认证；⑫—电力控制指令认证；⑬—设备访问认证；⑭—操作系统加固；⑮—可信度量；⑯—安全芯片

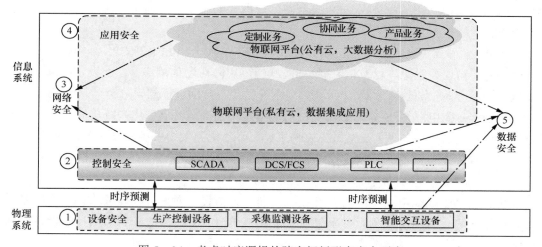

图 5 - 24　考虑时序逻辑的跨空间新形态安全要素

　　该标准提出的参考模型分为四层：应用层、服务和应用支持层、网络层和设备层，模型提供了每一层所需的管理能力和安全能力。安全分为通用安全能力和特定安全能力。特定安全能力与应用要求相关；通用能力与应用独立，对应每个层进行定义。授权和认证是在应用层、网络层和设备层定义的能力。应用层增加了应用数据机密性和完整性保护、隐私保护、安全审核和防病毒能力。网络层增加了使用数据以及信令数据机密性和信令完整性保护。设备层增加了装置完整性验证、访问控制、数据机密性和完整性保护能力。

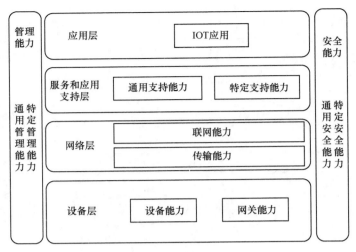

图 5 – 25　ITU-T Y.2060

5.3.2　配电网 CPS 安全性分析方法

1．配电网 CPS 安全性分析框架

通信故障影响下的配电网 CPS 安全性分析框架如图 5 – 26 所示，整体可分为以下五个步骤。

步骤一：建立配电网 CPS 信息物理关联矩阵模型。分析配电网 CPS 结构，采用信息关联矩阵、物理关联矩阵以及信息-物理关联特性矩阵对通信网络、二次设备网络、物理系统和通信-二次设备耦合层、物理-二次设备耦合层分别进行建模分析。

步骤二：配电网 CPS 故障后恢复控制模型建模求解。以最小化系统总失负荷功率为目标函数，配电网功率平衡、电压幅值约束、支路容量上限约束等潮流约束为约束条件，建立电力故障发生后的故障恢复模型，求解得到故障后对系统非故障停电区域进行转供恢复的联络开关。

步骤三：生成配电网 CPS 初始信息-物理组合预想故障集。物理故障设置为线路故障，信息故障包含信息监测设备采集数据错误、通信网络传输故障和节点控制设备控制故障，进而可归纳为通信节点失效和通信链路失效两种信息故障形式，其中信息节点包括 FTU 终端、交换机、路由器等。考虑配电网配电自动化业务对电力故障处理的逻辑，在故障定位、隔离、恢复阶段分别设置信息故障，进而得到具有业务相关性的信息物理组合故障集。

步骤四：配电网 PCS 安全性量化分析方法。配电网针对组合故障集进行故障后果的定量分析，并基于建立的配电网 CPS 安全性指标评价体系，进行安全性评价指标的计算。安全性评价指标包括信息物理组合故障负荷损失功率、配电信息物理组合故障失电风险指标、配电信息物理系统一类负荷损失风险等。

步骤五：配电网 PCS 严重故障集的生成。根据不同的场景需要，对组合故障后果进行排序和筛选，得到相应场景下的严重组合故障集。

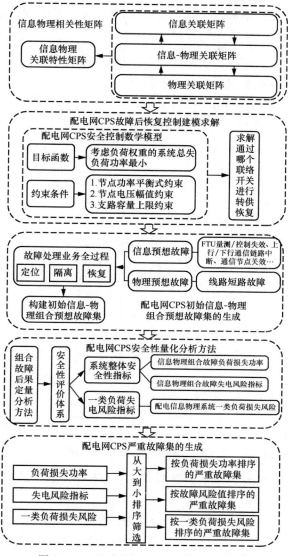

图 5 – 26　配电网 CPS 安全性分析框架

2．配电网 CPS 关联矩阵建模方法

采用基于关联特性矩阵的电网信息物理系统耦合建模方法，利用关联矩阵模型能够准确描述各层之间拓扑关联关系（结构）和逻辑关联关系（控制逻辑）。

（1）物理关联矩阵 $\boldsymbol{P}$ 。根据物理侧拓扑结构，采用有向拓扑矩阵 $\boldsymbol{P}_{m \times m}$ ，由 "0" 和 "1" 两个逻辑元素组成，表示为

$$\boldsymbol{P} = \begin{bmatrix} p_{11} & \cdots & p_{1j} & \cdots & p_{1m} \\ \vdots & & \vdots & & \vdots \\ p_{i1} & \cdots & p_{ij} & \cdots & p_{im} \\ \vdots & & \vdots & & \vdots \\ p_{m1} & \cdots & p_{mj} & \cdots & p_{mm} \end{bmatrix} \qquad (5-1)$$

式中：p_{ij} 为物理关联矩阵中的元素，表示节点 i 和 j 之间的关联关系；若 $i=j$ 表示物理节点本身，$p_{ij}=1$；若节点 i 和节点 j 相连，且节点 i 位于节点 j 上游，$p_{ij}=1$。

（2）通信关联矩阵 $\boldsymbol{C}$。类似地，对一个具有 n 个通信节点的通信网络采用双向拓扑矩阵 $\boldsymbol{C}_{n\times n}$ 表示。当 $i=j$ 表示信息节点时，$c_{ij}=0$；当节点 i 和节点 j 有连接，c_{ij} 表示链路的通信状况；否则为 $c_{ij}=[0,0,0,0]$，即

$$\boldsymbol{C}=\begin{bmatrix} c_{11} & \cdots & c_{1j} & \cdots & c_{1n} \\ \vdots & & \vdots & & \vdots \\ c_{i1} & \cdots & c_{ij} & \cdots & c_{in} \\ \vdots & & \vdots & & \vdots \\ c_{n1} & \cdots & c_{nj} & \cdots & c_{nn} \end{bmatrix} \qquad (5-2)$$

（3）二次设备关联矩阵 $\boldsymbol{S}$。对于一个含有 k 个二次设备的网络，建立一个 $k\times k$ 阶矩阵 $\boldsymbol{S}$。

$$\boldsymbol{S}=\begin{bmatrix} s_{11} & \cdots & s_{1j} & \cdots & s_{1k} \\ \vdots & & \vdots & & \vdots \\ s_{i1} & \cdots & s_{ij} & \cdots & s_{ik} \\ \vdots & & \vdots & & \vdots \\ s_{k1} & \cdots & s_{kj} & \cdots & s_{kk} \end{bmatrix} \qquad (5-3)$$

式中：s_{ij} 表示二次设备网络的节点和通道。若 $i=j$，s_{ij} 表示通信节点；若 $i\neq j$，s_{ij} 表示二次设备通道。当 s_{ij} 为 0 时，表示无连接；当 s_{ij} 为 1 时，表示有连接。

（4）二次设备-物理关联矩阵 $\boldsymbol{P}\leftrightarrow\boldsymbol{S}$。采用关联矩阵 $\boldsymbol{P}\leftrightarrow\boldsymbol{S}_{m\times k}$ 表示信息节点与物理节点之间有无信息传递链路。$p\leftrightarrow s_{ij}=1$ 表示有信息传递链路；$p\leftrightarrow s_{ij}=0$ 表示无信息传递链路。该矩阵内的矩阵元素表示信息采集过程中和命令执行过程中物理实体和二次设备网络的关联关系，即

$$\boldsymbol{P}\leftrightarrow\boldsymbol{S}=\begin{bmatrix} p\leftrightarrow s_{11} & \cdots & p\leftrightarrow s_{1j} & \cdots & p\leftrightarrow s_{1k} \\ \vdots & & \vdots & & \vdots \\ p\leftrightarrow s_{i1} & \cdots & p\leftrightarrow s_{ij} & \cdots & p\leftrightarrow s_{ik} \\ \vdots & & \vdots & & \vdots \\ p\leftrightarrow s_{m1} & \cdots & p\leftrightarrow s_{mj} & \cdots & p\leftrightarrow s_{mk} \end{bmatrix} \qquad (5-4)$$

（5）二次设备-通信关联矩阵 $\boldsymbol{C}\leftrightarrow\boldsymbol{S}$。采用二次设备节点-通信节点关联特性矩阵 $\boldsymbol{C}\leftrightarrow\boldsymbol{S}$ 描述二次设备节点和通信节点之间的关联关系，其中，$\boldsymbol{C}\leftarrow\boldsymbol{S}$ 描述监测信息上传过程，$\boldsymbol{C}\rightarrow\boldsymbol{S}$ 描述指令下发过程，即

$$\boldsymbol{C}\leftrightarrow\boldsymbol{S}=\begin{bmatrix} c\leftrightarrow s_{11} & \cdots & c\leftrightarrow s_{1j} & \cdots & c\leftrightarrow s_{1k} \\ \vdots & & \vdots & & \vdots \\ c\leftrightarrow s_{i1} & \cdots & p\leftrightarrow s_{ij} & \cdots & c\leftrightarrow s_{ik} \\ \vdots & & \vdots & & \vdots \\ c\leftrightarrow s_{n1} & \cdots & c\leftrightarrow s_{nj} & \cdots & c\leftrightarrow s_{nk} \end{bmatrix} \qquad (5-5)$$

3．配电网故障恢复模型

电力故障发生后，配电主站应用层收到故障过流信息，执行馈线自动化业务，对故障进行定位和隔离，对非故障区进行联络线转供恢复。通过本小节建立的配电网故障恢复模型，可求解得到通过哪条联络线对非故障区域进行转供恢复，随后主站下发控制命令到该联络开关的 FTU，遥控开关闭合。

配电网故障恢复的目标函数为最小化故障发生后的负荷损失功率，即

$$\min \quad F = \sum_{i=1}^{N} \omega_i \cdot P_i^C \tag{5-6}$$

式中：N 为负荷节点集合；ω_i 为 i 节点上的负荷权重；$P_{i,t}^C$ 表示 i 节点上的失电功率。

（1）功率平衡约束为

$$\sum_{k \in w(j)} z_{jk} P_{jk} - \sum_{i \in m(j)} z_{ij,t} P_{ij} = P_j^f - P_j^{\text{load}} \tag{5-7}$$

$$\sum_{k \in w(j)} z_{jk} Q_{jk} - \sum_{i \in m(j)} z_{ij} Q_{ij} = Q_j^f - Q_j^{\text{load}} \tag{5-8}$$

$$U_j = U_i - (r_{ij} P_{ij} + x_{ij} Q_{ij}) \tag{5-9}$$

基于配电网 DistFlow 线性潮流方程建立起上述功率平衡式。

式中：$w(j)$ 为以 j 节点为首端节点的支路末端节点集合；$m(j)$ 为以 j 节点为末端节点的支路首端节点集合；P_{jk} 与 Q_{jk} 分别为从 j 节点流向 k 节点的支路有功功率和无功功率；$z_{jk,t}$ 为支路 jk 上分段开关的运行状态，闭合状态为 1，断开状态为 0；$z_{ij,t}$ 为支路 ij 上分段开关的运行状态；P_{ij} 与 Q_{ij} 分别为从 i 节点流向 j 节点的支路有功功率和无功功率；P_j^f、Q_j^f 分别为变电站节点向配电网 j 节点输送的有功功率和无功功率；P_j^{load}、Q_j^{load} 分别为 j 节点的有功功率和无功功率；U_j 为 j 节点的节点电压；U_i 为 i 节点的节点电压；r_{ij}、x_{ij} 分别为支路 ij 的电阻和电抗值。

（2）节点电压约束为

$$\underline{U} \leqslant U_{i,t} \leqslant \overline{U} \tag{5-10}$$

式中：$\underline{U}$ 与 $\overline{U}$ 分别为系统安全运行允许的电压下限与电压上限。

（3）支路容量约束为

$$P_{ij}^2 + Q_{ij}^2 \leqslant z_{ij} S_{ij,\max}^2 \tag{5-11}$$

式中：$S_{ij,\max}$ 为支路 ij 上允许通过的最大功率，即线路额定容量。

（4）辐射状网络约束为

$$\sum_{i:ij \in B} z_{ij,t} \leqslant 1 \tag{5-12}$$

$$\sum_{ij \in B} z_{ij,t} = N_n - N_f - N_{\text{out},t} \tag{5-13}$$

配电网在进行故障重构时，要保持辐射状运行。

式中：B 表示所有支路的集合；$z_{ij,t}$ 表示支路 ij 上的分段开关在 t 时刻的运行状态；N_n 与

N_f 分别为系统节点总数与电源根节点总数；$N_{out,t}$ 表示 t 时刻依然存在的短路故障线路数量。其中，式（5 - 12）表示除电源根节点外，所有节点只有小于等于一个父节点与其相连；式（5 - 13）确保了每个生成树有且仅有一个电源为其供电。

4．配电网 CPS 安全性量化评估方法

下面介绍信息物理组合故障对配电网 CPS 安全性影响的量化评估方法，如图 5 - 27 所示。

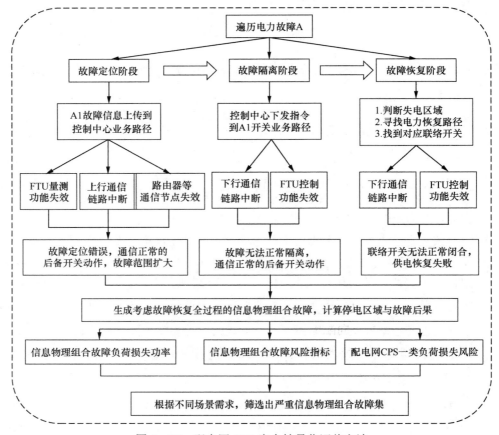

图 5 - 27　配电网 CPS 安全性量化评估方法

主要包含以下几个步骤：

（1）首先对电力短路故障进行遍历，针对每一个电力故障，考虑故障后配电自动化业务的故障定位、隔离和恢复的全过程，在相应的信息业务路径上设置信息节点失效或链路失效故障，得到具有业务相关性的信息物理组合故障。

（2）量化分析信息故障对馈线自动化业务的影响，计算组合故障造成的失电区域和停电后果。

1）故障定位阶段：若发生信息故障，系统无法准确定位到故障点，分别跳开第一个通信正常的故障点上、下游分段开关，导致故障范围扩大。

2）故障隔离阶段：若发生信息故障，系统无法对故障点处的分段开关进行控制，隔离失败，分别跳开第一个通信正常的上、下游后备开关，导致故障范围扩大。

3）故障恢复阶段：若发生信息故障，系统无法将闭合指令发送到负责对该故障进行转供的联络开关，联络开关无法动作，导致故障恢复失败。

（3）根据不同场景需要，计算相应的安全性指标。计算信息物理组合故障负荷损失功率、配电信息物理组合故障风险指标、配电信息物理系统一类负荷损失风险等配电网 CPS 安全性指标，为系统安全控制提供决策依据。

5．配电网 CPS 安全性指标评价体系

根据不同应用场景的需要，以信息物理组合故障负荷损失功率、配电信息物理组合故障风险指标、配电信息物理系统一类负荷损失风险三个方面建立配电网 CPS 安全性指标评价体系。

（1）信息物理组合故障负荷损失功率。该指标对信息物理组合故障给配电系统造成的失电功率进行量化计算，即

$$P_{\text{LOL}} = \sum_{i \in N_C} \omega_i \cdot P_{i,t} \cdot \boldsymbol{\Omega}_i^{p \leftarrow c}(\boldsymbol{P} \otimes \boldsymbol{C} \otimes \boldsymbol{S}) \tag{5-14}$$

式中：N_C 表示故障导致的失电负荷节点集合；ω_i 为 i 节点上的负荷权重因子；$P_{i,t}$ 表示 t 时刻 i 节点上的失电功率；$\boldsymbol{\Omega}_i^{p \leftarrow c}(\boldsymbol{P} \otimes \boldsymbol{C} \otimes \boldsymbol{S})$ 表示信息物理组合故障 p,c 在 i 节点上的关联度，当组合故障 p,c 在 i 节点上具有业务相关性，即通信故障会影响到 i 节点的负荷恢复时，该关联度为 1，若组合故障无业务相关性则关联度为 0；$p \leftarrow c$ 表示通信故障对电力侧故障恢复的影响，需要综合考虑故障定位、隔离、恢复过程；$(\boldsymbol{P} \otimes \boldsymbol{C} \otimes \boldsymbol{S})$ 表示基于关联特性矩阵的信息物理混成计算方法，其中，$\boldsymbol{P}$ 为配电网电力侧拓扑矩阵，$\boldsymbol{C}$ 为通信网拓扑矩阵，$\boldsymbol{S}$ 为二次设备矩阵。

（2）配电信息物理组合故障风险指标。该指标考虑信息物理组合故障事件的发生概率，对组合故障给配电系统造成的失电风险进行量化计算，即

$$R_\Delta = \sum_{i \in N_C} \omega_i \cdot P_{i,t} \cdot r_p \cdot r_c \cdot \boldsymbol{\Omega}_i^{p \leftarrow c}(\boldsymbol{P} \otimes \boldsymbol{C} \otimes \boldsymbol{S}) \tag{5-15}$$

式中：p,c 为信息物理组合预想故障集 $\boldsymbol{\Phi}$ 中的一个组合故障；p 表示电力故障；c 表示信息故障；N_Δ 为配电系统中的一类负荷节点集合；r_p, r_c 分别为电力故障 p 和信息故障 c 的事件发生概率；$\boldsymbol{\Omega}_i^{p \leftarrow c}(\boldsymbol{P} \otimes \boldsymbol{C} \otimes \boldsymbol{S})$ 表示信息物理组合故障 p,c 在 i 节点上的关联度。

（3）配电信息物理系统一类负荷损失风险。一类负荷作为配电系统中最关键和优先保障的负荷，一旦失电会造成严重的后果。该指标对配一类负荷失电风险进行量化计算，即

$$R_\Delta = \sum_{i \in N_\Delta} P_{i,t} \cdot r_p \cdot r_c \cdot \boldsymbol{\Omega}_i^{p \leftarrow c}(\boldsymbol{P} \otimes \boldsymbol{C} \otimes \boldsymbol{S}) \tag{5-16}$$

式中：p,c 为信息物理组合预想故障集 $\boldsymbol{\Phi}$ 中的一个组合故障；p 表示电力故障；c 表示信息故障；N_Δ 为配电系统中的一类负荷节点集合；r_p, r_c 分别为电力故障 p 和信息故障 c 的事件发生概率；$\boldsymbol{\Omega}_i^{p \leftarrow c}(\boldsymbol{P} \otimes \boldsymbol{C} \otimes \boldsymbol{S})$ 表示信息物理组合故障 p,c 在 i 节点上的关联度。

6．算例分析

（1）算例介绍。选取某地工业区 62 节点算例进行分析。该算例电力侧、信息侧的拓

扑结构分别如图 5-28 与图 5-29 所示。

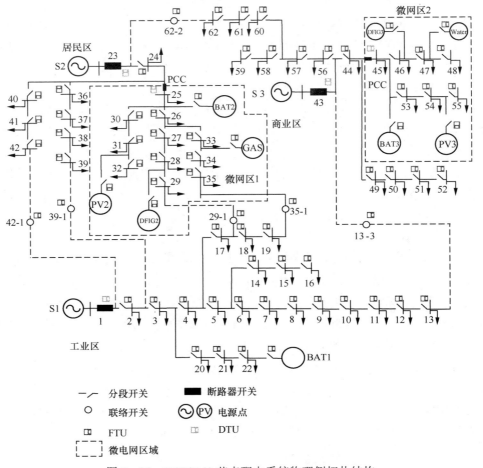

图 5-28   DCPS160 节点配电系统物理侧拓扑结构

物理侧共包含 3 条 10kV 馈线，共计 62 个节点，65 条线路，其中 6 条为联络线路。具体地，S1、S2、S3 为电源点，65-2、45-1、39-1、29-1、35-1、13-3 为联络开关。节点 1~22 为一个工业区子网，节点 23~42 为一个居民区子网，节点 43~62 为一个商业区子网，三个子网通过联络开关相互联系，相互备用。其中 10 节点和 18 节点处为一类负荷。

在通信侧网络中，包含 4 个路由器节点、16 个交换机节点、1 个服务器节点，以及若干终端节点和通信链路。其中，3 个路由器节点分别与相连的 3 个交换机节点共同模拟三个配电子站，与物理侧三个区域对应，另一个路由器节点用于汇集三个子站信息并与控制侧通信。

（2）初始信息物理预想故障集结果。物理预想故障主要考虑线路短路故障。配电网中由于是开环运行，不考虑联络线短路故障，因此本算例共有 59 个电力预想短路故障；信息预想故障主要考虑信息节点失效故障和信息链路失效故障这两种形式，其中信息节点包括终端 FTU、交换机、路由器等。

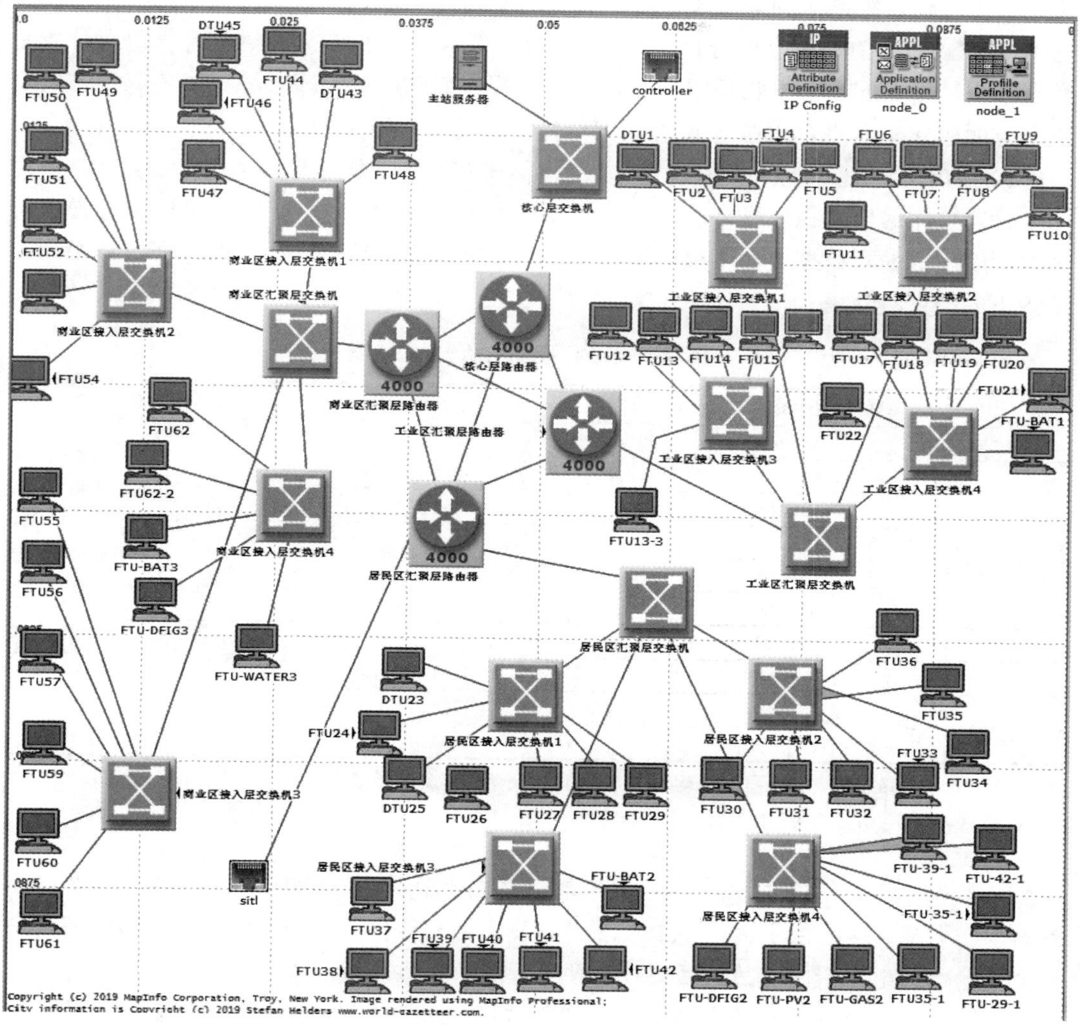

图 5 – 29　DCPS160 节点配电系统通信侧拓扑结构

62 节点算例中，通信节点有 88 个，通信链路有 90 条。配电通信网包括配电子站到主站之间的 SDH 骨干网，以及配电子站到智能终端的 EPON 接入网。考虑到骨干网的可靠性较高，因此本算例主要考虑更易受到信息攻击或发生自然故障的接入网，将信息失效故障的范围设定在智能终端 FTU、与 FTU 直接相连的通信链路以及交换机三种通信设备。因此本算例中，通信信息节点故障有 80 个，信息链路故障有 68 个。若随机一一组合，则共有 59×（80+68）=8732 个信息物理组合预想故障。根据上文提出基于业务相关性的初始预想故障集生成算法，考虑电力短路故障与故障定位、隔离、恢复过程中的通信业务相关性，共可得到具有业务相关性的电力+信息节点组合故障 249 个，电力+信息链路组合故障 154 个。即通过初步的相关性筛选后，可得到 403 个组合预想故障集。

可以看到，通过拓扑相关性和业务相关性的初步故障筛选，可大大减少组合故障集中的故障数量，缩减了问题规模，便于后续的安全分析计算。

（3）配电网 CPS 安全性分析结果。根据不同应用场景的需要，以信息物理组合故障负荷损失功率、配电信息物理组合故障风险指标、配电信息物理系统一类负荷损失风险三个方面建立配电网 CPS 安全性指标评价体系。具体介绍如下：

1）按信息物理组合故障负荷损失功率指标排序筛选。根据上文建立的安全性分析方法，计算得到的信息物理组合故障负荷损失功率见表 5-9。表 5-9 中列出了考虑负荷重要程度造成的负荷损失功率最严重的十个信息物理组合故障，列出的组合故障即为该场景下的严重故障集。

表 5-9   按负荷损失功率筛选出的严重故障集

序号	信息-物理组合故障	组合故障停电后果/kW	故障恢复时间/h
1	A1+B64	3464	1
2	A2+B66	3464	1
3	A3+B66	3464	1
4	A1+C64	3464	1
5	A2+C66	3464	1
6	A3+C66	3464	1
7	A13+B3	3464	1
8	A14+B20	3464	1
9	A13+C3	3464	1
10	A14+C20	3464	1

注：A 表示电力短路故障，B 表示信息节点失效故障，C 表示信息链路失效故障，A、B、C 后的编号为各自的电力线路编号、信息节点编号、信息链路对应的编号。

从表 5-9 中可以看到，在停电后果最严重的十个组合故障中，A1、A2、A3 故障出现的频次很高，这是由于 A1、A2、A3 是与变电站相连接的上游馈线，一旦故障将导致整个配电网失电，造成的故障后果较为严重。此外，该严重故障集中列出的信息故障，会导致控制指令无法下达到联络开关 FTU。这些信息故障与电力故障组合后，导致非故障区域的负荷节点无法通过转供恢复供电，造成严重的故障后果。

2）按信息物理组合故障风险指标排序筛选。从上节算例分析可知，列举出的造成负荷损失功率最大的十个不同的组合故障，其造成的失负荷功率均为 3464kW，这是由于这些组合故障的发生均会导致三个馈线区域中的工业区负荷全部失电，无法进行故障恢复。但是各个组合故障的发生概率是不同的，在一定的运行场景和条件下，某些组合故障的发生概率较高，而某些组合故障出现的概率很低。在考虑故障概率的情形下，虽然某些故障后果较高，但由于故障概率很低，因此故障的风险可能并不高，而某些故障的停电后果虽不大，但由于故障概率很高，该故障的风险值可能很大。综上所述，不考虑故障概率的安全指标无法体现故障的发生风险，有必要考虑信息故障和物理故障发生的概率来对故障风险进行量化计算和分析。

按信息物理组合故障风险指标筛选得到的十个风险最高的组合故障见表 5-10。该故障集即为按故障风险指标筛选出的严重故障集，可以考虑到信息、物理故障风险，对故障的风险以及系统的整体运行风险进行量化分析。

表 5 – 10 按组合故障风险指标筛选出的严重故障集

序号	信息-物理组合故障	组合故障风险值	系统整体风险值
1	A3+C66	49.5352	
2	A23+C66	46.332	
3	A13+B3	45.7248	
4	A3+B66	45.7248	
5	A28+B25	42.768	4933
6	A23+B66	42.768	
7	A28+C25	42.768	
8	A16+C66	42.692	
9	A5+C65	42.328	
10	A13+C3	41.9144	

注：A 表示电力短路故障，B 表示信息节点失效故障，C 表示信息链路失效故障，A、B、C 后的编号为各自的电力线路编号、信息节点编号、信息链路对应的编号。

可以看到，表 5 – 10 中所示的严重组合故障集相比于按确定性指标排序的严重故障集发生了较大的变化。A3+C66 组合故障的风险值最高，而按确定性指标排序最严重的 A1+B64 组合故障则不在本严重故障集中。此外，其他多个组合故障的严重程度排序情况发生了较大变化。因此，考虑信息故障和物理故障发生的概率来对故障风险进行量化是很有必要的，以准确反映组合故障的发生风险，针对风险最高的几个组合故障可提前采取相应的预防控制措施来及时地降低系统运行风险。

3）按一类负荷功率损失风险指标排序筛选。配电网中存在一类负荷、二类负荷、三类负荷等不同重要等级的负荷，不同等级的负荷对供电可靠性的要求不同。其中，一类负荷作为系统中最关键和优先保障的负荷，一旦失电会造成严重的后果，一般不允许其失电。下面对系统一类负荷功率损失风险进行计算和评估，准确反映系统一类负荷的失电风险，为一类负荷保电控制策略提供指标决策依据。

本算例中，9、10、18、28、38、40、42、61、62 节点处为一类负荷。按一类负荷损失风险筛选出的关键故障集见表 5 – 11。

表 5 – 11 按一类负荷损失风险筛选出的关键故障集

序号	信息-物理组合故障	一类负荷损失风险/kW	故障恢复时间/h
1	A23+C66	7.579	1
2	A23+B66	6.996	1
3	A28+B25	6.996	1
4	A28+C25	6.996	1
5	A23+C24	6.149	1

续表

序号	信息-物理组合故障	一类负荷损失风险/kW	故障恢复时间/h
6	A3+C66	6.006	1
7	A23+B76	5.83	1
8	A28+B73	5.83	1
9	A22+B63	5.724	1
10	A34+B63	5.724	1

注：A 表示电力短路故障，B 表示信息节点失效故障，C 表示信息链路失效故障，A、B、C 后的编号为各自的电力线路编号、信息节点编号、信息链路对应的编号。

表 5 – 11 中所列出的组合故障均会导致一类负荷失电，并按造成的一类负荷损失风险给故障后果进行排序。排名越靠前的组合故障，对一类负荷造成的安全风险就越大。

4）对配电网 CPS 安全性影响最大的关键电力和信息元件/设备。针对单个电力或信息元件设备，计算该设备上信息物理故障累加的风险值，并进行排序和筛选，可得到对配电网 CPS 安全性影响最大的 10 个电力线路、10 个通信节点和 10 个通信链路，如图 5 – 30～图 5 – 32 所示。

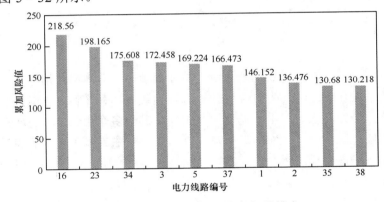

图 5 – 30　电力线路上的累加风险排序

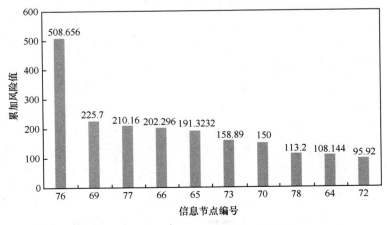

图 5 – 31　通信节点上的累加风险排序

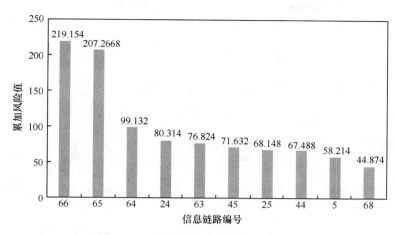

图 5 - 32　通信链路上的累加风险排序

图 5 - 30～图 5 - 32 中这些电力和通信设备是配电系统运行风险最高的设备，对系统运行的安全性影响较大，为系统的关键节点，应予以特别的关注。在一定的场景下，可采取相应的预防控制措施，或对这些关键设备进行巩固和加强。

5.3.3　配电网 CPS 安全性时空防御

配电网可以利用配电系统的实时监测与自动化控制实现安全防御，维护配电网的正常运行。随着信息通信技术的快速发展，配电网 CPS 信息系统和物理系统高度耦合，存在通信自然故障和信息攻击等信息侧风险威胁到物理系统安全运行的可能性，给配电网 CPS 安全防御带来了诸多挑战。此外，智能终端的广泛接入使得配电网中信息来源与控制手段不断丰富，如何对不同状态下的配电网 CPS 利用量测信息合理选择控制方式，制定协同的安全防御策略越发复杂。本小节基于电力 CPS 主动防御理念，结合配电网 CPS 的结构和特征，提出配电网 CPS 信息物理安全防御方案。

1. 配电网 CPS 安全性时空防御框架

配电网 CPS 安全性时空防御框架如图 5 - 33 所示。其中，时空防御框架中的时间是指按故障发生的时序，空间是指跨信息、物理空间。

根据事前、事中和事后等故障发生时序，将配电网 CPS 的安全性控制分为预防控制、紧急控制和恢复控制。控制手段分为信息侧的控制手段和电力侧的控制手段。

预防控制是在故障发生前，根据配电网 CPS 整体的安全状态来采取的预防性的控制措施，实现提前降低故障发生概率或者减轻故障可能造成的损失，从而降低配电网 CPS 的运行风险。信息侧的防御控制手段包括加强薄弱信息节点、优化业务路径等；电力侧的预防控制手段包括调整可控电源出力、可控负荷等配电网运行工况，以及预防性重构等。

紧急控制是在故障发生后，通过紧急控制手段来快速恢复非故障停电区域的供电，同时保证一类负荷尽可能不失电，减小故障停电损失以及对配电系统产生的电压越限风险。信息侧的紧急控制手段包括备用链路的快速切换、光纤环网自愈等；电力侧的紧急控制手段包括对故障区域的定位、隔离，以及通过联络线转供、主动孤岛等方式恢复非故障区域的供电。

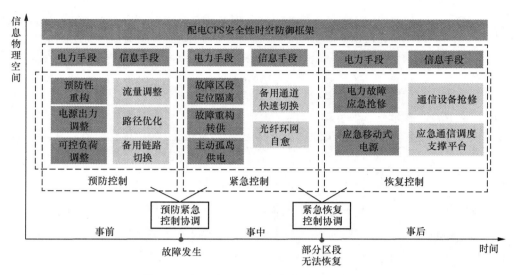

图 5-33 配电网 CPS 安全性时空防御框架

恢复控制是针对采取快速紧急控制措施后，对仍然无法有效恢复供电的区域进行的故障恢复措施。采取紧急控制措施后仍无法恢复供电的情形主要有以下几种：一是位于故障区段，需要进行人工修复故障后才能恢复；二是配电网络的部分区域缺乏有效的转供方法，无法通过联络线转供或采取主动孤岛等方式对其快速恢复供电；三是由于通信故障的影响，导致的故障范围扩大或转供失败。信息侧的恢复控制手段包括通信设备抢修、应急通信车等方式；电力侧的恢复控制手段包括故障抢修、应急移动式电源车等方式。

2. 信息物理协同的配电网 CPS 安全控制方法

为应对配电网 CPS 中可能发生的信息物理组合故障风险，本小节建立信息物理协调的紧急控制和恢复控制数学模型，对故障后电力、通信的紧急和恢复控制过程进行协调。下面对信息物理协同的配电网 CPS 安全控制方法进行详细介绍。

（1）信息物理协同的配电网 CPS 安全控制方法流程。信息、物理组合故障发生后，配电主站收到短路过电流信号，依次执行故障定位、隔离、恢复等馈线自动化业务，尝试对非故障停电区域进行联络线转供，快速恢复其供电。针对通信失效故障，在通信网层面执行备用链路切换的紧急控制措施，尝试快速恢复通信链路的有效连接。但在信息物理组合故障这一场景下，通信故障对配电网的定位、隔离、恢复过程均会产生影响，很可能导致故障定位、隔离不准确，故障范围扩大或导致联络开关接收不到控制命令，非故障区域供电无法正常恢复等。此外，系统本身存在的短路故障区域，无法通过转供恢复。综上所述，针对采取电力信息物理协同的紧急控制措施后，仍无法恢复供电的停电区域，需要采取人工抢修的恢复控制措施。抢修电力侧设备与抢修通信侧设备所需时间不同，在抢修资源有限的情形下，首先抢修电力设备还是抢修通信设备，以及抢修设备的先后顺序均为协调优化的变量。故可建立起紧急和恢复控制协调优化模型，对系统最优的紧急控制策略和恢复控制策略进行求解，最小化故障期间的失负荷量。信息物理协同紧急与恢复控制流程图如图 5-34 所示。

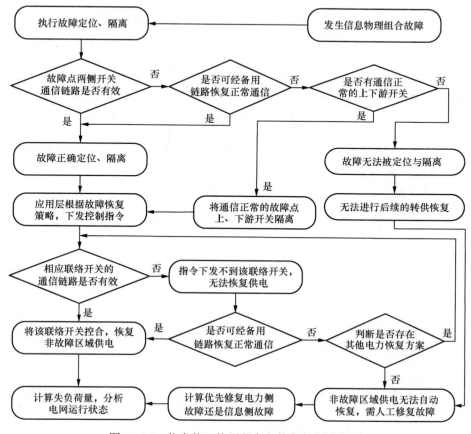

图 5-34　信息物理协同紧急与恢复控制流程图

（2）配电网 CPS 安全控制模型的目标函数。故障恢复的目标函数为最小化故障发生后，故障恢复期间的负荷损失量，包括故障停电区域与非故障停电区域，即

$$\min\ F = \sum_{t=1}^{T}\sum_{i=1}^{N}\omega_i \cdot P_{i,t}^{C} \cdot t_i^{C} \tag{5-17}$$

式中：T 表示故障恢复期间时段间隔的总个数；N 为负荷节点集合；ω_i 为 i 节点上的负荷权重；$P_{i,t}^{C}$ 表示 t 时刻 i 节点上的失电功率；t_i^{C} 为 i 节点负荷恢复的时刻，为优化变量。

（3）约束条件。

1）潮流约束及辐射网络约束。

a．功率平衡约束模型为

$$\sum_{k\in w(j)} z_{jk,t}P_{jk,t} - \sum_{i\in m(j)} z_{ij,t}P_{ij,t} = P_{j,t}^{f} - P_{j,t}^{\text{load}} \tag{5-18}$$

$$\sum_{k \in w(j)} z_{jk,t} Q_{jk,t} - \sum_{i \in m(j)} z_{ij,t} Q_{ij,t} = Q_{j,t}^{f} - Q_{j,t}^{load} \tag{5-19}$$

$$U_{j,t} = U_{i,t} - (r_{ij} P_{ij,t} + x_{ij} Q_{ij,t}) \tag{5-20}$$

式中：$w(j)$ 为以 j 节点为首端节点的支路末端节点集合；$m(j)$ 为以 j 节点为末端节点的支路首端节点集合，$P_{jk,t}$ 与 $Q_{jk,t}$ 分别为 t 时刻从 j 节点流向 k 节点的支路有功功率和无功功率，$z_{jk,t}$ 为支路 jk 上的分段开关 t 时刻的运行状态，闭合状态为 1，断开状态为 0；$P_{ij,t}$ 与 $Q_{ij,t}$ 分别为 t 时刻从 i 节点流向 j 节点的支路有功功率和无功功率；$z_{jk,t}$ 为支路 ij 上的分段开关 t 时刻的运行状态，闭合状态为 1，断开状态为 0，$P_{j,t}^{f}$、$Q_{j,t}^{f}$ 分别为 t 时刻变电站向配电网 j 节点输送的有功功率和无功功率；$P_{j,t}^{load}$、$Q_{j,t}^{load}$ 分别为 t 时刻 j 节点的有功功率和无功功率，r_{ij}、x_{ij} 分别为支路 ij 的电阻和电抗值；$U_{i,t}$ 为 t 时刻 i 节点的节点电压；$U_{j,t}$ 为 t 时刻 j 节点的节点电压。

本模型基于配电网 DistFlow 线性潮流方程建立起上述功率平衡式。

b. 节点电压约束为

$$\underline{U} \leqslant U_{i,t} \leqslant \overline{U} \tag{5-21}$$

式中：$\underline{U}$ 与 $\overline{U}$ 分别为系统安全运行允许的电压下限与电压上限。

c. 支路容量约束

$$P_{ij,t}^{2} + Q_{ij,t}^{2} \leqslant z_{ij,t} S_{ij,max}^{2} \tag{5-22}$$

式中：$S_{ij,max}$ 为支路 ij 上允许通过的最大功率，即线路额定容量。

d. 辐射状网络约束

$$\sum_{i:ij \in B} z_{ij,t} \leqslant 1 \tag{5-23}$$

$$\sum_{ij \in B} z_{ij,t} = N_{n} - N_{f} - N_{out,t} \tag{5-24}$$

配电网在进行故障重构时，要保持辐射状运行。式中，B 表示所有支路的集合；N_{n} 与 N_{f} 分别为系统节点总数与电源根节点总数；$N_{out,t}$ 表示 t 时刻依然存在的短路故障线路数量；$z_{ij,t}$ 表示支路 ij 上的分段开关在 t 时刻的运行状态。其中，式（5-23）表示除电源根节点外，所有节点只有小于或等于一个父节点与其相连；式（5-24）确保了每个生成树有且仅有一个电源为其供电。

2）通信业务紧急控制模型。配电通信网结构主要由骨干网和接入网组成，算例骨干网采用光纤同步数字体系（SDH）光通信技术，接入网采用以太网无源光纤网络（EPON）。配电通信网发生故障后的紧急控制方式设置为备用链路切换的方式。

a. 信息系统故障恢复模型。配电网 CPS 信息侧紧急控制优化的目标为数据上传或指令下发过程中的通信延时最短，则

$$\min D_{p,q} = \sum_{r}^{Nr'} d_{q,r} + \sum_{s}^{Ns'} d_{q,s} \tag{5-51}$$

$$\text{s.t.}\quad C_{p,q}=1 \tag{5-52}$$

$$D_{p,q}<D^{\max} \tag{5-53}$$

$$\begin{aligned} N_r{}' &= N_r + \Delta N_r \\ N_s{}' &= N_s + \Delta N_s \end{aligned} \tag{5-54}$$

式中：$D_{p,q}$ 为第 p 个 IED 到控制中心之间第 q 个通信路径上，信息上传或指令下发过程中的总延时，包括第 q 条通信路径上所有通信节点延时与通信线路延时；$d_{q,r}$、$d_{q,s}$ 分别表示第 q 个通信路径上第 r 个通信节点延时、第 s 个通信线路延时；$N_r{}'$、$N_s{}'$ 分别表示当前状态下可用通信节点、可用通信线路集合；$C_{p,q}$ 表示第 p 个 IED 在信息路径 q 的连通状态；$D^{\max}$ 表示通信网可以允许的最大总延时，若某条通信链路的延时超过此值，则该通信链路的信号无法正常传输，相当于失效；ΔN_r、ΔN_s 分别表示信息失效故障导致的不可用通信节点、通信线路集合。

式（5-52）保证了第 p 个 IED 到控制中心之间第 q 个通信路径为连通状态。式（5-53）保证了该通信链路延时满足网络延时要求。

b. 通信网连通性模型。将 IED、交换机和服务器等信息元件作为信息路径的节点，通信线路作为信息路径的链路，那么第 p 个 IED 在信息路径 q 的连通状态可表示为

$$C_{p,q}=\begin{cases} 0, & \prod\limits_{r=1}^{N_r} S_{q,r}\prod\limits_{s=1}^{N_s} S_{q,s}=0 \\[2mm] 1, & \prod\limits_{r=1}^{N_r} S_{q,r}\prod\limits_{s=1}^{N_s} S_{q,s}=1 \end{cases} \tag{5-55}$$

式中：N_r 和 N_s 分别为信息路径 q 所经过的节点数和链路数；$S_{q,r}$ 和 $S_{q,s}$ 分别为信息路径 q 上节点 r 和链路 s 的状态，1 表示功能正常，0 表示中断。

式（5-55）表示只有信息路径上所有的通信节点和链路都正常，IED 到控制中心的通信路径才能正常连通。

通过上面建立的信息侧备用链路切换优化模型，可以在信息侧发生故障时，得到连通且延时最短的最优备用链路方案，进行信息侧的紧急控制。若通过该恢复模型无法找到满足连通性和延时要求的通信链路，则需要对通信故障的节点或链路采用人工抢修的方式恢复通信网的正常状态。

3）电力故障线路恢复控制模型。电力线路的恢复受人工抢修资源的限制，约束为

$$\sum_{ij\in B}(z_{ij,t}-z_{ij,t-1})\leqslant R_{\mathrm P} \tag{5-56}$$

$$z_{ij,t}-z_{ij,t-1}=0,\quad ij\notin B_{\mathrm{out}} \tag{5-57}$$

式中：$R_{\mathrm P}$ 表示物理系统在某个时段间隔内可投入的最大恢复资源数量；B_{out} 表示故障线路集合。

式（5-56）表示在每个恢复时间间隔内恢复的线路数量不得超过物理系统的恢复资源数量；式（5-57）表示非故障线路的开关状态在整个故障恢复期间不发生变化，均为闭合状态。

电力线路的恢复还受到信息故障恢复状态的影响。若故障线路上下游两侧开关的通信业务存在中断故障，则该线路上两侧的断路器、隔离开关等操作需要人工就地完成，耗费一定的人工操作时间；或者通过人工抢修通信故障的方式修复信息故障，耗费一定的信息故障修复时间，即

$$t_{ij} \geqslant \sum_{t \in T}(1-z_{ij,t})T_{\Delta} + (1-c_{p,t})\Delta T_{L}, \quad p \to ij \quad (5-58)$$

式中：t_{ij} 为线路 ij 的实际恢复时刻（状态由断开变为闭合运行的时刻）；T_{Δ} 为每个恢复时段的间隔；$c_{p,t}$ 为线路 ij 恢复时，上下游两侧开关的通信网状态变量，$c_{p,t}=1$ 表示两端开关的信息系统均已恢复，$c_{p,t}=0$ 则表示至少有 1 个开关的通信尚未恢复；ΔT_{L} 为人工操作开关投运线路所需的时间。

4）信息故障恢复控制模型。信息故障的恢复与电力故障恢复相似，也受到通信抢修资源的限制，约束为

$$\sum_{p \in C_P}(c_{p,t} - c_{p,t-1}) \leqslant R_{C}, \quad p \to ij \quad (5-59)$$

$$c_{p,t} - c_{p,t-1} = 0, \quad p \notin C_{out} \& p \to ij \quad (5-60)$$

式中：R_{C} 表示信息系统在某个时段间隔内可投入的最大恢复资源数量；C_{out} 表示故障通信节点集合。

式（5-59）表示在每个恢复时段间隔内恢复的信息节点数量不得超过通信系统的恢复资源数量；式（5-60）表示非故障通信节点的状态在整个故障恢复期间不发生变化，均为正常状态。信息节点恢复资源 R_{C} 既可设置为修复"物理"故障的通信设备维护队伍，也可设置为修复"软件"故障的软件杀毒工程师队伍。

（4）算例分析。以 DCPS-160 节点算例进行分析。

1）场景 1：验证单重信息物理组合故障下的协同安全控制。

故障场景：9～10 电力线路发生短路故障，工业区交换机 2 发生通信失效故障。

组合故障后的信息物理紧急控制策略：

a. 信息侧的紧急控制：在本算例的通信网结构下，由于工业区交换机 2 失效故障后，配电通信网中没有备用的交换机与通信链路，故该信息故障场景下无法执行备用信息链路切换来快速恢复通信有效连接。该通信故障需要进行人工抢修恢复，需花费一定抢修时间。

b. 电力侧的隔离与转供：断开分段开关 4～5 与分段开关 11～12，对故障进行隔离。随后，根据制定的配电网故障恢复模型得到的恢复策略，闭合联络开关 13～3，对 12、13 节点进行故障恢复。该过程可在故障后快速自动完成。

经过快速紧急控制后，系统重新形成了稳态。随后，执行信息物理协同的恢复控制策略，通过抢修故障的电力线路和通信设备/元件，对采取紧急控制措施后仍无法恢复的负荷进行恢复。

c. 电力侧的恢复控制：在 0min 时刻开始抢修短路故障线路 9～10，需花费 1h。

　　d．信息侧的恢复控制：在 0min 开始抢修电力故障的同时，派出通信维修队伍，抢修故障的工业区交换机 2，需花费 45min。通信网恢复后，在第四个时段开始，现场已知短路故障线路为 9～10 的前提下，主站可下发命令控制开关 8～9、9～10 断开，闭合开关 4～5、10～11，可提前恢复非故障区域的供电。

　　在该故障场景下，配电网仅采用抢修电力故障的方式恢复以及与采用信息物理协同恢复方式的恢复效果对比见表 5－12。

表 5－12　　　　　　　　　　　两种恢复控制方式下的恢复过程对比

恢复时段/min	0～15	15～30	30～45	45～60	60
仅采用电力修复的方式	失电节点：5～11,14～16	失电节点：5～11,14～16	失电节点：5～11,14～16	失电节点：5～11,14～16	负荷全部恢复
信息物理协同恢复方式	失电节点：5～11,14～16	失电节点：5～11,14～16	失电节点：5～11,14～16	失电节点：9	负荷全部恢复

注："0 时刻"指的是采取紧急控制措施（故障定位、隔离、转供恢复）后的起始时刻。

　　配电系统在两种恢复方式情况下的总失负荷量以及一类负荷损失量对比见表 5－13。可以看到，仅采用修复电力故障而不修复信息故障情形下的总失负荷量为 2500kW·h，一类负荷的失负荷量为 320kW·h，而采用信息物理协同恢复方式的系统总失负荷为 1965kW·h，另一类负荷的失负荷量为 270kW·h。采取信息物理协同的恢复方式可加快故障恢复过程，有效减少故障恢复期间的总失负荷量和一类负荷损失量，减小组合故障对配电系统的危害程度。

表 5－13　　　　　　　　　　两种恢复控制方式下的总失负荷量对比　　　　　　　　（单位：kW·h）

恢复方式	恢复期间系统总失负荷（考虑负荷重要程度）量	恢复期间一类负荷损失量
仅采用电力修复的方式	2500	320
信息物理协同恢复方式	1965	270

　　2）场景 2：验证多重信息物理组合故障下的协同安全控制。

　　故障场景：在某恶劣天气灾害场景下，6～7、9～10 两段电力线路发生短路故障，FTU 13～3 以及工业区交换机 2 发生通信失效故障。

　　通过所构建的信息物理协同安全控制模型，计算得到的控制策略如下：

　　a．信息侧的紧急控制：在本算例的通信网结构下，FTU 终端和接入层交换机失效故障后，通信网中没有备用的通信链路，故该信息故障场景下无法执行备用信息链路切换来快速恢复通信有效连接。该通信故障需要进行人工抢修恢复，需额外花费时间。

　　b．电力侧的隔离与转供：断开分段开关 4～5 与分段开关 11～12，对故障进行隔离。随后，根据主站应用层制定的故障恢复策略，配电主站下发控制命令，闭合联络开关 13～3，对 12、13 节点进行故障恢复。但由于 FTU 13～3 存在信息失效故障，控制命令无法下发到该联络开关上，转供恢复失败。此时，系统的停电范围为节点 5～13，以及节点 14～16。

经过快速紧急控制后，系统重新形成了稳态。随后，执行信息物理协同的恢复控制策略，按照一定的抢修顺序，抢修故障的电力线路和通信设备/元件，对采取紧急控制措施后仍无法恢复的负荷进行恢复。

在该故障场景下，配电网采用模型求解的信息物理协同恢复策略与其他恢复策略的对比见表 5－14。其中故障恢复方式共有五种，具体如下。

恢复方式 1：只进行电力侧的恢复控制，先抢修线路 6～7，再抢修线路 9-～10；不进行信息侧的恢复。

恢复方式 2：电力侧先抢修线路 5～6，再抢修线路 9～10；通信侧先抢修工业区交换机 2，再抢修 FTU 13～3。

恢复方式 3：电力侧先抢修线路 9～10，再抢修线路 5～6；通信侧先抢修工业区交换机 2，再抢修 FTU 13～3。

恢复方式 4：电力侧先抢修线路 6～7，在 1h～1h 15min 采用人工操作的方式手动投入联络线路 13～3，最后再抢修线路 9～10。通信侧先抢修工业区交换机 2，再抢修 FTU 13～3。

恢复方式 5（安全控制模型计算出的恢复策略）：在 0～15min 采用人工操作的方式手动投入联络线路 13～3，随后再抢修线路 6～7，最后再抢修线路 9～10。通信侧在 0～45min 先抢修工业区交换机 2，再抢修 FTU 13～3。

表 5－14 五种恢复控制方式下的恢复过程对比（停电节点）

恢复时间	恢复方式 1	恢复方式 2	恢复方式 3	恢复方式 4	恢复方式 5
0～15min	5～16	5～16	5～16	5～16	5～16
15～30min	5～16	5～16	5～16	5～16	5～11、14～16
30～45min	5～16	5～16	5～16	5～16	5～11、14～16
45min～1h	5～16	6～13	6～13	6～13	6～9
1h～75min	5～16	9～13	6～13	9～13	6～9
75～90min	5～16	9～13	6～13	9	9
90～105min	5～16	9	6	9	9
105～2h	5～16	9	6	9	9
2h～2h15min	全部恢复	全部恢复	全部恢复	9	9
135min	—	—	—	全部恢复	全部恢复

注："0 时刻"指的是采取紧急控制措施（故障定位、隔离、转供恢复）后的起始时刻。

配电系统在上述五种恢复方式情况下的总失负荷量以及一类负荷失负荷量的对比结果见表 5－15。可以看到，在多重信息物理故障的场景下，采取提出的信息物理协同的恢复方法依然可有效地减少故障恢复期间的总失负荷量和一类负荷损失量，减小组合故障对配电系统的危害程度。

表 5 - 15　　　　　　　　　五种恢复控制方式下的总失负荷量对比　　　　　（单位：kW·h）

恢复方式	恢复期间系统总失负荷量	恢复期间一类负荷损失量
恢复方式 1	5920	640
恢复方式 2	3915	540
恢复方式 3	3675	480
恢复方式 4	3485	520
恢复方式 5	2620	420

第6章
源网荷储协同控制

　　源网荷储协同控制的一系列技术难题源于其自身结构的灵活变化以及管理理念的创新，自身结构的灵活变化在于允许分布式电源在一定准则基础上自由接入，管理理念的创新在于对接入的分布式电源以及其他分布式资源包括无功电源、联络开关等统筹纳入调度管理系统进行控制，而非传统物理上的简单连接。配电网中大量分布式电源、测控装置产生了大量的信息数据，信息物理融合的配电网发展更进一步描述了配电网中信息流对物理流的影响。如何有效利用信息数据实现复杂设备下的源网荷储协同控制，提升电网运行优化能力与能源利用效率具有重要研究意义。

　　本章针对分布式电源大规模并网的情况，实现对分布式电源的有序控制，提出源网荷储协同控制体系，提出馈线控制误差指标，对由间歇式能源与负荷产生的实时功率波动进行偏差跟踪，这种控制方式实现了与长时间尺度全局优化目标的协调配合，并且存在多种区域控制模式，能够适应配电网不同场景的需要。在区域协同控制方法的基础上，提出了基于竞标机制的配电网区域协调控制方法，实时修正控制方程中的协调系数，实现在全局优化目标的基础上对实时功率波动的最优分担，最后对全局运行决策系统与协同交互控制器的实现进行了分析。

6.1　协同控制信息流特征分析

　　根据前文对分布式电源有功消纳模式的分析，配电网在系统一次侧从点、线、面三个级别消纳间歇式能源，且消纳能力逐级增大。通过系统二次侧的信息流和控制流调节系统一次侧的潮流分布，实现多级分层消纳。由于接入配电网的可控资源种类较多，有储能电池、燃气轮机、网络联络开关以及一些可控负荷，而且不同配电网中接入的数量级有所区别，因此相应的控制策略会有所差异。

　　5.2 中对配电网的信息物理协同优化控制进行了分析，采取了协同交互控制框架，实现区域内自治-区域间交互-全局协调的协同交互控制，其控制对象包括分布式电源、储能系统、柔性复杂及配电网开关等，综合统筹各类型资源以实现配电网源网荷储协同。

　　源网荷储协同控制信息流如图 6-1 所示，监视需求主要包括对配电网潮流及其他需要界面展示终端的信息交互，以助于调度员通过全局运行决策系统掌握配电网的运行状态，对异常情况做出及时反应。为了更方便、快捷地了解配电网实时运行状态，以区域为单位进行区域实时态势感知，作为区域控制的数据基础。此处设定全局层管理系统为全局运行决策系统，区域层控制设备为协同交互控制器，就地层控制设备为分布式电源控制管理单元。

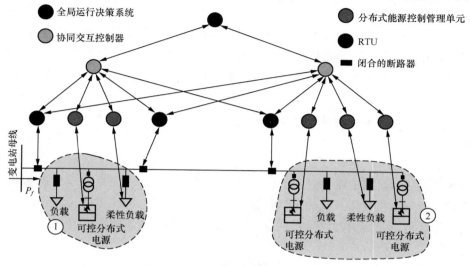

图 6-1　源网荷储协同控制信息流

配电网自顶向下的信息流为全局运行决策系统向协同交互控制器下发控制指标和控制目标值，协同交互控制器根据指令完成动态组网的逻辑过程，进一步下发控制命令至分布式电源控制管理单元，由分布式电源控制管理单元控制相关的可控设备执行指令。每个自治区域配有一个协同交互控制器，每个协同交互控制器下面有若干个分布式电源控制管理单元。

配电网中接入了规模化的间歇式能源和可控分布式电源，由于间歇式能源功率具有间歇性、波动性的特点，如不对其产生的潮流变化进行合理管控，将限制其并网运行。因此，为了提高配电网整体对间歇式能源的消纳能力，需要对可控分布式电源、网络潮流及网络联络开关进行协调控制。传统的微电网或者独立间歇式能源的控制一般都是局限在小范围内的协调控制，无法完成一条馈线上的多个可控分布式电源甚至是多条馈线间的协调控制。集中式控制对通信要求高，可靠性差；单层分布式控制对多个区域的协调能力不足；分层控制方法既可以令配电网运行在较优的状态，取得良好的经济效益，又兼顾间歇式能源的出力波动，实时消纳其出力，因此采用了区域内自治-区域间交互-全局协调的三层协同交互控制技术。

6.2　区域感知及协同控制方法

6.2.1　区域态势感知

面对配电网中的海量在线监测数据，基于高预测精度的间歇式能源出力与负荷预测的配电网态势感知技术是实现源网荷储协同控制的基础，它从海量数据中提取有用信息，对配电网当前运行状态进行实时跟踪、预警与控制。目前态势感知技术主要关注于电网运行预警可视化与信息安全方面，对于电网运行控制的研究相对较少。

1. 区域态势指标

配电网中分布式电源种类、数量众多，产生的运行数据繁多，由全局运行决策系统进行在线监控将对通信网络造成巨大的压力。因此可以采取分层分区的方式，实现配电网上层全局运行决策系统与下层协同交互控制器的联动。协同交互控制器对区域内分布式电源与负荷进行监控，并将产生的电气量进行合成与筛选，形成表征区域运行状态的指标，与全局运行决策系统进行交互。

根据 5.2 节中的配电网区域划分原则，区域的边界是由可控的分段开关或联络开关构成的，实际情况中可远动控制的开关一般配备有计量装置，用于采集该节点的电气数据，因此可以认为区域的两个端口的电气数据是可以获得的。而目前分布式电源本身就具有计量功能，可将其接入点的电气数据进行采集并上送，因此可以认为分布式电源处的电气数据是可以获得的。以下根据这一情况提出几个区域态势指标以供后续优化控制使用。

（1）区域交换功率指标。针对配电网功率流向灵活多变的特点，以区域为单位进行潮流流向分析，首先实时监测配电网区域交换功率指标，见式（6-1），对区域状态进行实时评估。

$$P_{area}(t) = P_{area\text{-}in}(t) - P_{area\text{-}out}(t) \tag{6-1}$$

式中：$P_{area}(t)$ 为区域 t 时刻的交换功率；$P_{area\text{-}in}(t)$ 为区域 t 时刻流入功率值；$P_{area\text{-}out}(t)$ 为区域 t 时刻流出功率值。区域实时交换功率监测有助于及时了解配电网中功率的走向，对可能出现的大面积功率倒送做出提前预防。

（2）控制指标。在配电网协同交互控制策略中，全局运行决策系统每隔一段固定时间，根据电网当前以及预测状态计算全局优化目标值，并分解后向各个控制区域下发局部目标值，控制区域根据特定的控制策略，实时响应外界扰动，协同控制区域内部的分布式能源（主要为可控分布式电源类设备与储能设备），从而在保证对光伏与风力出力部分完全消纳的前提下，使得各自控制区域与全局目标之间的差距尽可能减小，从而使整个系统的运行更加趋近于全局目标优化值。

此处提出馈线控制误差（feeder control error，FCE）态势指标［见式（6-2）］，作为单个控制区域 i 控制的目标函数。

$$P_{FCEi} = k_i \cdot \Delta P_F + \Delta P_{area-i} = 0 \tag{6-2}$$

式中：P_{FCEi} 为区域 i 的 FCE 值；k_i 为自治区域 i 参与所在馈线的协调系数；ΔP_F 为实际馈线出口功率与其目标值的差值，可表示为 $\Delta P_F = P_F - P_F^{opt}$，其中 P_F 为馈线当前时刻的出口功率（由母线流入馈线为正），P_F^{opt} 为馈线出口功率的目标值；ΔP_{area-i} 为自治区域 i 功率实际交换值与其优化目标值的差值，可表示为 $\Delta P_{area-i} = P_{area-i} - P_{area-i}^{opt}$，其中 P_{area-i} 为控制区域 i 当前时刻交换功率的实际值，P_{area-i}^{opt} 为控制区域 i 交换功率的目标值。

k_i、P_F^{opt} 和 P_{area-i}^{opt} 都是经全局优化算法计算后得到的目标值，由全局运行决策系统每隔一段固定时间计算后进行下发，协同交互控制器收到三个目标值后进行同时更新。

（3）区域消纳能力指标。此处提出区域消纳能力指标对配电网区域进行综合态势评估与预测。通过对整个区域内所包含元素进行区域消纳能力计算评估区域内功率调节情况。

$$P_c(t) = \sum_{i \in F_{Load}} P_i(t) + \omega \cdot \sum_{j \in F_{ESS}} P_j^{charge,max} + \sum_{k \in F_{DG}} P_k^{out}(t) - \sum_{l = F_{init}} P_l^{out}(t) \quad (6-3)$$

$$\omega = \begin{cases} 0 & \int_0^t SOC d\tau \geqslant SOC_{max} \\ 1 & \int_0^t SOC d\tau < SOC_{max} \end{cases} \quad (6-4)$$

式中：$P_c(t)$ 为区域 t 时刻的消纳能力；F_{load} 为区域内负荷集合；$P_i(t)$ 为第 i 个负荷 t 时刻所需功率，包括将可控负荷设置为最大；F_{ESS} 为区域内储能集合；$P_j^{charge,max}$ 为第 j 个储能最大充电功率；ω 为储能的状态因子，用于判断储能 SOC 是否越限；F_{DG} 为区域内分布式电源集合；$P_k^{out}(t)$ 为第 k 个分布式电源 t 时刻的输出功率；F_{init} 为区域内间歇式能源集合；$P_l^{out}(t)$ 为第 l 个间歇式能源 t 时刻的实时出力。

区域消纳能力指标的态势监测有助于人们了解当前区域对自身区域内功率的掌控能力，从而可以为后续控制指标生成提供特性基础。对相同对象采用预测方法即可知晓未来一段时间内区域的消纳能力态势，从而对后续相应状态进行提前应对，有助于实现配电网的最优控制。

2．基于预测结果的态势指标感知

区域态势指标感知同样分包全局与区域两个层面，全局层面的态势指标感知是由配电网全局运行决策系统完成的，根据已有的日前预测信息，判断未来每个断面下各设备的运行状态，做出全局优化，并进一步根据初始区域的超短期预测进行区域状态评估，据此划定配电网区域的具体范围，每个自治区域的边界如 5.2 节所述。

区域层面的态势指标感知是由协同交互控制器完成的，将以秒级的时间尺度进行，以超短期预测得到的未来一段时间本区域的计算结果，判断未来潮流的走向，并及时将结果反馈给配电网全局运行决策系统，实现配电网点、线、面不同控制模式的自动切换。因此区域态势指标涉及了全网两种时间尺度的优化计算，但两者使用设备不同，其流程图如图 6-2 所示。

态势指标两种时间尺度的计算均涉及风力发电机组出力预测、光伏出力预测和负荷预测，其他设备如水电、储能、冷热电三联供等，在全局优化中均已形成计划曲线，而在协同交互控制器的局部区域自治中则将按照最大功率计算消纳能力。

配电网全局运行决策系统选取适当的短期预测方法对全网断面状态进行评估，其预测对象不必精细到每个分布式电源或负荷，只需形成对可控开关范围内态势指标的日前预测曲线并进行区域划分即可。而协同交互控制器的预测则是对区域范围内各设备的超短期预测，精度要求更高、预测范围更小、变量更少，其结果用于区域自治中消纳模式的切换及动态组网。

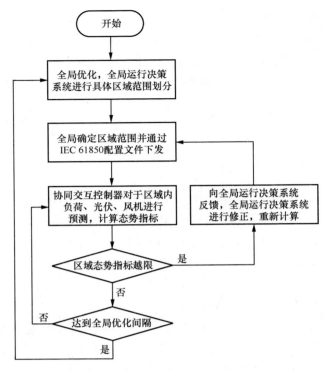

图 6－2　配电网态势指标流程图

（1）区域范围感知方法。按照前文所述，配电网区域必须在两个具有量测信息的可控开关间隔内，或单个具有量测信息的可控开关至线路末端。在具体应用中，由于目前配电网分布式电源渗透率较低，并非每个区域中均有可控分布式电源可供调节，因此实际配置协同交互控制器时，可以根据区域内是否包含可控设备以决定是否配置控制器。

在配电网控制逻辑中，协同交互控制器是根据最小的区域划分单元配置的，而实际中配电网全局运行决策系统会根据当前的实际运行状态进行动态的区域划分。一般可以把自治区域认为是一个单独的子系统，区域的外部结构中，功率输入区域的部分可以认为是虚拟电源，功率流出区域的部分可以认为是等效负荷。以图 6－3 中一个具体区域外部等效示意图为例。

传统的调度平台，进行日前计划安排往往是一天 24 个点或者 96 个点，换言之，一个调度周期的时长为 15min 或 1h，而光伏、风力发电机组等间歇式能源的波动均为秒级，当出现较大的功率波动时，自治区域可能出现无法完成全局下发的控制目标的情况。这时自治区域虽然可以要求全局运行决策系统重新进行优化计算后再下发新的控制目标，但全局优化算法由于较为复杂、控制变量也较多，从而导致计算时间过长，重新计算的这段时间内，自治区域将偏离计划目标导致经济性下降。

按照开关位置划分的最小区域中，可能出现以下两种情况：

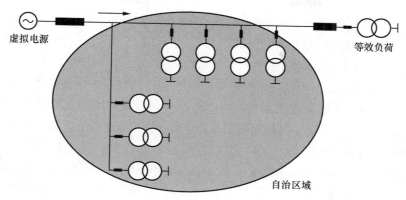

图 6-3　区域外部等效示意图

1）区域中可控分布式电源较为集中，波动因素较少，区域拥有较为充足的功率可调裕度。

2）区域中负荷、间歇式能源数量较多，可控分布式电源数量较少，可以提供的功率调节裕度较低。

在配电网全局运行决策系统一开始划分具体区域范围时即可根据各区域内具体设备或区域两端开关上送的电气量进行未来 15min 或 1h 的超短期预测，第一次判断（第二次判断将由区域内协同交互控制器实时监控）单个区域是否能满足优化目标，如判断某区域实时控制中可能出现无法完成目标的情况，区域拓层示意图如图 6-4 所示，这时可以将相邻区域中功率可调裕度较大的区域引进该区域，形成扩展后的较大区域，此时合并后大区域的控制由原区域协同交互控制器进行，具体配置方法参见 5.2 节。通过吸收临近区域，仍可以将功率波动产生的影响限定在尽量小的范围内，而除去合并的区域，其他区域均不受影响。

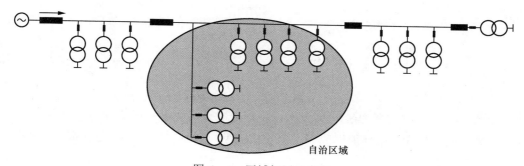

图 6-4　区域拓展示意图

（2）基于 IEC 61850 的区域配置。配电网全局运行决策系统形成具体的区域划分后，需要将结果下发给各协同交互控制器，以配置其具体控制范围和对象。当需要将两个基本区域进行扩展合并时，其中一个协同交互控制器将被作为备用，并不进行实际控制，而另一个协同交互控制器的控制对象将被配置为两个区域中所包含的可控对象。具体配置方法将由配电网全局运行决策系统形成 IEC 61850 配置文件进行下发，而协同交互控

153

制器则根据 IEC 61850 进行建模并解析接收到的配置文件进行区域控制对象的转变与控制目标的设定，实现短时间尺度的区域自治。

IEC 61850-6 定义了一种专用的变电站配置描述语言 SCL，IEC 61850 的层次结构可以由 SCL 方便的表达，SCL 可以规范地对整个变电站及 IED 设备进行描述，而协同交互控制器对全局运行决策系统来说就是一个 IED。配置文件就是利用 SCL 语言对变电站设备的规范描述，用于在站内各设备交换配置信息，使得不同厂家的设备之间可以实现信息的交互，而不需要具体的配点等操作。所涉及的主要为 SCD 文件，其中完整的 SCD 文件包括 5 部分，分别为<Header>、<Substation>、<Communication>、<IED>和<DataTypeTemplates>。图 6-5 所示为一 SCD 文件实例，其中包括 6 个 IED，而整个电网的拓扑关系描述在<SUBSTATION>中。

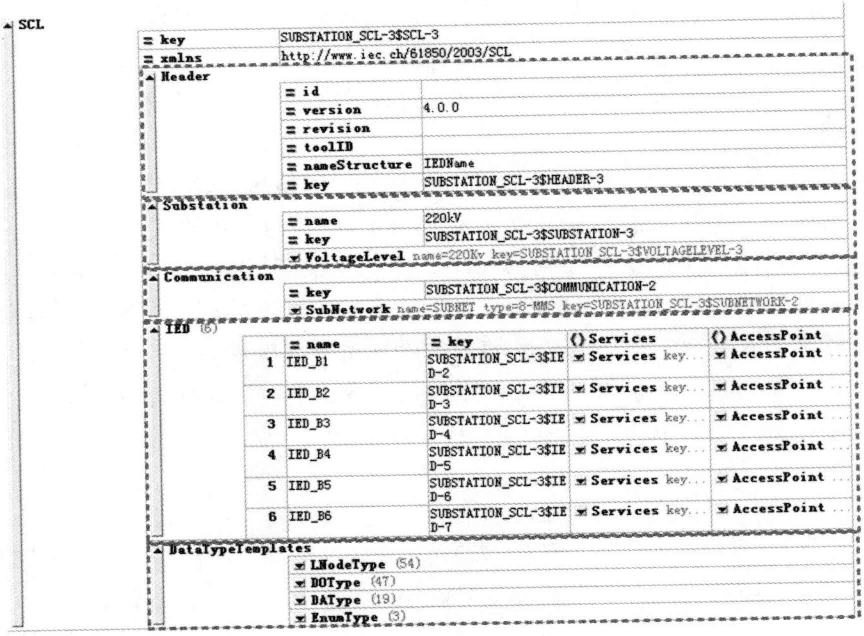

图 6-5　SCD 文件实例

以图 6-6 所示的单馈线配电网为例，根据分段开关位置将馈线分为 4 个自治区域，其中自治区域 1 包含 1 个储能电池和 1 个光伏机组，自治区域 2~4 均包含数量不等的分布式电源。

SCD 文件包含对区域中所涉及的控制设备的具体信息，如图 6-7 所示，自治区域 1 的配置信息中包含其中的光伏机组和储能电池，每个分布式电源的配置信息中也会明确自己属于哪个协同交互控制器管辖。因此，配电网全局运行决策系统通过下发 SCD 文件可以在全局优化的基础上将区域范围动态配置。

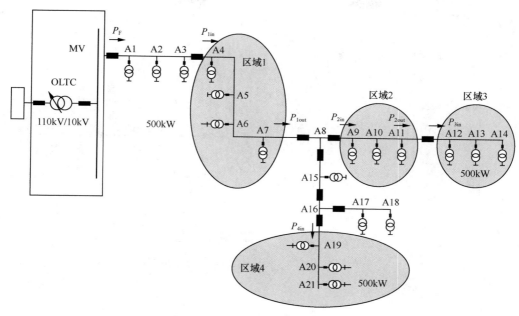

图 6-6　单馈线配电网拓扑连接

```
<Line name="Line1">
    <ADNSelfControlArea mRID="ADNSelfControlArea1" name="ADNSelfControlArea1">
        <DERPlant mRID="PVPlant1" name="PVPlant1" type="PV" iedname="ADN_SC1">
            <ConductingEquipment mRID="Inverter1" name="Inverter1" type="INV">
                <Terminal mRID="T25" name="T25" connectivityNode="Line1/ADNSelfControlArea1/PVPlant1/CN11"/>
                <Terminal mRID="T26" name="T26" connectivityNode="Line1/ADNSelfControlArea1/PVPlant1/CN12"/>
            </ConductingEquipment>
            <ConductingEquipment mRID="DCSwitch1" name="DCSwitch1" type="DSW">
                <LNode mRID="LNode1" iedname="IED1" ldInst="LD1" lnClass="XSWI" lnType="XSWI_0" lnInst="1"/>
                <Terminal mRID="T27" name="T27" connectivityNode="Line1/ADNSelfControlArea1/PVPlant1/CN12"/>
                <Terminal mRID="T28" name="T28" connectivityNode="Line1/ADNSelfControlArea1/PVPlant1/CN13"/>
            </ConductingEquipment>
            <ConductingEquipment mRID="DCFuse1" name="DCFuse1" type="DFU">
                <Terminal mRID="T29" name="T29" connectivityNode="Line1/ADNSelfControlArea1/PVPlant1/CN13"/>
                <Terminal mRID="T30" name="T30" connectivityNode="Line1/ADNSelfControlArea1/PVPlant1/CN14"/>
            </ConductingEquipment>
            <ConductingEquipment mRID="PVArray1" name="PVArray1" type="PVA">
                <Terminal mRID="T31" name="T31" connectivityNode="Line1/ADNSelfControlArea1/PVPlant1/CN14"/>
            </ConductingEquipment>
        </DERPlant>
        <DERPlant mRID="BESPlant1" name="BESPlant1" type="BES" iedname="ADN_SC1">
    </ADNSelfControlArea>
    <ADNSelfControlArea mRID="ADNSelfControlArea2" name="ADNSelfControlArea2">
        <DERPlant mRID="BESPlant2" name="BESPlant2" type="BES" iedname="ADN_SC2">
    </ADNSelfControlArea>
    <ADNSelfControlArea mRID="ADNSelfControlArea3" name="ADNSelfControlArea3">
        <DERPlant mRID="WTPlant1" name="WTPlant1" type="WT" iedname="ADN_SC3">
        <DERPlant mRID="BESPlant3" name="BESPlant3" type="BES" iedname="ADN_SC3">
    </ADNSelfControlArea>
    <ADNSelfControlArea mRID="ADNSelfControlArea4" name="ADNSelfControlArea4">
        <DERPlant mRID="WTPlant2" name="WTPlant2" type="WT" iedname="ADN_SC4">
        <DERPlant mRID="BESPlant4" name="BESPlant4" type="BES" iedname="ADN_SC4">
        <DERPlant mRID="MTPlant1" name="MTPlant1" type="MT" iedname="ADN_SC4">
    </ADNSelfControlArea>
</Line>
```

图 6-7　区域配置 SCD 文件

当某次优化中将图 6-8（a）中区域 2 与区域 3 合并时，合并后需修改 SCD 文件，其中原自治区域 3 下的储能电池和风力发电机组并入自治区域 2，交由自治区域 2 的协同交互控制器管理，而原自治区域 3 的协同交互控制器则处于闭锁状态，以免干扰原控制设备的运行。相应修改后的 SCD 配置文件如图 6-8（b）所示。

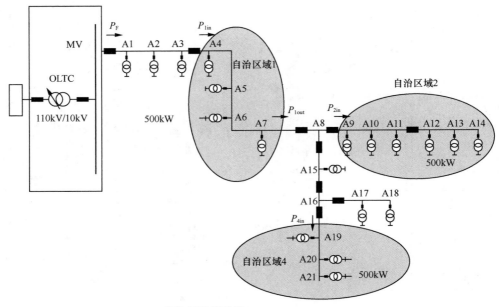

(a) 修改后的拓扑连接

```
<Line name="Line1">
    <ADNSelfControlArea mRID="ADNSelfControlArea1" name="ADNSelfControlArea1">
        <DERPlant mRID="PVPlant1" name="PVPlant1" type="PV" iedname="ADN_SC1">
        <DERPlant mRID="BESPlant1" name="BESPlant1" type="BES" iedname="ADN_SC1">
    </ADNSelfControlArea>
    <ADNSelfControlArea mRID="ADNSelfControlArea2" name="ADNSelfControlArea2">
        <DERPlant mRID="BESPlant2" name="BESPlant2" type="BES" iedname="ADN_SC2">
        <DERPlant mRID="WTPlant1" name="WTPlant1" type="WT" iedname="ADN_SC2">
        <DERPlant mRID="BESPlant3" name="BESPlant3" type="BES" iedname="ADN_SC2">
    </ADNSelfControlArea>
    <ADNSelfControlArea mRID="ADNSelfControlArea3" name="ADNSelfControlArea3">
    </ADNSelfControlArea>
    <ADNSelfControlArea mRID="ADNSelfControlArea4" name="ADNSelfControlArea4">
        <DERPlant mRID="WTPlant2" name="WTPlant2" type="WT" iedname="ADN_SC4">
        <DERPlant mRID="BESPlant4" name="BESPlant4" type="BES" iedname="ADN_SC4">
        <DERPlant mRID="MTPlant1" name="MTPlant1" type="MT" iedname="ADN_SC4">
    </ADNSelfControlArea>
</Line>
```

(b) 修改后的SCD配置文件

图 6-8 区域范围修改后的拓扑连接和 SCD 配置文件

在每次下发 SCD 配置文件前，需要对区域范围进行校验，主要检验内容包括：

（1）配置信息是否包含边界开关内所有的可控设备。

（2）是否出现可控分布式电源归属不清的问题，即单个可控分布式电源出现在两个区域的配置中或没有属于任一区域。

（3）区域内部的连通性校验。具体检验手段通过比对 SCD 文件中区域配置信息以及 <Substation> 中拓扑的连接关系实现。

6.2.2 区域协同控制模式

前述对控制指标 FCE 进行了初步的定义，根据不同应用场景可以演变出 3 种不同的控制模式，以下将详细介绍 3 种控制模式的控制方程及其推导过程。

1．馈线定交换功率模式

当全局不关心馈线内功率的具体流向，而只关心各条馈线的交换功率时，控制指标可以不考虑区域交换功率偏差，转化为式（6-5）所示形式。

$$P_{\text{FCE}i} = k_i \cdot \Delta P_\text{F} = 0 \tag{6-5}$$

此时区域内的分布式电源、储能的出力变化与控制区域交换功率不再有联系，而完全根据馈线交换功率的变化而变化，各区域协调完成对馈线交换功率与优化目标之间偏差的消纳，因此 $\sum k_i = 1$，确保配电网与外界交换功率保持不变。该模式下，配电网相对于外部电网为一个恒定负荷，对外部电网冲击很小。但全局优化目标中对区域的优化部分在此无法体现，因而此模式仅适用于分布式电源渗透率较低的场合。

2．区域独立自治模式

当配电网划分为多个控制区域后，各控制区域内部均包含可控的对象，例如，储能系统，此时各控制区域拥有了独立自治的能力，与微电网控制模式类似。因此可考虑去除馈线交换功率偏差部分，此时控制指标公式可转化为

$$P_{\text{FCE}i} = \Delta P_{\text{area}-i} = 0 \tag{6-6}$$

该模式下控制区域处于完全自治的状态，从全局运行决策系统接收区域交换功率目标值后，协同交互控制器不再需要采集馈线实际交换功率值，只当区域内出现负荷或者分布式电源出力波动时，其区域交换功率与目标值偏差将由区域自身承担消纳。当 FCE 值小于 0 时，则减小分布式电源出力调节 FCE 值至 0；反之，FCE 值大于 0，则增加分布式电源出力调节 FCE 值至 0。

这样对于某区域内的计划外功率波动，由区域自身完成消纳，对其他区域不产生影响，因此可以将电网功率波动控制在尽量小的范围内。而对于区域外发生的计划外负荷波动等，各自治区域不受影响，变电站母线将全部承担这些波动。这种控制模式下，各区域内部都相对稳定，相互之间无影响，适合网络结构复杂、自治区域多，并且外电网支撑作用可靠的场合。

3．区域协同自治模式

配电网的优化控制不仅需要考虑馈线与外电网的交换功率，也要兼顾自治区域的交换功率，两者综合考虑的模式称为区域协同自治模式。该模式下，当发生功率波动时，各自治区域根据下发的功率协调系数，共同平衡这些计划外的负荷变化。这里分两种情况说明，即负荷波动发生在自治区域外和负荷波动发生在自治区域内。

假定功率波动为 ΔP，忽略线损的影响，对于负荷波动发生在自治区域外的情况，满足

$$\Delta P = \Delta P_\text{F} - \sum_{i \in N} \Delta P_{\text{area}-i} \tag{6-7}$$

式中：N 为所有自治区域的集合。

当区域协同控制完成后，$P_{\text{FCE}i} = 0$，即 $\Delta P_{\text{area}-i} = -k_i \cdot \Delta P_\text{F}$，由此可以推得

$$\Delta P_{\mathrm{F}} = \Delta P \Bigg/ \left(1 + \sum_{i \in N} k_i \right) \tag{6-8}$$

$$\Delta P_{\mathrm{area}-k} = -\frac{k_k \cdot \Delta P}{1 + \sum\limits_{i \in N} k_i} \quad (k \in N) \tag{6-9}$$

式中，$\Delta P_{\mathrm{area}-k}$ 中的负号代表区域交换功率减小，即区域内分布式电源出力增加。

当非自治区域发生功率扰动 $\Delta P > 0$（或 $\Delta P < 0$）时，为满足功率平衡，馈线交换功率增大（或减小）ΔP，使得各自治区域的 FCE 值大于（小于）0，各自治区域根据 FCE 值增大（或减小）区域内分布式电源出力，使 ΔP_{F} 逐渐减小（或增大），直到各自治区域满足 $P_{\mathrm{FCE}i} = 0$，最终功率扰动由变电站母线和所有自治区域共同承担，分担比例为 $1 \Big/ \left(1 + \sum\limits_{i \in N} k_i \right)$ 和 $k_k \Big/ \left(1 + \sum\limits_{i \in N} k_i \right)(k \in N)$。

对于负荷波动发生在自治区域内的情况，假设功率扰动发生在某个自治区域 j 内，则满足

$$\Delta P = \Delta P_{\mathrm{F}} - \sum_{i \in N, i \neq j} \Delta P_{\mathrm{area}-i} - \Delta P'_{\mathrm{area}-j} \tag{6-10}$$

式中：$\Delta P'_{\mathrm{area}-j}$ 为由分布式电源引起自治区域 j 交换功率偏差变化的部分，$\Delta P'_{\mathrm{area}-j} = \Delta P_{\mathrm{area}-j} - \Delta P$，因此满足

$$\Delta P_{\mathrm{area}-j} = \Delta P_{\mathrm{F}} - \sum_{i \in N, i \neq j} \Delta P_{\mathrm{area}-i} \tag{6-11}$$

又因为各自治区域调节完成后 $P_{\mathrm{FCE}i} = 0(i \in N)$，所以满足

$$\Delta P_{\mathrm{area}-i} = -k_i \cdot \Delta P_{\mathrm{F}}(i \in N) \tag{6-12}$$

结合前述公式，得到

$$\left(1 + \sum_{i \in N} k_i \right) \cdot \Delta P_{\mathrm{F}} = 0 \tag{6-13}$$

而 $k_i \geqslant 0(i \in N)$，所以得到 $\Delta P_{\mathrm{F}} = 0$，由此可得

$$\Delta P_{\mathrm{area}-i} = 0(i \in N) \tag{6-14}$$

因此，当区域协同自治模式发生自治区域内功率扰动时，其控制效果与区域独立自治模式相同，即发生在自治区域内部的功率扰动由各自治区域独立响应。

以上几种模式中，如果某一区域 i 无法完成此时段下发的优化目标，即分布式电源已调节至其限定值，则未完成的调节任务由其他自治区域按照调节系数的比例进行调节。如果达到功率调节限值的自治区域集合为 G，则有

$$\Delta P_{\mathrm{F}} = \left(\Delta P + \sum_{j \in G} \Delta P_{\mathrm{area}-j} \right) \Bigg/ \left(1 + \sum_{i \in N, i \notin G} k_i \right) \tag{6-15}$$

未达限值区域承担的功率调节量为

$$\Delta P_{\text{area}-k} = -\frac{k_k \cdot \left(\Delta P + \sum\limits_{j \in G} \Delta P_{\text{area}-j} \right)}{1 + \sum\limits_{i \in N, i \notin G} k_i} \qquad (k \in N, k \notin G) \tag{6-16}$$

以上分析均只针对单条馈线进行阐述，而实际应用中，将馈线交换功率替换为馈线所在母线的交换功率，即可实现同一母线下多条馈线上的区域协同控制。

6.2.3 基于竞标机制的区域协调控制方法

对于光伏、风力发电机组这类间歇性较强的能源来说，功率输出的波动处于秒级，而全局优化对于协同交互控制器控制参数的设定间隔仍旧是 15min，将难以实现对实时功率波动的最优跟踪。本节内容在控制模式的基础上进一步提出基于竞标机制的配电网区域协调控制方法，通过修正控制指标（FCE）方程中的协调系数改变不同区域对功率波动的分担比例，引入多竞标因子机制，以区域和馈线出口（外部电网）为竞标者，实现对配电网实时功率波动的最优分担。

1. 区域控制运行分析

当区域控制处于区域协同自治模式时，区域内波动将由该控制区域内可控分布式电源类设备、储能设备进行出力调整，从而使得区域交换功率不变；而对于区域外功率波动，则由馈线出口（外部电网）与馈线上所有区域共同承担该波动，承担比例为

$$\Delta P_{\text{F}} = \Delta P \Big/ \left(1 + \sum\limits_{i \in N} k_i \right) \tag{6-17}$$

$$\Delta P_{\text{area}-k} = -\frac{k_k \cdot \Delta P}{1 + \sum\limits_{i \in N} k_i} \quad (k \in N) \tag{6-18}$$

当某一区域分布式电源出力到达限值，或储能荷电状态越限而无法调节其波动时，这部分波动将会转变为区域外波动由剩余区域与馈线出口仍按照式(6-17)和式(6-18)的比例承担。

配电网各区域中所包含负荷、间歇式能源种类不同，特性也可能存在差异，如工业负荷与居民负荷之间用电习惯存在较大差异，居民负荷之间由于生活习惯或工作时段不同，也可能导致用电习惯的差异。根据区域协同控制原理，这可能引起馈线上各可控分布式电源类设备的运行状态发生不同的变化趋势。然而，在配电网分层分区控制方法中，全局优化对于分布式电源、储能出力控制周期为 15min，但由于区域 FCE 控制使得分布式电源、储能实际出力相对于这 15min 内的计划值存在偏差。根据当前分布式电源、储能出力与全局运行决策系统设定的出力计划曲线值之间的偏差，将分布式电源划分为三个运行状态：

（1）优化状态 S0，即当前分布式电源按照计划曲线值进行出力。

（2）正向偏差状态 S+，即当前分布式电源出力大于计划曲线值。

（3）负向偏差状态 S-，即当前分布式电源出力小于计划曲线值。以储能系统为例，其出力受自身的 SOC 状态影响，出力持续与计划曲线偏离可能导致后续计划无法顺利执行。因此单纯的考虑优化点跟踪全局优化目标可能会影响电网全局长时间尺度的优化结果，从而导致后续系统与最优状态更大的偏差。

2. 竞标机制在配电网区域控制中的应用

根据以上分析可知，区域协同控制中固定的区域协调系数与分配系数，可能导致各区域对功率波动的承担处于次优状态，而通过对各区域的协调系数与分配系数进行合理设置，可以实现配电网在全局优化结果基础上，对实时波动的承担处于最优状态。

多区域参与竞标的情况下，需要衡量各区域提供的竞标数据，选取符合优化方向的竞标者，因此此处选取了影响优化方向的 3 个因子，即价格因子、偏差耐受因子和最优距离因子，其中价格因子对区域消纳偏差中的经济性进行评价，当需要降低出力时，价格因子较高的分布式电源应首先降低；而当需要增加出力时，价格因子较低的分布式电源将更有优势；偏差耐受因子描述分布式电源后续运行受当前状态的影响程度，储能系统出力受 SOC 状态影响，因此偏差耐受因子相对较低，而微型燃气轮机偏差耐受因子则相对较高；最优距离因子是对分布式电源运行状态与计划曲线的偏差进行评价，分布式电源实时出力与全局运行决策系统设定目标值相差越大，则最优距离因子越大，但这里涉及偏差方向问题，将在下文具体阐述。

（1）价格因子 c。价格因子表示各区域中不同类型 DG 的承担功率波动的成本，它的值主要以各类分布式电源及电网的发电成本作为参考，区间范围为[0,1]。

（2）偏差耐受因子 e。目前配电网中接入的 DG 种类繁多，包括不依靠外部能源补给的储能系统，依靠化石能源的微型燃气轮机、燃料电池等。不同类型的分布式电源运行特性存在差异，储能系统运行受 SOC 约束，与计划曲线的偏差运行可能导致后续计划无法完成，因此可认为偏差耐受因子较低，而微型燃气轮机通过外部提供燃料维持运行，可认为偏差耐受因子较高。

（3）最优距离因子 ω。最优距离因子由分布式电源出力偏差与其装机容量 P_{DG} 的比值得到，即

$$\omega_{i,t} = \frac{P_{i,t} - P_{i,T}^{opt}}{P_{i,DG}} \tag{6-19}$$

式中：$P_{i,t}$ 为第 i 个分布式电源在 t 时刻的出力；$P_{i,T}^{opt}$ 为第 i 个分布式电源在 T 时段的目标出力；$P_{i,DG}$ 为第 i 个分布式电源的装机容量。

该因子描述分布式电源运行状态与计划曲线的偏差。各区域在进行功率偏差竞标时都将提供价格因子 c、偏差耐受因子 e 和最优距离因子 ω，全局优化在每个优化时段中均会给出 3 个因子的评价权重 $a_1 \sim a_3$，对 3 个因子可以进行综合考量，即

$$y = \begin{cases} a_1(1-c) + a_2 e - a_3 \omega & \Delta P > 0 \\ a_1 c + a_2 e + a_3 \omega & \Delta P < 0 \end{cases} \tag{6-20}$$

式中：ΔP 为功率波动值，$a_1+a_2+a_3=1$。不同的权重可以实现不同的侧重点，当 a_1 较大时，配电网中对偏差的平抑主要考虑成本因素；当 a_2 较大时，则更倾向于功率受波动影响最小的分布式电源类型。

为减轻系统通信压力，利用全局运行决策系统与协同交互控制器间已有通道，采用基于黑板系统的通信机制。全局运行决策系统作为"黑板"，开辟存储区域为协同交互控制器间提供信息交互媒介，每个协同交互控制器作为一个"知识源"，提供自身竞标信息。协同交互控制器结合"黑板"所罗列信息与自身状态，进行区域协调系数的动态调整。区域作为知识源提供区域内分布式电源的各因子及相关数据，馈线出口（代表外电网）是固定因子值的竞标参与者，全局运行决策系统根据所有竞标信息形成控制策略，对协同交互控制器协调系数进行修改。详细竞标流程如图 6－9 所示，其中为防止与全局优化目标偏差增大，设定所有区域协调系数为非负数。如果最终所有区域的分布式电源均到达出力限值，则所有功率波动将由馈线出口（外电网）承担。

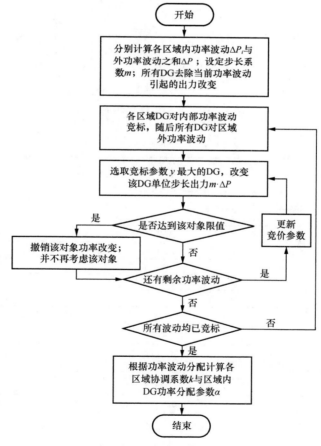

图 6 - 9　竞标流程图

3．仿真分析

算例电网拓扑连接如图 6－10 所示，按照所述区域划分原则划分为 4 个区域，外电网等效成无穷大电源，利用 DIgSILENT 软件对控制策略进行仿真分析。

全局运行决策系统以 24h 为一个完整优化调度周期，调度间隔为 15min，全天共 96个优化时段。为证明区域协调控制策略的有效性，选取其中一个时段进行具体分析，该时段区域内其他类型分布式电源和储能配置情况见表 6－1。该时段内全局优化目标值见表 6－2。

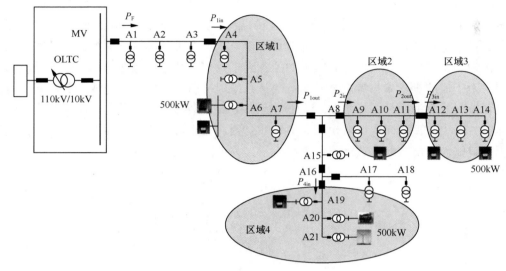

图 6－10　算例电网拓扑连接

表 6－1　　　　　　　　　　　　分布式电源和储能配置情况

类型	连接节点	容量
ESS1	A6	250kW·h
ESS2	A10	250kW·h
ESS3	A12	250kW·h
ESS4	A19	250kW·h
微型燃气轮机组	A20	300kW
PV1	A6	500kW
PV2	A14	500kW
WT	A21	500×2kW

表 6－2　　　　　　　　　　　　全局优化目标值

对象	目标值（MW）	协调系数
变电站母线	0.510	—
区域 1	0.111	0.253
区域 2	0.212	0.249
区域 3	0.217	0.249
区域 4	-0.638	0.249
ESS1	0.097	—
ESS2	0.065	—
ESS3	0.129	—
ESS4	0.021	—
微型燃气轮机组	0.2	

将算例中 4 个区域以外的对象产生的功率波动认定为区域外功率波动，区域内、外功率波动示意图如图 6－11 所示。

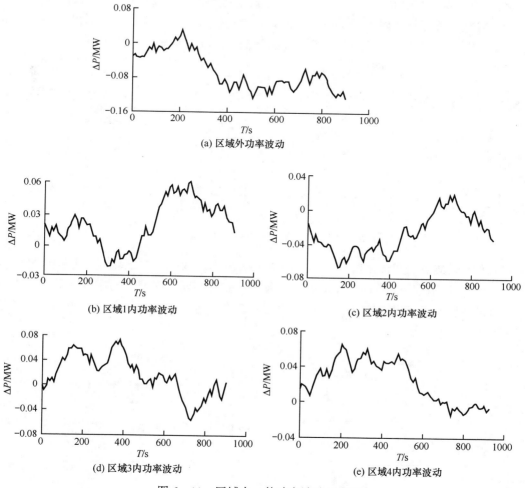

图 6－11　区域内、外功率波动示意图

各类分布式电源评价因子参考值见表 6－3，而最优距离因子则根据实时分布式电源出力与计划出力计算得到。从图 6－11 中可以看出，储能只是将能量使用时间进行平移，因此价格成本较低，其出力受 SOC 限制，对出力偏差耐受程度同样较低。微型燃气轮机组作为峰时支撑机组，成本相对较高；而化石燃料作为能源保证，出力偏差对其影响较小。外电网最为稳定，成本适中并且几乎不受出力偏差影响。

表 6－3　分布式电源因子参考值

对象	价格因子	偏差耐受因子
储能	0.3	0.3
微型燃气轮机组	0.6	0.7
馈线出口（外电网）	0.5	0.9

以成本作为首要考虑因素仿真分析，评价权重分别为a_1=0.6，a_2=0.2，a_3=0.2。所得对比测试结果如图6-12所示，控制后的实线相比于无控制下的虚线，更加贴近该时段目标值。其中前300s大部分波动由其他分布式电源承担，馈线出口功率与目标值重合，300s后外电网逐渐承担对区域外的功率波动，使得馈线出口功率与计划值出现偏差。四个区域的交换功率波动也得到了不同程度的降低，更加贴近全局目标值。

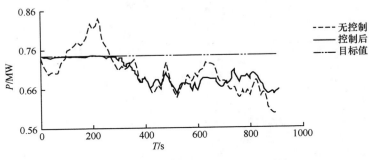

图6-12　馈线出口功率优化前后对比

4个区域交换功率优化前后对比如图6-13所示，区域1与区域3未承担区域外波动，因此优化后区域交换功率与全局优化目标值完全相同。区域2与区域4承担了部分区域外波动，因此优化后仍旧与全局优化目标存在偏差，但相比于不加控制的结果，功率偏差得到降低。

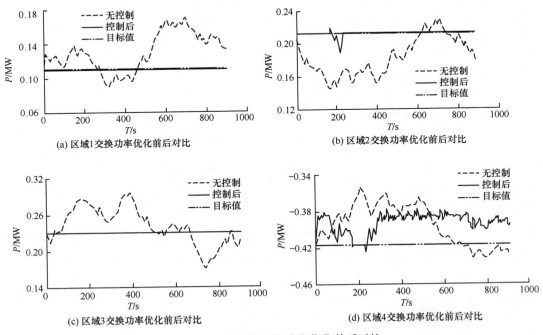

图6-13　各区域交换功率优化前后对比

（1）区域内功率波动竞标结果。此算例中共4个区域，其中区域4内含1个微型燃

气轮机与 1 个储能系统，对区域 4
内的功率波动进行竞标，竞标结果
如图 6－14 所示。15min 内，区域
内发生的正向功率波动均由 ESS4
承担，而负向功率波动则均由微型
燃气轮机组承担，产生这一现象的
主要原因是正向功率波动需增加
分布式电源出力以保持区域 4 交换
功率不发生变化，而 ESS 价格因子
较低，增加出力成本较低，并且此
时评价权重以价格因子作为重点

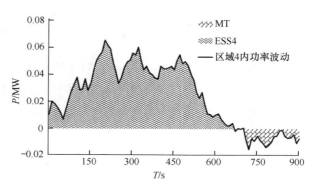

图 6－14　区域 4 内功率波动竞标结果

考虑对象，偏差耐受因子权重较低，从而使得 ESS 承担了对这部分的正向功率波动。对
于负向功率波动，则需减小分布式电源出力，而微型燃气轮机组价格因子较高，降低出
力节约成本较多，并且微型燃气轮机组的偏差耐受因子值同样高于 ESS，因此这部分负
向功率波动完全由微型燃气轮机组承担。

　　（2）区域外功率波动竞标结果。各区域完成区域内功率波动竞标后，区域外功率波
动竞标结果如图 6－15 所示。该组评价权重下，区域外功率波动主要由微型燃气轮机组
与外电网承担，这主要由于区域外波动主要为负向波动，而评价权重偏向于价格因子，
微型燃气轮机组与外电网价格因子较高，承担负向波动节约成本较多。其中正向区域外
功率波动由 ESS2 承担，因为这段时间内区域 2 内功率波动为负向波动，使得 ESS2 竞标
区域外功率波动时最优距离因子较大，从而 ESS2 承担该段功率波动，自身出力与计划
曲线偏差减小。

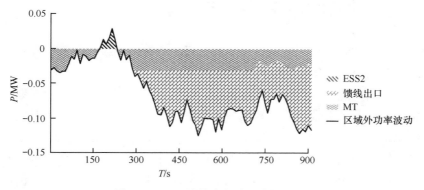

图 6－15　区域外功率波动竞标结果

　　不同评价权重下，各类分布式电源由于自身评价因子的不同而将获得不同的功率波
动份额，当评价权重设置为 a_1=0.1，a_2=0.1，a_3=0.8 时，最优距离因子将作为优先考虑对
象。该情况下，区域内、外功率波动竞标结果如图 6－16 和图 6－17 所示。

　　由于承担区域内功率波动产生的偏差，对于区域外功率波动各 ESS 均获得部分功率
波动，而受功率波动方向影响，ESS2 仍旧只竞标得到正向功率外功率波动部分。

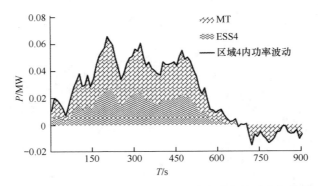

图 6-16　最优距离因子优先下区域内功率波动竞标结果

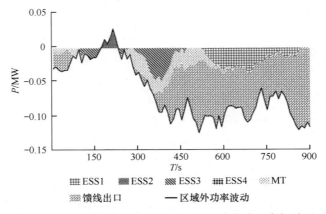

图 6-17　最优距离因子优先下区域外功率波动竞标结果

6.3　源网荷储协同控制系统与设备

　　源网荷储协同控制系统由服务于电网的全局运行决策系统和服务于用户的负荷主动管理系统两部分构成，整体架构如图 6-18 所示。

　　第一个子控制系统为全局运行决策系统，该系统是源网荷储协同控制系统的核心，也是实施主动管理的关键技术手段。其核心职责在于根据全局优化目标对配电网进行全网统筹、优化，通过其他层次配合采集整个配电网络的运行信息，结合间歇式能源的短期预测结果，实现配电网全局层面长时间尺度的优化运行计算，在此基础上配合协同交互控制器和分布式电源控制管理单元实现短时间尺度上的功率平衡跟踪与优化运行。

　　第二个子控制系统为第 3 章中介绍的负荷主动管理系统，该系统主要负责对各家庭用户的调节潜力进行评估，分析用户用电习惯，在此基础上以提高用户用电经济性为目标兼顾用户需求生成控制功率值，指导用户智能终端进行具体控制。

　　在控制中负荷主动管理系统作为柔性负荷的统一管理单元与全局运行决策系统进行交互，一方面给全局运行决策系统提供负荷调节潜力指标以供全局运行决策系统进行优化；另一方面响应全局运行决策系统的控制目标从而实现源网荷储的统一协调。

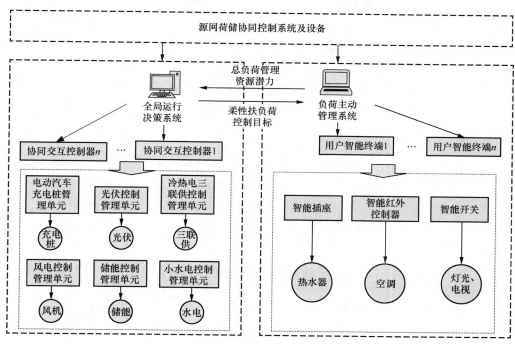

图 6－18　源网荷储协同控制系统整体架构

6.3.1　全局运行决策系统

1．平台功能要求

全局运行决策系统平台主要为全局运行决策系统各组成部分的有机协作，系统的长期、稳定可靠运行提供统一的技术支撑和保障。具体包括实现配电网模型建立、数据集成及管理、调度各配电网分析决策功能运行，并依据优化结果策略对配电网运行进行调节控制，平台还需提供友好的人机交互界面以方便系统维护以及运行人员对系统进行监视、维护和控制。

全局运行决策系统与传统配电自动化系统相比，主要差别在于源网荷储协同控制系统具有大量的分布式电源设备，需要对这些分布式电源实现监视、优化控制调节等功能。因此全局运行决策系统平台设计中突出需要实现的与传统配电自动化系统有较大差别的功能主要如下：

功能一：配电网模型建立及管理。重点实现与各种分布式电源（风力发电、光伏发电、冷热电三联供、小水电等）、柔性负荷设备（充电桩）、储能设备等模型相关的配置及管理，为全局运行决策分析优化等算法提供基础模型数据。

功能二：配电网实时采集与监测。除传统配电网 SCADA 功能外，需与全局运行决策协同交互控制器、各种分布式电源管理单元等进行通信实现对分布式电源、柔性负荷、储能设备等信息采集、监视与远方控制，并对配电网运行及优化控制的各种关键指标数据进行统计分析。

功能三：配电网分析及优化控制功能支撑。实现对全局运行决策系统各种高级应用分析和优化控制功能的灵活接入，实现高级应用功能驱动调用、基础数据提供、结果数据的获取和展示及控制策略命令的执行等功能。

2．平台软件设计与实现

全局运行决策系统平台软件按照功能进行区分，主要包括平台基础软件模块、应用服务接口模块、人机交互模块等部分。各软件模块之间关系如图 6－19 所示。

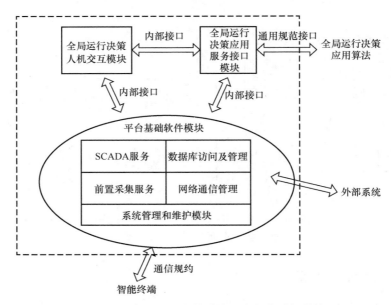

图 6－19　全局运行决策系统平台软件功能模块

3．系统功能介绍

全局运行决策系统各层级功能均面向配电网正常运行态与故障态两种对象。配电网全局运行决策系统全局优化层包含负荷预测、风电预测、光伏预测、运行方式优化、主动配电网全局运行决策优化、孤岛运行等多个应用模块，各控制功能模块间的关系如图 6－20 所示。

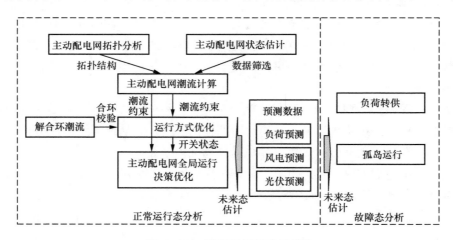

图 6－20　配电网控制功能模块

配电网中安全、经济、静态、动态、电压等各种问题交织在一起，运行复杂多变，示范现场所采用的全局运行决策系统采用分层分区控制结构实现了空间、时间和控制目标三个维度上的综合优化运行，配电网多维度控制结构如图 6 – 21 所示。

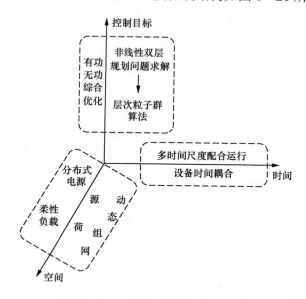

图 6 – 21　配电网多维度控制结构

图 6 – 21 所示的系统功能模块中左侧部分描述了系统正常运行态涉及的主要功能模块。其中，全局运行决策优化程序是正常运行态下的核心模块，该程序采用双层优化模型进行优化曲线设定，以一个完整调度周期的未来运行态最优为目标函数，综合考虑了不同时段分布式电源出力约束，确保满足整个调度周期内储能系统的能量守恒及容量约束限制，并下发控制指标给下层的协同交互控制器，以实现配电网的运行优化调度。示范现场优化运行周期设定为 15min，以保证对现场各种突发状态及波动的跟踪。同时考虑配电网开关的灵活多变，全局运行决策优化程序可以根据当前开关状态进行动态组网，并将组网结果发送给协同交互控制器，以提高配电网对分布式电源的消纳能力，实现更为灵活的分区控制。

6.3.2　协同交互控制器

1．硬件设备特点与性能指标

协同交互控制器机箱为标准插箱式结构。整机采用六面全封闭结构，防护等级达到 IP40。机箱的左、右侧板为单肋形铝型材制作，是整机散热系统的一部分。单肋形结构可以增大散热面积近一倍。整机工作时产生的热量利用单肋形散热表面通过辐射与对流的形式可以高效地向环境中释放，从而大大提高了设备的耐高温性能；摒弃了传统的流风散热形式，降低整机功耗的同时也提高了系统的稳定性。

协同交互控制器具有 2 个 10/100Base-TX 以太网 RJ45 端口，端口号为 E1、E2，每个 RJ45 端口都具有自适应功能，支持自动 MDI/MDI-X 连接。可使用直连网线/交叉网线将设备连接到终端设备、服务器、集线器或其他交换机。每个端口都支持 IEEE802.3x 自适应，因此最适宜的传输模式（半双工或全双工）和数据速率（10Mbit/s 或 100MMbit/s）都能被自动选择（所连设备必须也支持这个特性）。如果连接到这些端口的设备不支持自适应，那么端口将发送正确的速度，但是传输模式将默认为半双工。

一般的，E1 需要根据用户要求更改为用户定义的 IP 地址，并接入光 MODEM；E2 一般作为维护使用，需要保持 IP 地址不变，特殊需要时也可以用来与通信管理机通过网络直连通信等使用。

协同交互控制器系统指标见表 6 - 4。

表 6 - 4　　　　　　　　　　　协同交互控制器系统指标

系统指标	协同交互控制器
RJ45 电口数	2 个 10/100Base-TX，24 个交换式以太网口
串行数据接口数	4 个 RS232/RS422/RS485
系统参数	支持标准：IEEE 802.3、IEEE 802.3x、IEEE 802.3u 电磁兼容骚扰：FCC PART15 CLASS B 电磁兼容抗扰：IEC 61000
嵌入串口服务器模块参数	支持协议：ARP、TCP/IP、UDP、ICMP、DHCP、TFTP、Telnet、HTTP、SSL、SSH 1.0/2.0、SNMPV1/V2/V3 Flash Memory：32M Bytes
电口参数	物理接口：RJ45 带屏蔽 RJ45 端口：10/100Base-TX，支持自动协商功能 接口标准：符合 IEEE 802.3 标准 传输距离：<100m
数据口参数	物理接口：DB9 针式 数据传输误码率为 0 电气特性：符合 3 线 RS232、4 线 RS422、2 线 RS485 相关标准 软件流控：XON/XOFF，默认值为无流控 串口波特率：50～1000kbit/s，默认值为 9600
电源参数	输入电压：220V AC 输入功耗：<20W 过流保护：内置
机械参数	物理尺寸（高×宽×深）：483.08mm（宽）×88.5mm（高）×233.84.6mm（深） 出线形式：电口、指示灯、串行口前出，电源、保护地、输入量上出 机壳防护：IP40 质量：2.0kg
工作环境	工作温度：-40～+85℃ 存储温度：-40～+85℃

2．软件功能与设计

（1）软件主要功能。

1）作为局部的算法，能够排除外部区域的影响，对区域内可控单元进行统筹。

2）算法内有统一指标进行协同交互控制器算法的指导，这一指标能够量化表示，并且能够适应区域内各类分布式电源的接入要求。

3）算法能够根据分布式电源不同种类，确定有功功率和无功功率的控制对象，并能根据不同种类进行相应控制量的下发。

4）算法应兼顾有功功率策略和无功功率策略，保证区域内功率平衡及电压稳定。

5）算法在兼顾局部区域有功功率平衡和电压稳定的基础上，对整个源网荷储协同控制全局稳定不应产生不利影响。

6）具备远方和本地控制切换功能。

7）应具备自诊断及自恢复功能。装置在正常运行时定时自检，自检的对象包括定值区、开关量输出回路、采样通道、E²PROM、储能电容或蓄电池等各部分。自检异常时，发出告警报告，通信中断或掉电重启应能自动恢复正常运行。

8）可根据需要扩展遥测、遥信和遥控量。

（2）控制和运行参数采集量设计。

1）协同交互控制器与全局运行决策系统。全局运行决策系统向协同交互控制器传递的信息见表 6-5。协同交互控制器向全局运行决策系统传递的信息见表 6-6。

表 6-5　　　　　　　　全局运行决策系统向协同交互控制器传递的信息

序号	信息量	源点	终点	作用
1	协同交互控制器控制模式号	全局运行决策系统	协同交互控制器	修改协同交互控制器模式
2	馈线出口交换功率参考值			修改协同交互控制器 FCE 计算参考值
3	区域交换功率参考值			修改协同交互控制器 FCE 计算区域交换功率参考值
4	区域控制协调系数			修改协同交互控制器 FCE 计算区域控制协调系数
5	协同交互控制器 PID 控制参数			修改协同交互控制器 PID 控制参数
6	闭锁状态量			修改闭锁状态，闭锁后协同交互控制器不再进入控制模式
7	分布式电源协调控制单元有功功率初始值	全局运行决策系统	分布式电源协调控制单元（经协同交互控制器转发）	确定某一时段开始时分布式电源初始出力
8	分布式电源协调控制单元无功功率初始值			确定某一时段开始时分布式电源初始出力

表 6-6　　　　　　　协同交互控制器向全局运行决策系统传递的信息

序号	信息量	源点	终点	作用
1	协同交互控制器通信链路状态	协同交互控制器	全局运行决策系统	判断通信链路是否正常
2	运行模式号			确认全局运行决策系统下发模式号是否正确
3	协同交互控制器 PID 控制参数			对全局运行决策系统修改控制参数的确认
4	协同交互控制器控制参考值			对全局运行决策系统下发区域控制值的确认
5	控制指标实时值			全局运行决策系统用于显示曲线

2）协同交互控制器与分布式电源协调控制单元。协同交互控制器采集分布式电源运行状态，并通过遥控、遥调等命令下发分布式电源的出力增量命令。分布式电源协调控制单元获取分布式电源运行状态与数据，进行区域分布式电源出力承担划分，进行优化控制；下发该分布式电源协调控制单元下分布式电源出力值，实现对不同分布式电源的综合管理。

协同交互控制器与分布式电源协调控制单元传递的信息见表 6-7。

表 6－7　　　　协同交互控制器与分布式电源协调控制单元传递的信息

序号	信息量	源点	终点	作用
1	分布式电源运行状态	分布式电源协调控制单元	协同交互控制器	修改协同交互控制器计算参考值
2	分布式电源有功出力	协同交互控制器	分布式电源协调控制单元	指导该分布式电源协调控制单元下分布式电源有功出力

　　储能分布式电源协调控制单元采集储能装置的运行状态包括 SOC、实时出力等信息及逆变器信息并上送协同交互控制器，协同交互控制器下发储能装置的有功功率、无功功率目标或增量值实现对区域储能的总体控制。由储能分布式电源协调控制单元获取储能装置和双向变流器的运行状态，进行区域储能出力承担划分，进行优化控制；下发该储能分布式电源协调控制单元下储能出力值，实现对不同储能的综合管理。协同交互控制器与储能控制管理单元传递的信息见表 6－8。

表 6－8　　　　协同交互控制器与储能控制管理单元传递的信息

序号	信息量	源点	终点	作用
1	储能系统运行状态	储能分布式电源协调控制单元	协同交互控制器	修改协同交互控制器计算参考值
2	储能系统有功功率	协同交互控制器	储能控制管理单元	指导该储能分布式电源协调控制单元下储能系统有功出力
3	储能无功功率			指导该储能分布式电源协调控制单元下储能系统有功出力

　　3）协同交互控制器与 DTU/FTU。协同交互控制器与 DTU/FTU 间传递的信息主要为采集 DTU/FTU 上送的馈线交换功率实际值等，通过该信息获取 FCE 控制模式计算所需的功率实际值。协同交互控制器与 DTU/FTU 传递的信息见表 6－9。

表 6－9　　　　协同交互控制器与 DTU/FTU 传递的信息

序号	信息量	源点	终点	作用
1	馈线与上级电网交换功率实际值			修改协同交互控制器模式
2	控制区域与馈线交换功率（in）	DTU/FTU	协同交互控制器	修改协同交互控制器计算参考值
3	控制区域与馈线交换功率（out）			修改协同交互控制器计算参考值

第7章

源网荷储协同控制应用示范工程

本章将结合贵州、广州、上海、江苏四个典型的源网荷储协同控制应用示范工程进一步介绍源网荷储协同技术的场景及其效果。

贵州红枫示范工程将冷热电三联供系统、风力发电系统、光伏发电及储能系统、水电、电动汽车充电系统、柔性负荷通过主动配电网及其控制系统纳入集成可再生能源的主动配电网研究及示范，一方面通过提高分布式电源消纳率、降低停电时间、降低峰谷差、降低损耗、减少人力成本，产生良好的经济效益；另一方面，极大地提升了贵州电网配电网智能运维水平，为促进生态环境建设、提高电网科学管理水平、增强用户参与电网运行的驱动力提供重要支撑，可有力推动我国环境友好型、资源节约型的社会发展。

广州从化明珠工业园是典型的综合能源配用电系统。示范区供能系统包括电网、冷/热网、天然气网，运用一体化规划方法、采取多方受益的运营模式，完善园区源/网/荷/储各环节，在示范区形成了清洁、高效的综合能源配用电系统。在园区部署园区级综合能量管理系统、主要工厂部署用户分布自治控制系统（用户级能量管理系统），充分利用冷、热、电、气多能互补特性，有效挖掘示范园区多元主体的源储荷等分散调控能力，参与系统优化运行，实现示范园区多能协同优化、多元用户互动。实际运行过程中，示范工程以分布式资源互动能力为支撑，为上级电网提供了超过 10MW 的虚拟电厂调节能力。示范工程成效显著，园区可再生能源、清洁能源比例超过 85%，实现了就地消纳，CCHP 一次能源综合利用效率大于 88%，削减电网峰值负荷大于 20%。示范项目构建了以新能源、清洁能源为主，以用户侧分散调控资源为支撑，具有多能协同优化、多元用户互动特色的清洁、高效综合能源系统，取得了多方共赢的实际效益。

国网上海市电力公司（简称国网上海电力）虚拟电厂运营体系解决了原有电力需求响应平台对多种类型用户匹配度不高的问题。虚拟电厂运营体系更为智能，更加贴合虚拟电厂的实际需求，可以将碎片化的负荷进行重组，从而打造出全新的电力负荷调度模式。虚拟电厂运营体系通过虚拟电厂交易平台、运营管理与监控平台等系统，实现了调度需求触发、多品种交易组织、虚拟电厂在线监控与管理等功能，实现了整个业务流、信息流的贯通。还通过制订各类资源调用方式，模拟了常规发电机组爬坡率等参数，对每个用户的参与方式进行了规范和细化，使虚拟电厂的机组特性曲线与常规发电机组近似，方便调度的实时调用。同时，通过用户端系统，用户还能对自身能耗情况开展分析，可进一步提升自身电力能源的精细化管理水平。

国网江苏省电力有限公司提出适应主动配电网的网源荷协调优化控制机制，开展大规模负荷精准互动控制系统工程实证研究，提出基于智能分布式馈线自动化的分层自治精准切负荷控制技术。根据分布式馈线自动化与稳控系统的技术特性，提出基于智能分布式馈线自动化的精准切负荷控制技术框架，实现分层自治的精准切负荷功能，解决传统切负荷功能的粗放与不经济，提高大受端电网复杂故障的处理能力。

7.1 贵州红枫示范工程

7.1.1 工程概述

1．现场基本情况

贵州红枫示范工程是国内分布式电源种类最多的主动配电网示范工程之一，包括水、风、光、储、冷热电联供、电动汽车、柔性负荷等多种类型资源，侧重源网荷储互动下的能源可观、可控性提升。

示范工程选址于贵州省贵阳市红枫湖风景区红枫湖东岸，距贵阳市区约 27km，包括贵州电力职业技术学院主校区及周边水云线、水湖线、镇伍线和北云Ⅱ回 4 回 10kV 供电区域，同时对国电贵州电力有限公司红枫水力发电厂红枫电站 2 号机组进行改造接入示范区，供电区域面积约 3.35km²。示范核心区域为贵州电力职业技术学院主校区，即原 10kV 水培线专线供电区域，占地面积约 18.9 万 m²，新建风电、光伏、储能、冷热电三联供、充电桩设备及智能用户终端等设备均位于该区域内。示范工程核心区域如图 7-1 所示。

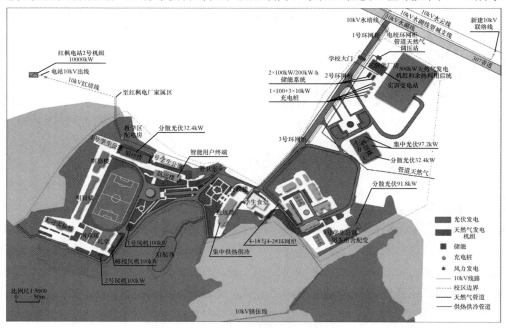

图 7-1 示范工程核心区域图

该示范工程建成集风电、光伏、储能、水电、冷热电三联供、充电设施及智能用户终端于一体的集成示范基地，示范工程主要包含：

1）线路：5 条 10kV 线路，其中公用线路 4 条，分别为水湖线、水云线、镇伍线、北云Ⅱ回线；专用线路 1 条，即专供贵州电力职业技术学院主校区的水培线。

2）配电变压器：超过 194 台，配电变压器容量 66.03MVA。

3）负荷：最大负荷 20.42MW。

4）分布式电源（含柔性负载）：水电 12MW，冷热电三联供机组 1×500kW，风电 300kW，其中 100kW 模拟风力发电机组 1 台；光伏发电 253.8kW，其中集中光伏 97.2kW，分散式光伏 156.6kW；储能系统 2 套，每套 100kW/（200kW·h），共计 200kW/（400kW·h）；电动汽车充电桩 4 台，共 130kW，其中 100kW 一体式具备 V2G 功能直流充电桩 1 台、10kW 交流充电桩 3 台，19 座电动汽车 1 辆。

5）主动配电网控制系统 1 套，包括全局运行决策系统、负荷主动管理系统、教学示范系统以及相应的各种智能采集终端设备（协同交互控制器、分布式电源控制管理单元、分布式 FA 终端、智能用户终端等）。

6）为示范工程供电的上级电网有 3 座变电站，分别为水塘 35kV 变电站、清镇 35kV 变电站和北门 110kV 变电站，其中水塘 35kV 变电站和清镇 35kV 变电站上级电源均来自北门 110kV 变电站。

示范工程电网系统网架结构如图 7-2 所示。

10kV 北云Ⅱ回线与 10kV 水云线通过北云、水云 1 号联络开关 6101 联络，10kV 水湖线与 10kV 镇伍线线通过伍湖联络开关 6501 联络，10kV 水云线与 10kV 水湖线通过云湖 1 号联络开关 6012 联络（也可通过云湖 2 号联络开关 6221 联络），10kV 水培线与 10kV 水湖线通过水培线 4-2 号环网柜 020 开关联络。

红枫电站 2 号机组接入教学区配电房，冷热电三联供分别接入水湖线、水培线，风电、光伏和储能接入水培线，充电桩分别接入水湖线、水培线，智能用户终端由教学区配电房供电。

工程范围内有 2 个 35kV 变电站，水塘变电站、清镇变电站，1 个 110kV 变电站北门变电站，对该范围内负荷进行供电。红枫水电站机组容量约为 12MW，通过 10kV 红培线并网。

示范工程的主要电压等级均为 10kV/0.4kV。从网架结构，主要包含 10kV 水湖线、水云线、水培线、镇伍线、北云Ⅱ线。各条线路明细情况及配电变压器容量见表 7-1。

表 7-1　　　　　　　　　　　各条线路明细情况及配电变压器容量

线路名称	配电变压器台数	配电变压器容量/MV·A	2015 年最大负荷/MW	2016 年最大负荷/MW
合计	194	66.03	17.55	20.42
水湖线	94	22.28	2.60	3.05
水云线	14	7.895	3.33	3.55
北云Ⅱ线	37	21.12	7.20	7.48
镇伍线	41	8.675	2.94	4.90
水培线	8	6.06	2.40	2.51

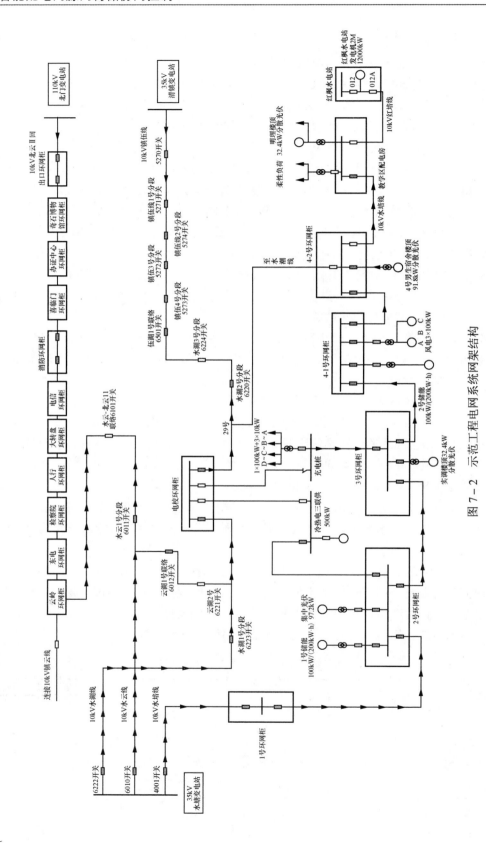

图 7-2 示范工程电网系统网架结构

176

2．控制系统组成

如图 7-3 所示，示范工程二次系统按照功能层次可分为系统主站层、协同交互控制层、智能终端层。

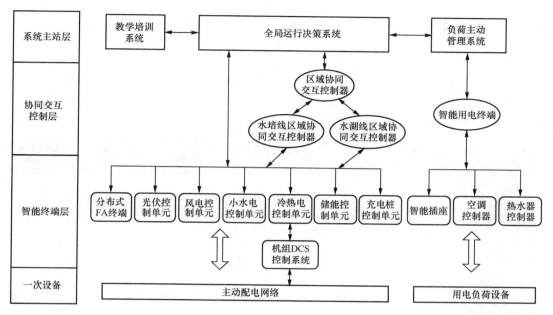

图 7-3　示范工程二次控制系统组成

主动配电网示范工程主站系统由全局运行决策系统、负荷主动管理系统和教学培训系统三个子系统组成，三个子系统进行安全分区通过双以态网络进行互连和数据通信。主动配电网控制系统硬件主要部署在培训中心的系统控制中心（在清镇供电局部署一台全局运行决策系统工作站），教学培训系统部署在安全Ⅲ区，通过正反向隔离从安全Ⅰ区的全局运行决策系统可获得实时运行数据断面。

协同交互控制层主要包括主动配电网的协同交互控制器和智能用电终端。协同交互控制器包括区间协同交互控制器、风光储协同交互控制器、小水电三联供协同交互控制器。协同交互控制器负责与主站之间通信，实现全局运行决策控制信息数据的收集转发以及控制策略的向风光储协同交互控制器、小水电三联供协同交互控制器分解和下发。风光储协同交互控制器和小水电三联供协同交互控制器负责与各分布式电源管理控制单元通信，采集相应类型的分布式电源运行状态，并实现区域内分布式电源出力承担划分，进行优化控制。通过遥控、遥调等命令下发分布式电源的出力增减及切机命令。智能用户终端负责收集用户下属各用电设备的状态信息向主站转发，同时将主站对负荷的调节策略进行分配，并对具体各用电设备进行控制命令下发。

智能终端层包括对配电网柱上开关、环网柜进行采集监控的分布式 FA 终端，对各种分布式电源进行采集监控的分布式电源控制管理单元以及对用电设备进行监控的用电设备控制器（包括智能插座、空调、热水器控制器）等。分布式电源控制管理单元包括风电控制管理单元、光伏控制管理单元、储能控制管理单元、充电桩控制管理单元、小水电控制管理单元、冷热电三联供控制管理单元。各分布式电源控制管理单元实现对相应类型的分布式电源设备的状态信息采集和控制，其中冷热电三联供控制管理单元通过机组 DCS 实现对冷热电三联供机组的监视和控制。

7.1.2 运行效果

1．案例——全局优化结果分析

（1）源网荷全局优化控制。启动计算前，运行设置如图 7 - 4 所示，在运行控制界面，可设置优化对象，目前主站有功可调对象主要包括"水电""柔性负荷""三联供""储能"四类设备。优化目标可以选择降低峰谷差或降低线损。

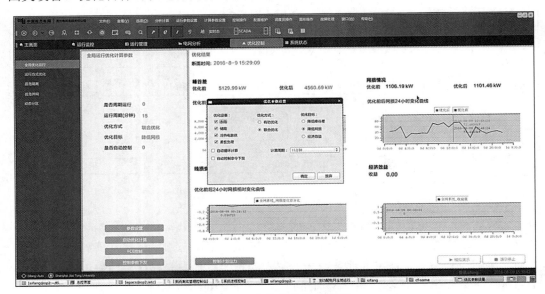

图 7 - 4　全局优化计算设置

计算结果如图 7 - 5 所示，系统全局优化前后系统峰谷差分别为 7380.90kW 和 3370.89kW，理论计算峰谷差降低 54.33%。

全局优化计算完成后，主站将优化计算结果进行下发，分层控制器以全局优化结果为目标进行闭环跟踪控制，具体控制曲线如图 7 - 6 所示。

全局优化程序以 15min 为周期，系统正常运行时，优化程序每周期均计算执行一次，24h 系统优化效果如图 7 - 7 所示。

算例中，水电、三联供开机、储能、风力发电机组、光伏、柔性负荷、充电桩均投入运行。全局优化程序计算完成后，将水电、柔性负荷、三联供、储能出力初始值以及控制目标下发分层控制器，分层控制器通过实时控制充电桩、柔性负荷、三联供、储能进行馈线功率偏差控制。运行曲线显示，优化前后峰谷差分别为 7590.2kW 和 5830.8kW；峰谷差降低 23.18%。

（2）有功无功联合优化。水电接入水培线，功率因数按照 0.9 设置，遥调水电出力至 4MW，系统的动态渗透率达到 46.2%，此时水培线全线越限（限值设定为 10.7kV）。

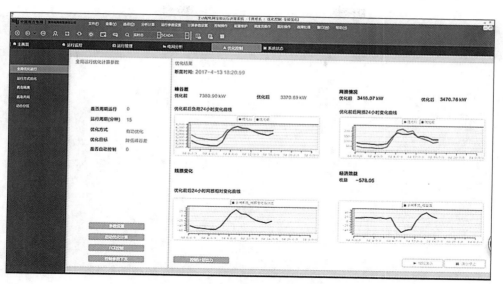

图 7-5　长时间全局优化计算结果

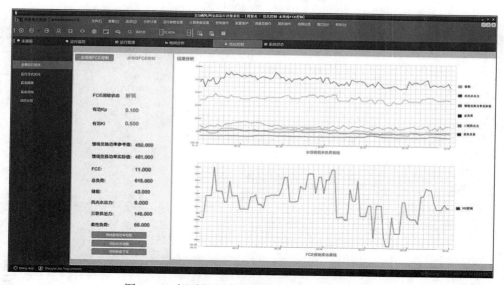

图 7-6　短时间尺度的就地 FCE 协调控制曲线

调用全局优化程序，优化对象选择水电、三联供，目标设置无功有功联合优化，计算并下发长周期优化目标值。其中，由于水电无功功率阈值设置需求，优化后水电无功功率建议降为 100kV·A。

全局优化结果下发后，水电在 20s 内完成调整，无功功率曲线如图 7-8 所示。随着全局优化无功功率的调节完成，系统电压也从 10.83kV 左右优化至 10.45kV 左右，如图 7-9 所示。

长时间电压抬升过程中，风电控制管理单元感知到并网点电压过高后，自动启动快速电压恢复程序，进入进相运行模式，如图 7-10 所示，当系统电压恢复至正常值后，风力发电机组逆变器也恢复为功率因数为 1 的正常工作模式。

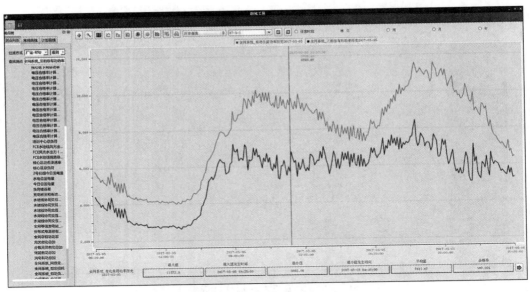

图 7-7　优化前后峰谷差降低率

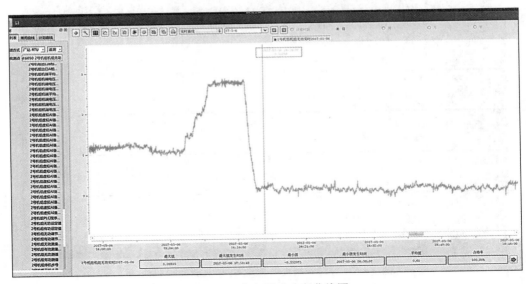

图 7-8　水电无功功率曲线图

2．案例——运行方式优化结果分析

（1）以线损为目标的运行方式优化。以线损为目标的运行方式优化实验区域为整个主动配电网示范区域，覆盖整个示范工程区域（包含水云线、水湖线、北云Ⅱ回、镇伍线和水培线），将柔性负荷、水电、三联供等多类型设备均纳入实验范围，实验时初始网架结构为北云Ⅱ回-水云线在北云水云 1 号联络开关开断运行；水湖线-镇伍线在伍湖联络开关开断运行；望城支线由水湖线带电运行；新改接入的红枫电站 2 号机组通过 4-2号环网柜上网水湖线，新建的冷热电机组上网水湖线，新建的充电桩由水培线供电，水培线供电范围至水培线上 4-1 号环网柜，4-2 号环网柜的 010 开关断开。

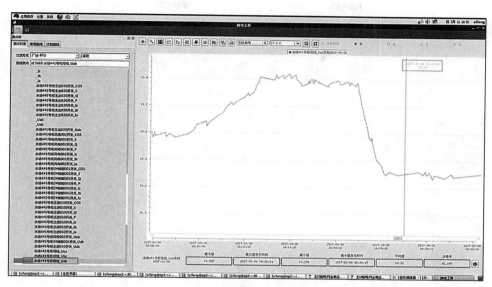

图 7-9　水培线电压变化曲线

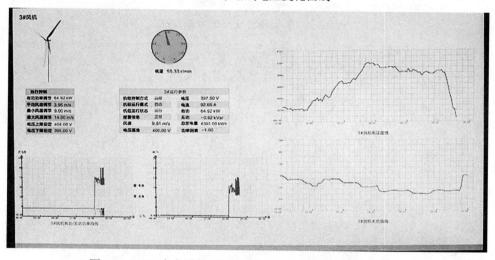

图 7-10　风力发电机组逆变器无功出力及并网点电压曲线

该区域内分布式电源装机 13253kW，其中储能 100kW、光伏 253.8kW、冷热电三联供 500kW、风电 300kW（含 1 台 100kW 模拟风力发电机组）、水电 12000kW；负荷约 6MW，其中包含柔性负荷约 540kW、充电桩 130kW，其中 1 台 100kW 充电桩具备 V2G 功能。

启动运行方式优化后，线损计算结果如图 7-11 所示。优化前后系统线路损耗分别为 175.9kW 和 147.1kW；线路损耗降低 16.37%。算法给出需要调整的联络开关组合。组合序列是按照先合环后解环的顺序排列，操作员进行操作前，可逐次对待闭合开关进行合环校验。解合环潮流校验如图 7-12 所示。

（2）水电倒送引发潮流倒送。初始状态下，35kV 变电站 10kV 水培线有功功率 545.47kW，水电机组没有并网，系统不存在倒送现象。闭合红枫水电站连接教学区配电网开关 4132 开关，接入水电。水电系统接入后，35kV 变电站 10kV 水培线功率倒送，倒送值为 1359.63kW。

图 7 – 11 运行方式优化降低线损

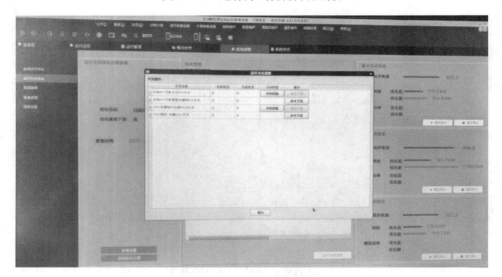

图 7 – 12 解合环潮流校验

水电倒送产生后，系统自动捕捉到潮流倒送情况，如图 7 – 13 所示，弹窗提示调用运行方式优化程序。

调度员单击弹窗界面，即可进入运行方式优化程序。目标函数选择潮流控制，计算完成后，按照提示方案，逐步进行解合环校验及运行方式调整。

如图 7 – 14 所示，系统根据运算结果，闭合联络开关 4-2 号环网柜 012 开关，断开分段开关 1 号环网柜 011 开关，完成水电出力的转供。通过运行方式调整，消除了示范区域分布式电源向上级 35kV 的倒送功率，实现了示范区域对包括水电、风电、光伏及三联供在内的高渗透率分布式电源 100%就地接纳。

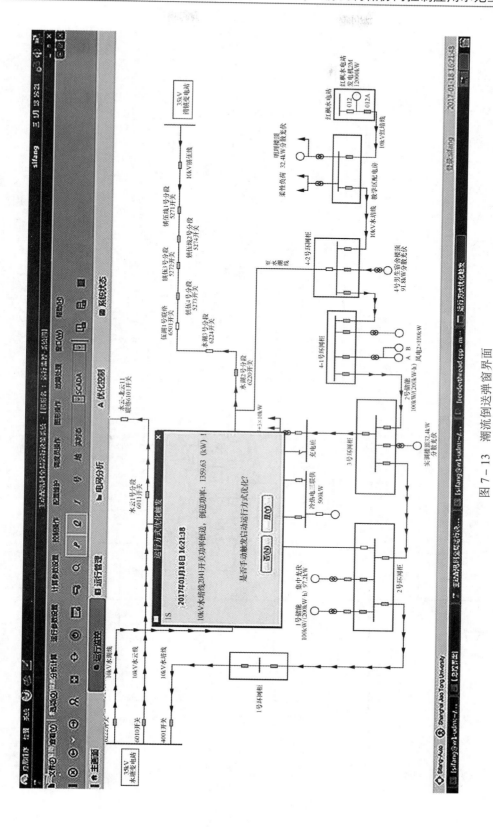

图 7 - 13　潮流倒送弹窗界面

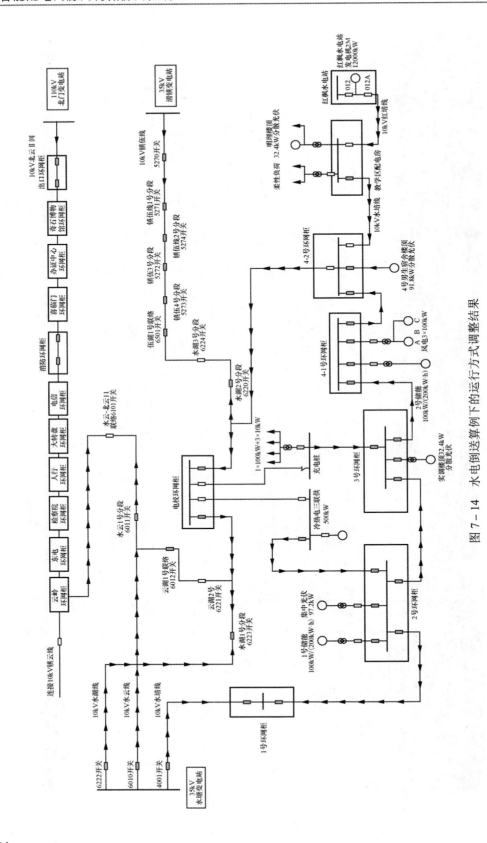

图 7-14 水电倒送算例下的运行方式调整结果

3．案例——孤岛优化结果分析

（1）场景一（不含教学区配电房）。电网运行方式如下：水培线水湖线联络在 4-2 号环网柜 1 号开关断开，红枫水电及学校配电房上网水湖线。

系统首先通过启动孤岛分析程序，寻找孤岛划分的边界开关后，启动出口功率调整。功率自动控制仍依据功率偏差控制模块，通过储能、三联供及柔性负荷的调整，实现出口交换功率为零的目标。

如图 7－15 所示，孤岛程序下 FCE 的目标控制功率为 0kW，运行共 10min，平均功率误差值小于 20kW；控制运行区间内，负荷平均值为 130kW，三联供与风力发电机组，光伏出力约为 170kW；FCE 功率控制偏差率=出口功率偏差/（孤岛内负荷总功率+孤岛内分布式电源总功率）×100%=20/300×100%=6.67%。

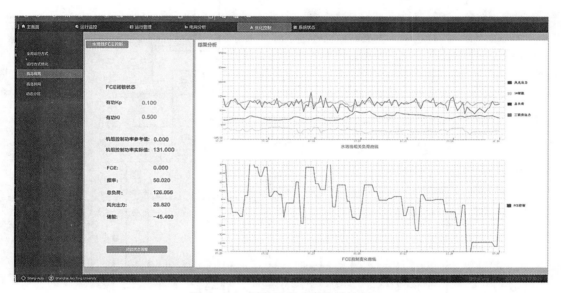

图 7－15　孤岛运行功率偏差控制

离网命令下发后，水培线出口开关断开，三联供转为调频电源，形成的孤岛区域如图 7－16 虚线区域所示。孤岛并网前三联供以 225kW 的有功功率恒功率运行，进入孤岛稳定后，三联供有功功率稳定在 228kW 左右。孤岛内除了三联供外，还包含光伏、风力发电机组、储能、充电桩及 347kW 左右的负荷。其中，储能和充电桩为可控分布式电源，主站通过向协同交互控制器下发目标值，实时调节可控分布式电源的出力，尽可能平抑孤岛内负荷及间歇式能源产生的功率波动，优化当前孤岛运行状态，保证主调频机拥有足够的有功可调裕度。

分别在时刻 392s、时刻 430s 和时刻 460s 设置三次负荷功率波动，孤岛内功率波动响应如图 7－17 所示。图 7－17 反映了孤岛内三联供有功功率（P_CCHP）、储能有功功率（P_BESS）和充电桩有功功率（P_EV）对每个时刻负荷波动的响应情况。在进行功

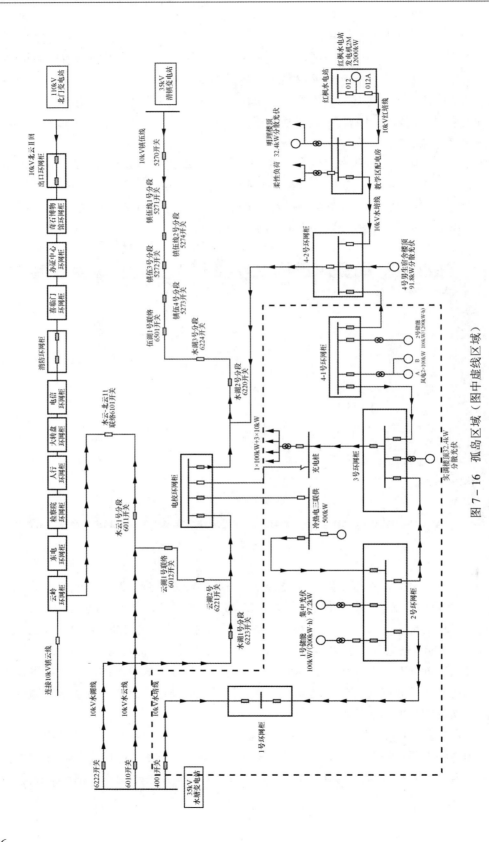

图 7-16 孤岛区域（图中虚线区域）

率调整时，由于充电桩处于充电状态，因此在不影响用户充电的情况下首先调整储能的出力，在储能出力达到调整上限时，再调节充电桩的充电功率。在时刻 392s，负荷增加 35kW，三联供机组首先响应并增加出力至 263kW，5s 后储能由 35kW 有功功率的放电状态增加至 65kW，三联供机组出力因此下降至 232kW，孤岛达到新的平衡。在时刻 430s，间歇式电源有功功率下降 45kW，三联供机组出力再次上升至 278kW，6s 后储能开始满功率（100kW）放电，三联供出力下降至 243kW，还未达到协同交互控制器目标值（227kW），但由于储能出力已经达到上限，此时只能调整作为负荷的充电桩对外的充电功率，10s 后，充电桩的充电功率开始下降，大约在时刻 456s 三联供机组出力回到 232kW 左右。在时刻 460s，负荷再次增加 50kW，三联供机组出力增至 280kW 左右，5s 后充电桩由 118kW 的充电功率下降至 70kW 左右，最终在 473s 孤岛达到平衡，此时三联供机组出力 231kW，储能出力 99kW，充电桩充电功率为 68kW。孤岛在运行一段时间后启动并网流程，水培线出口开关检同期合闸，三联供机组由 U/f 控制模式转回到 PQ 控制模式，以 225kW 恒功率运行，孤岛并网后网架如图 7-18 所示。

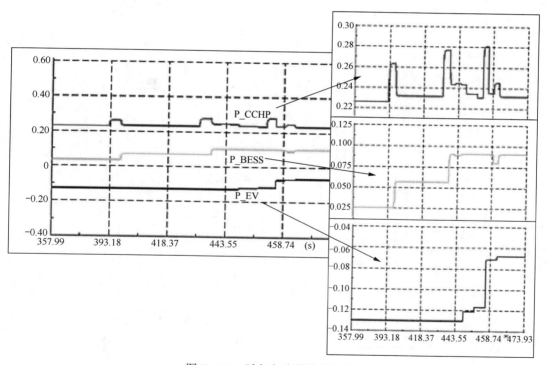

图 7-17　孤岛内功率波动响应

（2）场景二（包含教学区配电房）。场景二电网运行方式如下：新建的充电桩由水湖线供电，教学区配电网由水培线供电，水培线水湖线联络在 4-2 号环网柜 6 号开关断开，红枫水电机组停机。

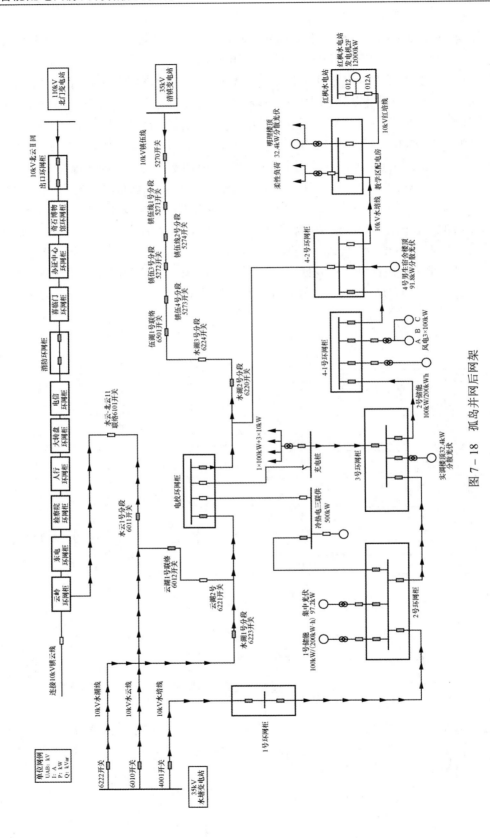

图 7-18 孤岛并网后网架

　　离网命令下发后，水培线出口开关断开，三联供转为调频电源。孤岛并网前三联供以 225kW 的有功功率恒功率运行，进入孤岛稳定后，三联供机组出力稳定在 300kW 左右。孤岛内除了三联供外，还包含光伏、风力发电机组、储能等分布式电源，以及 560kW 左右的负荷，其中包括 47kW 的柔性负荷。分别在时刻 698s 和时刻 765s 设置两次负荷功率波动，孤岛内功率波动响应如图 7－19 所示。图 7－19 反映了孤岛内三联供有功功率（P_CCHP）、储能有功功率（P_BESS）和柔性负荷有功功率（P_FL）对每个时刻负荷波动的响应情况。在进行功率调整时，策略上首先调整储能的出力，在储能出力达到调整上限时，再调节柔性负荷功率。在时刻 698s，负荷增加 70kW，三联供机组首先响应并增加出力至 370kW，6s 后储能由 45kW 有功功率的放电状态增加至 100kW，三联供机组出力因此下降至 315kW，在时刻 713s 孤岛达到新的平衡。在时刻 765s，间歇式电源有功功率下降 48kW，三联供机组出力再次上升至 362kW，而此时由于储能出力已经达到上限，孤岛内无可控分布式资源可用，主站检测到三联供机组出力较长时间偏离其功率目标值（300kW），向负荷控制系统下发新的柔性负荷功率目标值，在时刻 792s，46kW 的负荷被切除，10s 后三联供机组出力稳定在 316kW 左右，孤岛达到新的平衡。

　　孤岛在运行一段时间后启动并网流程，水培线出口开关检同期合闸，三联供机组由 U/f 控制模式转回到 PQ 控制模式，以 300kW 恒功率运行。

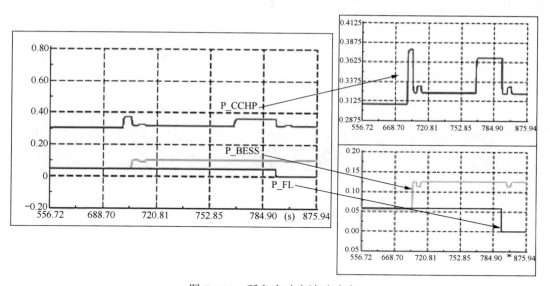

图 7－19　孤岛内功率波动响应

　　4．案例四——负荷主动管理结果分析

　　（1）以功率跟踪为目标的负荷主动控制。负荷主动管理系统试验环境如下：共有 80 个用户参与响应，通过手动遥控智能用户终端，开启用户负荷至 125.6kW。单击全局运行决策系统，生成优化策略，将目标值 80kW 下发至负荷主动管理系统。

　　如图 7－20 所示，在负荷主动管理系统操作员界面，单击"负荷分析"，在负荷分析界面左下方单击"分析"，启动负荷分析程序，负荷分析程序完成用户指标计算，程序结束后自动启动负荷管理程序。经过程序优化后将目标功率分配到各用户，并下发到每个房间，界面将弹出"负荷分析计算启动成功"提示框。

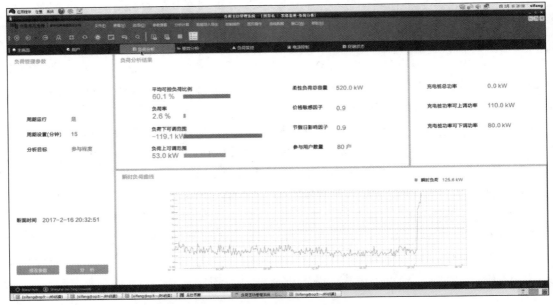

图 7 - 20　负荷主动管理系统操作员界面

如图 7 - 21 所示，成功启动负荷管理程序后，等待 42.67s，系统实时负荷会出现明显降落，直到最终响应完成，负荷总功率稳定在 84.3kW，与目标功率 80kW 相比，误差为 5.6%。

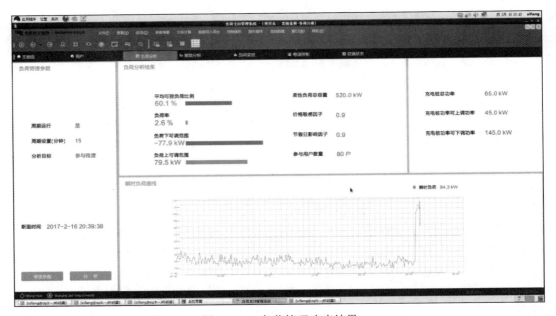

图 7 - 21　负荷管理响应结果

负荷调节常规响应时间曲线如图 7 - 22 所示。

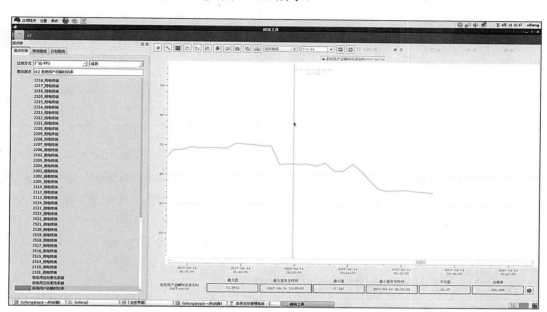

图 7 - 22　负荷调节常规响应时间曲线

（2）基于实时电价的负荷用电成本优化控制。单个用户的用电优化通过智能用户终端实现。单个用户的优化目标是在满足用电和舒适性要求的前提下追求最小的用电成本。用户用电高峰将被转移到实时电价较低的时段，在实时电价和激励合约的共同作用下，满足用户正常用电需求的同时提高用电经济性。图 7 - 23 展示了基于智能用户终端的个体用户 24h 内优化用电需求前后的负荷曲线对比。

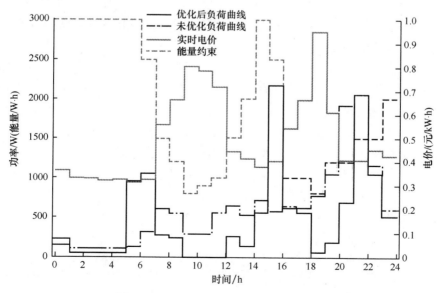

图 7 - 23　智能用户终端负荷曲线对比

分别计算在 24h 内优化前后用户的能耗和支出，对比数据见表 7-2。

表 7-2   优化前后用户能耗和支出对比

项目	累计用电/（kW·h）	电费支出/元
未优化	14.595	7.41
优化后	11.591	4.95
节省量	3.004	2.46
节省百分比	20.58%	33.12%

单个用户优化结果表明，优化策略提高了用户用电效率，节约了电费支出，实现了用户用电高峰的转移。而对于整个系统，通过多个智能用户终端的协同优化可以显著降低负荷峰谷差。优化前，系统预测峰谷差为 62kW，实际峰谷差为 65kW，负荷预测结果基本与实际吻合。采用实时电价和激励合约调节前，预测峰谷差为 345.6kW，采用实时电价和激励合约调节后，峰谷差为 69kW，负荷峰谷差降低了 79.67%。

7.2 广州从化明珠工业园示范工程

7.2.1 工程概述

广州从化明珠工业园属于典型的多能互补示范园区，示范工程通过示范园区源网荷储集成部署研究，有效挖掘示范园区多元主体的源储荷等分散调控能力，参与系统优化运行，实现示范园区多元用户互动。

从化明珠工业园位于广州从化中西部，是从化区最大的产业发展平台，曾先后获得国家科技兴贸创新基地、国家第一批分布式光伏发电示范区、国家汽车及零部件出口基地广州从化基地、广州市战略性新兴产业（新能源）基地和广州市第一批先进制造业工业集聚发展示范平台等荣誉。

示范园区位于广州从化明珠工业园内，以城鳌大道沿线万力轮胎厂为核心，西部区域以白石村、龙星村以及三源村的 X286 为边界，沿 X286 向东，经过车头村、民乐镇，经新谭路、横江路，至横江路与明珠大道交界处，向西南方向沿明珠大道，至华夏学院东边围墙，转向西沿城鳌大道东至 X286 交界处。作为一个已有的园区，示范园区源网荷储集成部署的重点在于针对工业园区内可再生能源的大规模就地消纳利用、减少外购电量、削减峰值负荷、提高能源综合利用效率的需求，通过多能耦合协同利用与多元用户互动精细化提高能效，建设高效清洁的综合能源供应系统，引导用户实现园区产业升级。

1. 现场基本情况

园区内的能源供应系统主要有鳌头分布式能源站，装机规模 2×14.4MW，与配套的余热锅炉和调峰锅炉一起，为园区提供电力和热力。此外，在主要电力用户企业装设了分布式光伏发电装置，已建成总规模超过 26MW。

示范园区主要有 3 个 110kV 变电站，分别为 110kV 白兔变电站、110kV 明珠变电站和 110kV 万力变电站。其中，明珠变电站 110kV 电源来自 220kV 从化变电站，白兔变电站 110kV 电源分别来自 220kV 从化变电站及 220kV 绿洲变电站，万力变电站 110kV 电源来自白兔变电站。110kV 白兔变电站和 110kV 明珠变电站为系统变电站，110kV 万力变电站为用户变电站，主要为万力轮胎厂内负荷供电并提供鳌头分布式能源站的接入。

该示范园区基于一体化规划设计方法，完善园区供能系统源网荷储各环节配置，为工程示范实施提供良好的基础。根据用能需求和负荷特性，结合园区能源供应现状、资源禀赋，实现园区内资源的最大化利用和多能耦合协同供应；根据园区光伏出力预测、天然气分布式能源系统等供能特性，对园区储能装置的类型、规模和位置进行优化，形成储能系统布置方案；基于多能源协同供能的能流耦合关系，优化园区内的供能管网结构，形成电网、气网、热力管网的改扩建方案。此外，为用户量身定制了能效提升方案，优化用户内部供能系统。园区能源系统结构示意图如图 7 - 24 所示。

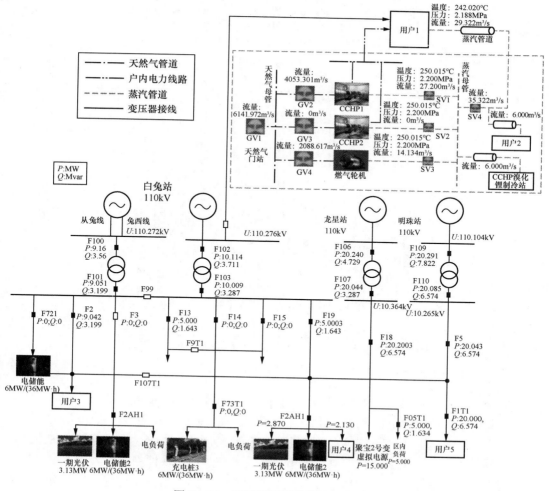

图 7 - 24　园区能源系统结构示意图

2．控制系统组成

（1）能源资源。园区可再生能源资源方面，光资源丰富，太阳年总辐射强度达到 1166kW·h/m²，是第一批国家级分布式光伏示范区之一。清洁能源方面，园区内部的天然气管道已经建成，供气量充裕。月总辐射强度和日总辐射强度如图 7-25 和图 7-26 所示。

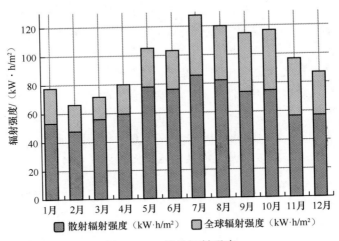

图 7-25　月总辐射强度

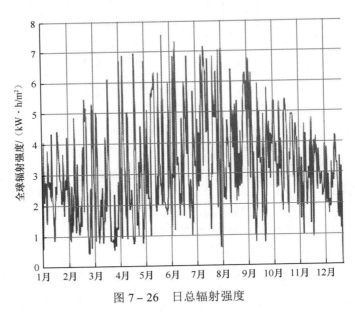

图 7-26　日总辐射强度

此外，园区内的废弃物采用填埋方式处理，不利于园区能源资源的利用和环境保护，可考虑将废弃物进行集中收集后，利用垃圾发电，提高园区的供电量和可再生能源利用率。

园区产业覆盖制造、电气等多项行业，用能形式包括冷、热、电、气等多种形式。用户类型多样，负荷形式多元，典型大用户负荷增长潜力和弹性空间较大。

（2）负荷特性。对园区包括 200 多家工业用户在内的负荷情况进行精细化分析，以实现精确调控。园区典型负荷曲线如图 7-27 所示。

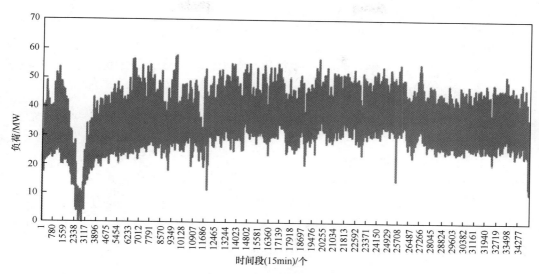

图 7-27　园区典型负荷曲线

对整个园区负荷情况进行统计，94%～100%（6%）负荷的尖峰负荷时间合计为 24 个时间段 6h；90%～100%（10%）最大负荷的尖峰负荷时间约为 60 个时间段 15h；85%～100%（15%）最大负荷的尖峰负荷时间约为 492 个时间段 123h；80%～100%（20%）最大负荷的尖峰负荷时间约为 1414 个时间段 353h；75%～100%（25%）最大负荷的尖峰负荷时间约为 810h。从时序变化来看，除去几家大型企业，园区整体电量的年增长率约为 7%。

（3）分布式能源站运行特性。园区内分布式能源站现有 2 套燃气轮机热电联产机组，按"以热定电"方式运行，燃气轮机、余热锅炉、燃气锅炉共同组成能源站的供电、供热系统。

能源站系统运行流程示意图如图 7-28 所示，来自门站的天然气进入能源站后经过滤、调压分为三路，其中两路分别进入两台燃气轮机，在燃烧室内燃烧后带动燃气轮机做功，经由发电机转换为电力，对外输出电能。同时天然气燃烧产生的烟气温度在 550℃以上，进入余热锅炉用于加热给水，产生蒸汽；另一路天然气直接进入燃气锅炉，将水加热为蒸汽。

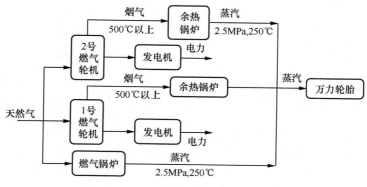

图 7-28　能源站系统运行流程示意图

当蒸汽负荷变化时，通过调节两台燃气轮机的负荷率以及燃气锅炉，可以快速响应用户的用热需求。

根据分布式能源站机组典型试验报告，在性能保证的工况下，CHP 机组部分负荷下的性能数据如图 7-29 和图 7-30 所示。

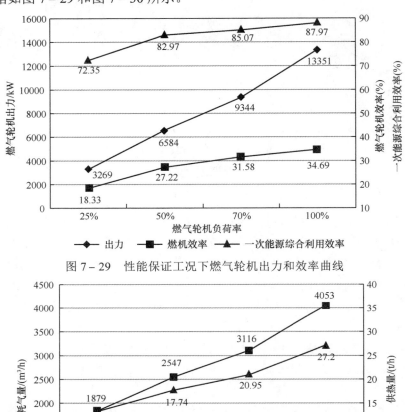

图 7-29　性能保证工况下燃气轮机出力和效率曲线

图 7-30　性能保证工况下耗气量和供热量曲线

7.2.2　运行效果

集成综合能源配用电系统态势感知、风险评估、优化调度及虚拟电厂等功能，示范项目研制、部署了一套支撑多能协同、多元用户互动的综合能量管理系统，实现示范园区综合能源的源网荷储协同调度，并投入实际运行。

1．案例——态势感知

为对比综合能源联合状态估计和单独状态估计的效果，定义准确度公式为

$$\rho = 1 - \frac{1}{T}\sum_{t=1}^{T}\left[\frac{1}{m}\sum_{i=1}^{m}\left|\frac{h_{i,t}(x_{\mathrm{est}}) - h_{i,t}(x_{\mathrm{true}})}{h_{i,t}(x_{\mathrm{true}})}\right|\right] \qquad (7-1)$$

式中：T 为蒙特卡洛实验总次数；m 为量测量总个数；$h_{i,t}(x_{\mathrm{true}})$ 和 $h_{i,t}(x_{\mathrm{est}})$ 分别为估计值和真实值。

综合能量管理系统的联合状态估计的准确度，比单独状态估计的准确度提升 9.7%，见表 7-3 和表 7-4。

表 7-3　　　　　　　　　　　热电耦合场景状态估计测试结果

场景	单独状态估计（Ⅰ）	联合状态估计（Ⅱ）
准确度	0.796	0.893

表 7-4　　　　　　　　　　　　　量测异常场景

场景	异常量测节点	异常时段	偏差率	电压量测
Ⅰ	C 相白兔站 10kV 母线	00:00—05:00 05:00—10:00 10:00—24:00	0 10% 0	真值 真值 真值
Ⅱ	A 相龙星站 110kV	00:00—09:00 09:00—16:00 16:00—24:00	0 50% 0	真值 比真值高 1% 真值

态势感知模块具备未来趋势估计和告警功能。例如：2020-12-19 18:00 时刻，系统没有发生越限，但通过超短期时间序列方法，预测了下一时刻 18:05 的母线电压越限，并正确发出了母线电压告警预测信号。态势感知模块图如图 7-31 所示。

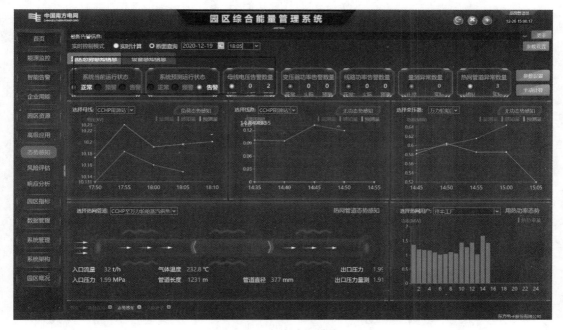

图 7-31　态势感知模块图

断面查询 2020-12-19 18:05（中间母线、线路、变压器下拉框都选第一个，热管道选择万力轮胎 1 期/2 期硫化总供热管道），可以看到系统预测运行状态出现告警，母线电压出现 2 个告警。

2．案例——风险评估

为了突出多能耦合网络的风险评估，选择园区典型局部网络进行观察，展示风险评估效果，该部分网络包含电、热、冷三种能源形式，如图 7 - 32 所示。

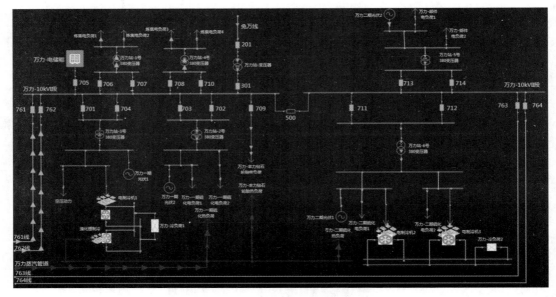

图 7 - 32　多能系统拓扑图

对电、热、冷三个工况进行观察，以某运行断面数据为基态作为"工况 1"；将"白兔站-1 号变压器"的故障概率增加为基态故障概率的 10 倍，记为"工况 2"；将"万力-冷负荷 1"的冷功率修改为基态冷功率的一半，记为"工况 3"。对工况 1、工况 2 和工况 3 进行实时断面风险评估，结果见表 7 - 5～表 7 - 7。

表 7 - 5　　　　　　　　　　　　工况 1 典型风险评估结果

设备名称	风险类型	风险值	风险设备
万宝空调大工业用户	失电负荷	0.000 03	白兔站-1 号变压器
华夏学院	失电负荷	0.000 188	明珠站-1 号变压器
炼焦电负荷 1	失电负荷	0.000 324	万力站-1 号 380V 变压器
华夏学院	失电负荷	0.001 885	发电机 4 线路
万力-冷负荷 1	失冷/热负荷	0.000 025	电制冷机 1 供电线路
万力-冷负荷 1	失冷/热负荷	0.000 017	电制冷机 1 供水管道
万力-冷负荷 1	失冷/热负荷	0.000 017	电制冷机 1 回水管道
万力-冷负荷 2	失冷/热负荷	0.000 029	万力-冷负荷 2 供水管道
万力-冷负荷 1	失冷/热负荷	0.000 017	电制冷机 1
园区对外关口断面	联络线功率越限	0.000 035	CCHP1

表 7-6　　　　　　　　　　工况 2 典型风险评估结果

设备名称	风险类型	风险值	扰动来源
万宝空调大工业用户	失电负荷	0.000 302	白兔站-1 号变压器
华夏学院	失电负荷	0.000 188	明珠站-1 号变压器
炼焦电负荷 1	失电负荷	0.000 324	万力站-1 号 380V 变压器
华夏学院	失电负荷	0.001 885	发电机 4 线路
万力-冷负荷 1	失冷/热负荷	0.000 025	电制冷机 1 供电线路
万力-冷负荷 1	失冷/热负荷	0.000 017	电制冷机 1 供水管道
万力-冷负荷 1	失冷/热负荷	0.000 017	电制冷机 1 回水管道
万力-冷负荷 2	失冷/热负荷	0.000 029	万力-冷负荷 2 供水管道
万力-冷负荷 1	失冷/热负荷	0.000 017	电制冷机 1
园区对外关口断面	联络线功率越限	0.000 035	CCHP1

表 7-7　　　　　　　　　　工况 3 典型风险评估结果

设备名称	风险类型	风险值	扰动来源
万宝空调大工业用户	失电负荷	0.000 03	白兔站-1 号变压器
华夏学院	失电负荷	0.000 188	明珠站-1 号变压器
炼焦电负荷 1	失电负荷	0.000 324	万力站-1 号 380V 变压器
华夏学院	失电负荷	0.001 885	发电机 4 线路
万力-冷负荷 1	失冷/热负荷	0.000 013	电制冷机 1 供电线路
万力-冷负荷 1	失冷/热负荷	0.000 009	电制冷机 1 供水管道
万力-冷负荷 1	失冷/热负荷	0.000 009	电制冷机 1 回水管道
万力-冷负荷 2	失冷/热负荷	0.000 015	万力-冷负荷 2 供水管道
万力-冷负荷 1	失冷/热负荷	0.000 009	电制冷机 1
关口断面	联络线功率越限	0.000 035	CCHP1

表 7-5 中的结果表明，工况 1 中的主要风险为各电负荷处的失电负荷和冷负荷处的失冷/热负荷。失电负荷风险的扰动来源主要为变压器，而华夏学院电负荷由于只有一个电力来源（即发电机 4），发电机 4 线路成为华夏学院失电负荷的扰动来源。失冷/热负荷风险的扰动来源主要为供、回水管道。由于工况 1 中万力轮胎内部的溴化锂机组处于关机状态，"万力-冷负荷 1"只有"电制冷机 1"一个冷源，所以"电制冷机 1"成为"万力-冷负荷 1"失冷/热负荷的扰动来源。对比表 7-5 和表 7-6 中的结果可知，将"白兔站-1 号变压器"的故障概率调大后，与该变压器相连的电负荷处的失电负荷风险值增大。对比表 7-6 和表 7-7 中的结果可知，将"万力-冷负荷 1"的冷功率调小后，该冷负荷面临的失冷/热负荷风险降低。

以上分析结果表明，综合能源系统中面临的各项运行风险受设备风险概率和负荷情况的影响。对于风险概率较大的设备，需要在运行中及时关注其运行状态和与之相关的运行参数，提前预警运行事故的发生。

3．案例——优化调度与虚拟电厂

聚合多能分布式资源调节能力的虚拟电厂技术，是示范项目综合能量管理系统的特色功能。由于优化调度与虚拟电厂需统筹考虑，下面整体介绍运行过程案例。

（1）日前计算。选择正常运行日，对园区各项可调资源进行虚拟电厂等值计算，得到如图 7 - 33 所示结果，包括一组总发电功率曲线（对外功率上限、对外功率下限、上报功率计划）、一组功率变化量范围曲线（对外向上爬坡曲线、对外向下爬坡曲线）、一组对外电量上下限曲线（对外电量上限、对外电量下限）、一组报价曲线（15min 一条报价曲线，一天共 96 条曲线）。

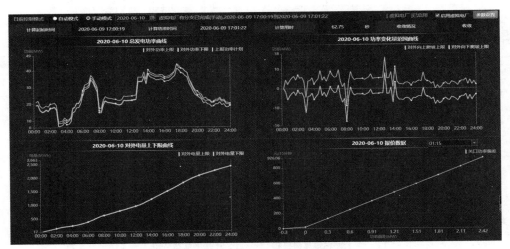

图 7 - 33　虚拟电厂等值计算结果

将上述等值结果上传给电网调度中心后，根据图 7 - 34 中上级电网下发关口功率计划（和原始的园区关口功率预测存在偏差）的优化结果，执行虚拟电厂模式下的日前优化，得到关口优化功率，基本能够跟踪上级电网下发关口功率。

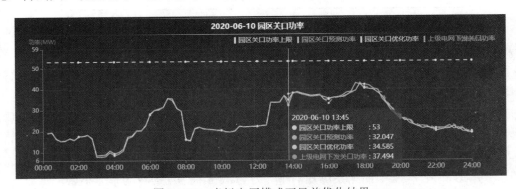

图 7 - 34　虚拟电厂模式下日前优化结果

此时的白兔梯级利用储能日前优化结果如图 7 - 35 所示。为了满足上级电网下发关口功率计划，白兔梯级利用储能的优化调度结果和原始计划存在较大偏差。

（2）日内执行。如图 7 - 36 所示，在日内（14:50）执行时，若园区关口实际功率发生变化，导致上级电网下发关口功率和新的关口预测功率存在较大偏差，则虚拟电厂无法完全执行上级电网下发关口功率计划，但优化结果中会调动直控资源与用户资源，尽量使优化功率和上级电网下发关口功率接近。

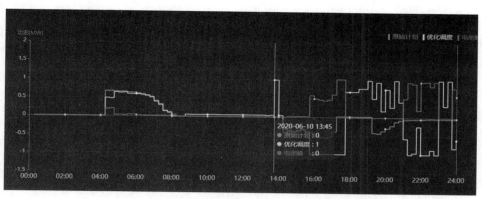

图 7 - 35　虚拟电厂模式下白兔梯级利用储能日前优化结果

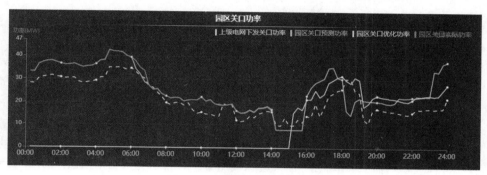

图 7 - 36　虚拟电厂日内执行

（3）实时执行。在实时执行时，若实际功率与上级电网下发关口功率存在偏差，则需要进行校正。如图 7 - 37 所示，园区关口的实时功率为 15.91MW，虚拟电厂的目标值为 26.26MW，需要增加功率 10.35MW。直控的白兔梯级利用储能实时值为 -1.83MW，下限为 -2MW，计算出的调度值为 2MW（已经达到最大充电功率），调节空间为 [2-(-1.83)] MW=3.83MW。最终计算出关口设定值为(15.91+3.83)MW=19.74MW。由于园区直控资源调节能力有限，因此无法实现全部虚拟电厂资源响应。

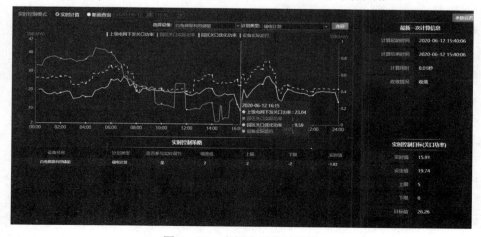

图 7 - 37　虚拟电厂实时执行

7.3 上海虚拟电厂示范工程

7.3.1 工程概述

1. 现场基本情况

上海虚拟电厂示范工程是以虚拟电厂形式实现源网荷储协同控制的典型案例。

虚拟电厂是源网荷储协同控制技术的一种典型方式，其通过先进信息通信技术和软件系统，实现资源聚合和协调优化。上海虚拟电厂示范工程涵盖电动车充电桩、园区微电网、商业建筑虚拟电厂、工业自动响应、三联供、储能系统、分布式能源、冰蓄冷装置等多种类型用户。

上海虚拟电厂运营体系的基本成员包括电力公司交易中心、调度中心、运行管理与监控平台及虚拟电厂，它们都是参与电力市场交易的市场成员。原有的虚拟电厂交易借助于需求响应管理平台，因此负荷灵活调用性能较弱，运行态势可观性缺乏，平台汇聚能力不足。而现在的虚拟电厂运行管理与监控平台更加智能，更贴切虚拟电厂的实际需求，可以将碎片化的负荷进行重组，从而打造出全新的电力负荷调度模式。

该示范工程控制系统从调度可见、满足电力市场准入并开展交易出发，模拟常规发电机组外特性参数，制订虚拟电厂各类资源调用方式，能够进一步挖掘闲散冗余资源，由虚拟电厂平台分类聚合，使虚拟电厂的机组爬坡率等特性曲线与常规发电机组近似，方便调度实时调用。

上海虚拟电厂集成平台相较于传统的需求响应平台更加智能化，能将更加多的闲散电能、更加丰富的用能设备进行聚合与调配，可实现资源分类聚合、资源控制策略形成以及远程测控，可为电网提供负荷控制、调频调峰、辅助服务等，具备虚拟电厂注册管理、精准负荷预测、发电任务调度执行、发电效果考核、发电能力实时上报、运行效果分析决策等功能。

2. 控制系统组成

示范工程所涉及的主要可控资源如下：

（1）10kV 及以上高压用户，目前潜在用户包括原有用电负荷管理系统所管辖的 2.9 万户 10kV 及以上用户，可控能力超过 370 万 kW。

（2）分布式能源、储能装置、充电桩等表后设备，均可作为虚拟电厂资源接入，调控潜力超过 50 万 kW。

上海虚拟电厂平台已接入资源包括腾天商业楼宇平台、上海市综合能源平台、蔚来汽车充电桩平台、非工空调柔性控制平台、工业自动需求响应平台等负荷集成商平台，总用户数约 200 个，可控负荷约 10 万 kW。

采集控制目标及信号传输策略：由调控中心在调度平台上提出需求指标，发送至虚拟电厂交易平台。交易中心在虚拟电厂交易平台发布交易公告，由上海市电力需求响应中心组织负荷集成商申报，再由虚拟电厂交易平台发布交易结果，并发送至虚拟电厂运营管理与监控平台、调度平台及各虚拟电厂侧平台确认。电力需求响应中心发布响应邀约公告，并确立基线。执行时间内负荷集成商响应资源投入。

虚拟电厂以用能设备、电力用户、负荷集成商、虚拟电厂运行管理与监控平台为基础构建了虚拟发电单元、虚拟机组、虚拟电厂、统一调度平台四级模型；按照容量最大、体验最佳、均衡控制等运行模式实现上述四级模型之间的三层聚合；以用户内部综合用能优化以及用户与电网之间能量交换的优化，实现两类优化与一体化管理。

其中，与交易平台主要涉及市场主体注册、市场交易，目前主要有中长期交易、日前交易，未来逐步向日内交易演化；与运行管理与监控平台主要涉及市场主体注册、资源注册、负荷预测、虚拟发电调度、虚拟发电效果考核、虚拟发电能力实时上报等。

运行管理与监控平台和各虚拟电厂平台之间通过光纤、5G、4G 等公共通信网络实现云云协同，带宽不小于 20MB，时延小于 1s，可靠性为 99.99%。

各虚拟电厂平台主站通过光纤、5G、4G 等公共通信网络与用户侧能源管理/系统终端等进行交互，实现云边协同，带宽不小于 10MB，时延小于 1s，可靠性为 99.99%。

用户侧能源管理/系统终端与用户底层设备之间通过 NB-IoT、LoRa 等物联网网络技术进行实时交互，实现边端协同，带宽不小于 50KB，时延小于 50ms，可靠性为 99.9%。

虚拟电厂系统架构如图 7-38 所示。

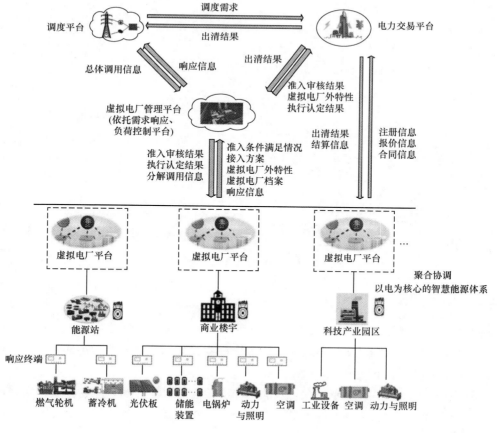

图 7-38　虚拟电厂系统架构

上海虚拟电厂运营体系始于调控中心，通过运行管理与监控平台根据电网运行情况提出虚拟电厂响应需求，再由交易中心在交易平台收到响应需求后，便可向全部市场成员发布市场交易信息。交易信息应以调度中心发布的响应需求为准。

交易中心根据具体的需求，结合各虚拟电厂的响应能力，可赋予一部分虚拟电厂申报资格，交易中心对此次交易配置电力规模限额和电价限额，在申报开始的时段开启申报，具有此次交易申报资格的虚拟电厂按照一定的限额规范进行申报。

交易中心虚拟电厂运营商在交易平台申报响应容量及对应价格后，交易平台组织虚拟电厂开展交易，并将出清结果通知调度控制平台和管理平台。在交易当天，管理平台需记录虚拟电厂的响应相关信息，并进行结果认定。交易平台根据响应结果进行结算，并将结算结果发送管理平台、电网财务系统、虚拟电厂运行管理与监控平台。由财务部门与虚拟电厂运营商进行资金结算。虚拟电厂根据结算结果，完成与终端用户的结算，最后交易结束，虚拟电厂系统交易流程图如图 7-39 所示。

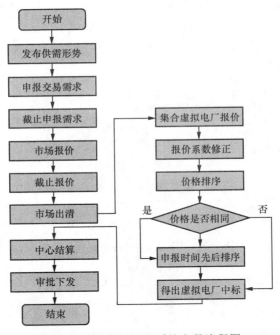

图 7-39　虚拟电厂系统交易流程图

7.3.2　运行效果

国网上海电力在 2019 年 12 月 3 日进行了国内首次虚拟电厂发电任务执行，效果良好。此次参与响应的用户均采用互联网加密传输方式，参与虚拟电厂（聚合商）平台 4 家，响应终端 200 多个，控制成功率 100%。

用户内部，部署具有边缘计算功能的智能终端，通过自建局域网的方式，实现用户内部配电变压器系统、空调系统、量测系统等的泛在互联与信息感知，通过物联网协议实现用能设备的信息交互。

2019 年 12 月 5 日，在上海市经济和信息化委员会的指导下，国网上海电力客户服务中心（电力需求响应中心）组织开展了 2019 年迎峰度冬需求响应工作，参加需求响应的用户包括大工业企业用户、接入用户侧需求响应平台用户、商业楼宇用户、分布式能源三联供系统用户、园区级用户和电动汽车企业用户，参加试验的电能服务商共 8 户，参与用户数量为 226 户，8.7 万 kW 负荷资源参与此次工作。此次虚拟电厂电力负荷的交易和调配均通过国内首个虚拟电厂集成平台完成，226 个用户从单纯地使用电能"转身"为一个个潜力巨大的"虚拟电厂"，共同让城市用能更高效、更经济。

12 月 3 日上午 09:00，由调度中心提出需求指标，客户服务中心召集接入用户侧需求响应平台用户、上海腾天商业楼宇用户、综合能源服务公司世博 B 片区三联供系统用户、上海明华前滩新能源三联供系统用户、氯碱化工用户、张江科学城园区部分用户及国网电动汽车、蔚来、星星充电、普天等电动汽车企业用户响应此次邀约。12 月 4 日通过需求响应平台向负荷集成商下达需求响应指令，共计 8.7 万 kW 响应资源。接收到邀约后，各电能服务商积极组织所服务的企业，并在 12 月 5 日规定时间内落实各项措施完成邀约响应。图 7 - 40～图 7 - 42 所示为部分参与用户现场工作情况。

通过虚拟电厂，可对用电侧进行精准管控，把可以节约出来的用电停下来，腾出负荷空间给需要的地方。仅一栋楼，在不影响生产生活用电的情况下，一次性就腾出了500kW 的负荷。同一时间，包括工业企业、商业写字楼、储能电站、电动汽车充电站等在内的 11536 家电力用户参与行动。腾出来的负荷达到 15 万 kW，成为一个虚拟电厂。虚拟电厂不仅可以在用电高峰时段削峰，还可以在夜间用电低谷时段填谷，通过多用电来消纳夜间发的水电、风电等清洁能源。

目前上海虚拟电厂已经初具成效，建成了近 100 万 kW 的能力，这样就把分散的资源集中成了电网可用的调节资源，为能源的安全保障和效率提升提供有力支持，支撑电力绿色转型发展。

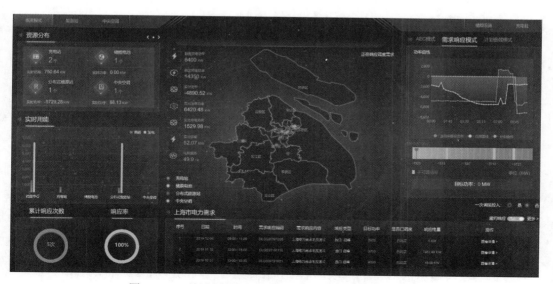

图 7 - 40　前滩新能源现场实时监控调度系统监测画面

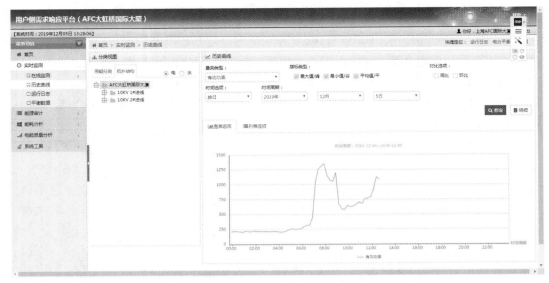

图 7 – 41　执行期间 AFC 监测负荷曲线

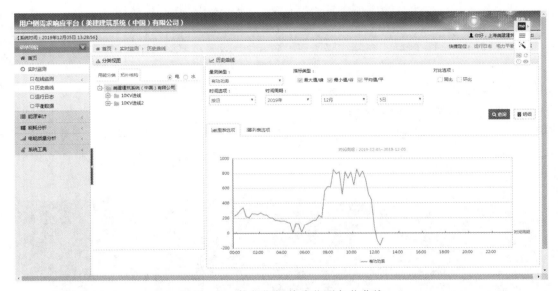

图 7 – 42　执行期间美建监测负荷曲线

7.4　江苏源网荷储示范工程

7.4.1　工程概述

1．现场基本情况

江苏源网荷储示范工程是主动配电网示范工程之一，侧重源网荷储负荷精准控制及快速反馈。

　　示范工程围绕源网荷储协调优化控制技术的应用，创新配电网的调度控制模式，以配电自动化为基础，建成主动配电网开放互动协调控制系统，通过实现对光伏、风电、分布式储能、电动汽车、柔性负荷等配电网可调控资源的互动协调控制，提升配电网的安全可靠运行、分布式电源的合理配置与消纳以及电动汽车等多样化负荷参与电网调峰的能力，为电源和负荷的友好互动提供强有力的技术支撑。

　　目前园区光伏发电并网容量为 35MW，2016 年园区推动企业、公共单位建设总计 40MW 容量的分布式光伏项目；电动汽车充电设施将建设 9 座公交充电站，25 座城市快充站；天然气分布式能源、蓄电池储能、风光互补能源等多种分布式能源、储能装置也在园区内落地。

　　园区配电网按照单元制规划已划分为 12 个供电分区、217 个供电单元，其中中新合作区配电网采用 20kV 全电缆供电，已形成环网供电，为开环运行方式，环金鸡湖区域为苏州配电自动化覆盖区。

　　2．控制系统组成

　　主动配电网源网荷储协调控制系统基于配电自动化系统开发实现，位于电力公司生产控制大区，主要起到辅助调度人员进行配电网调控的目的，进而实现配电网的安全可靠运行。系统实现分为设备层、分布控制层和集中决策层三个层次，分布式电源、电网设备、分布式储能、柔性负荷设备的状态数据和运行数据通过分布式控制层从下而上送到主站层，经过主站的集中决策，将控制命令经过分布控制层的能量管理系统从上而下到达设备层，完成分布式电源功率预测、柔性负荷预测、可调度容量分析、协调控制策略优化等，有效提高配电网对可再生能源的消纳能力，降低电网峰谷差，提高设备利用率，降低配电网损耗等，提升电网的安全可靠运行水平和经济性。主动配电网源网荷储协调控制系统总体架构如图 7－43 所示。

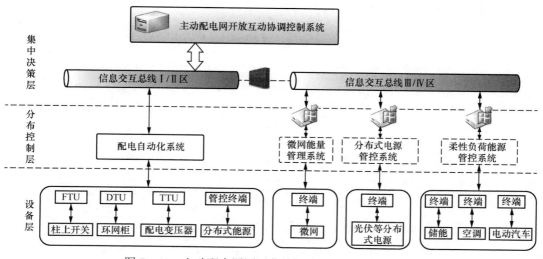

图 7－43　主动配电网源网荷储协调控制系统总体架构

　　主动配电网开放互动协调控制系统在原有配电自动化系统的硬件基础上，进行扩展，增加相应的服务器和工作站等设备。主动配电网协调控制系统硬件架构设计如图 7-44 所示。

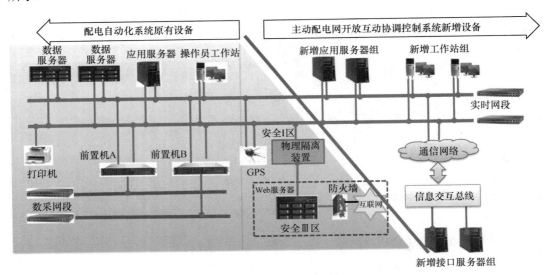

图 7-44　主动配电网协调控制系统硬件架构

软件系统遵循配电自动化系统的三层架构体系，在原有软件支撑平台的基础上，开发部署主动配电网网源荷协调控制高级应用功能。其软件架构如图 7-45 所示。主动配电网网源荷协调控制高级应用包含三大软件子系统，分别是网源荷特性分析、主动配电网态势感知、网源荷协调控制子系统，功能设置完全满足工业园区丰富的分布式电源和柔性负荷参与电网调节的需求，同时功能的设置面向实际的业务需求。

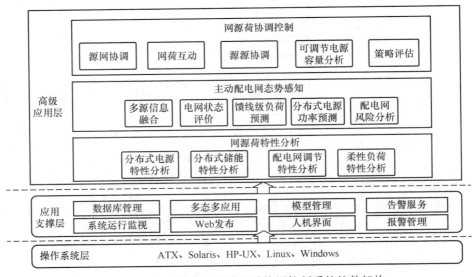

图 7-45　主动配电网开放互动协调控制系统软件架构

示范工程在可参与电网调节的分布式电源、微电网和柔性负荷接入的配电网示范区域，实施配电自动化建设，实现配电终端全覆盖。并对微电网监控系统进行改造，通过主站与微电网能量管理系统进行对接，使微电网能量管理系统具备自身可调度容量分析和上送、可接受主站系统调控指令等功能。

对柔性负荷管控系统进行改造，通过主站与产业园电动汽车充放电管理系统等柔性负荷管控系统对接，实现远方通信、可调度容量分析、接受主站系统调控等功能，使柔性负荷更好地参与主站调度。

通信网络改造主要考虑分布式电源、柔性负荷等可调度资源管理系统安全接入主站系统和实施配电自动化建设的线路通信网络建设两部分。

园区配电线路全部实现电缆化，考虑 EPON 拓扑具有多样性、高速率、适用于 IP 业务、无源光器件、保护多样性、终端设备成熟等优点，工程通信网络的建设采用以 EPON 为主的光纤网络。

微电网能量管理系统和柔性负荷管控系统不属于生产控制大区，该工程考虑将微电网能量管理系统和柔性负荷管控系统接入信息交互总线Ⅲ区，通过正反向物理隔离装置与Ⅰ区的主站系统进行通信。

7.4.2　运行效果

1．案例——源网荷储精准负荷控制系统试验

2018 年江苏电网开展了精准切负荷系统扩建工程试验，增加可切容量，确保大受端电网的安全稳定运行。扩建工程采用分层分区结构设计，江苏电网毫秒级精准切负荷扩建系统总体架构如图 7-46 所示。

工程联调开展了装置间通信检测、负荷切除测试、负荷自动恢复功能测试及切负荷策略验证等现场试验。对重点关注的储能变电站控制性能进行测试，分别测试了徐州和镇江储能变电站，徐州储能变电站测得转换时间为 2414ms，不满足毫秒级要求；镇江储能变电站测得时间为 262ms，满足毫秒级要求。

时间测试选取了徐州中能协鑫储能变电站、镇江艾科储能变电站进行整组时间测量。

（1）试验方法。选用手持式时间测试仪测量网荷终端开关量输出时间，使用便携式录波仪测量有功功率变化过程，手持式时间测试仪经过 GPS 授时后向便携式录波仪对时，再选用一副网荷互动终端备用跳闸节点作为触发信号启动便携式录波仪录波。

因现场实际环境需要，在中能协鑫储能变电站选取 PCS 设备中交流侧 Vfbk 处进行录波测量有功功率，镇江艾科储能变电站选取并网点处进行录波测量有功功率。储能变电站试验接线图如图 7-47 所示，中能协鑫储能变电站 PCS 接线示意图如图 7-48 所示，镇江艾科储能变电站并网接线示意图如图 7-49 所示。

（2）试验结果。经过整组时间测量发现，中能协鑫储能变电站 PCS 设备测点位置功率从充电 261.4kW 转为放电 200.1kW，从中心站发令到最大放电状态整组动作时间耗时 2416ms，镇江艾科储能变电站并网点测点位置功率从充电 717.0kW 转为放电 532.2kW，从中心站发令到最大放电状态整组动作时间耗时 262ms。

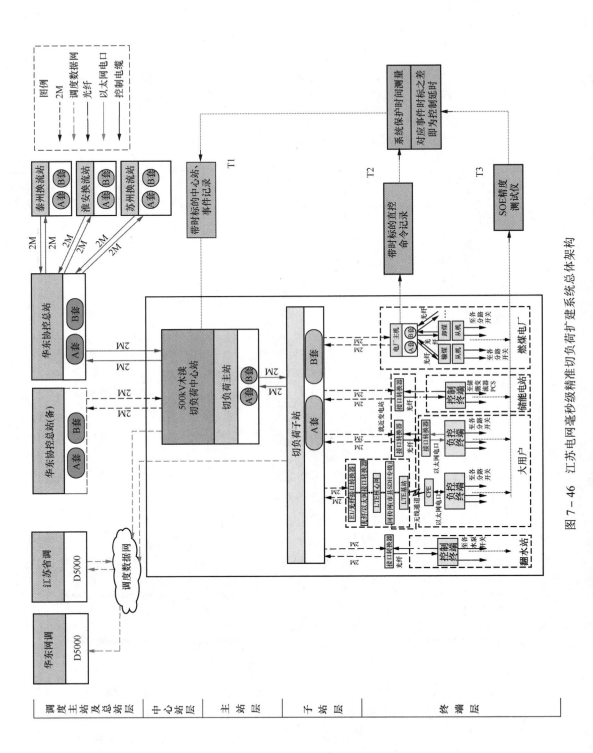

图 7-46 江苏电网毫秒级精准切负荷扩建系统总体架构

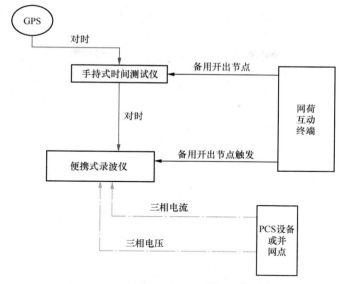

图 7 – 47　储能变电站录波试验接线图

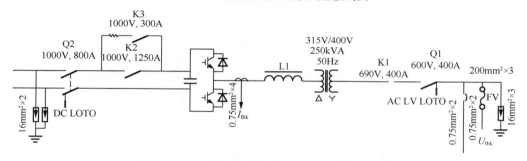

图 7 – 48　中能协鑫储能变电站 PCS 接线示意图

1）中能协鑫储能变电站测量时间：从中心站发令到网荷终端开关量输出耗时 102ms；从网荷终端开关量输出到开始转换耗时 2102ms，从开始转换到最大放电状态耗时 212ms。

2）镇江艾科储能变电站测试时间：从中心站发令到网荷终端开关量输出耗时 100ms；从网荷终端开关量输出到开始转换耗时 30ms，从开始转换到最大放电状态耗时 132ms。

详细录波数据如图 7 – 50 和图 7 – 51 所示。

（3）试验分析。中能协鑫储能变电站从网荷终端开关量输出到最大放电状态时间为 2314ms，不满足源网荷系统毫秒级切负荷要求，艾科储能变电站相应测量时间为 162ms。

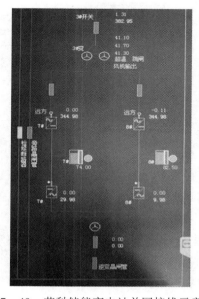

图 7 – 49　艾科储能变电站并网接线示意图

211

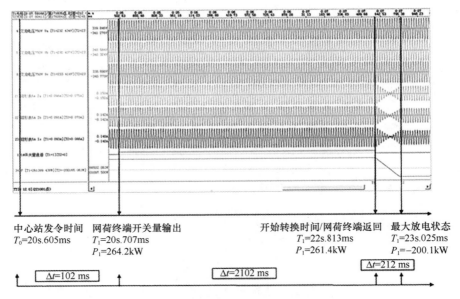

中心站发令时间　网荷终端开关量输出　　　　　　　　　开始转换时间/网荷终端返回　最大放电状态
$T_0=20s.605ms$　$T_1=20s.707ms$　　　　　　　　$T_1=22s.813ms$　$T_1=23s.025ms$
　　　　　　　　$P_1=264.2kW$　　　　　　　　　　　　$P_1=261.4kW$　$P_1=-200.1kW$

$\Delta t=102\ ms$　　　　　$\Delta t=2102\ ms$　　　　　$\Delta t=212\ ms$

图 7 - 50　中能协鑫储能变电站录波数据

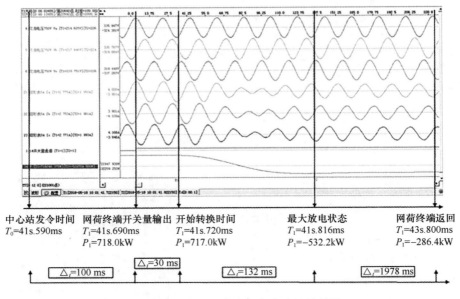

中心站发令时间　网荷终端开关量输出　开始转换时间　　　最大放电状态　　　　网荷终端返回
$T_0=41s.590ms$　$T_1=41s.690ms$　$T_1=41s.720ms$　$T_1=41s.816ms$　　$T_1=43s.800ms$
　　　　　　　　$P_1=718.0kW$　$P_1=717.0kW$　$P_1=-532.2kW$　　$P_1=-286.4kW$

$\triangle t=100\ ms$　$\triangle t=30\ ms$　　$\triangle t=132\ ms$　　　$\triangle t=1978\ ms$

图 7 - 51　镇江艾科储能变电站录波数据

由图 7 - 50 可以看出，中能协鑫储能变电站从充电到放电的转换时间为 212ms，是能够达到毫秒级要求的，但是从中心站发命令到最终的放电转换却用了 2416ms，其原因在于中能协鑫储能变电站 PCS 将网荷终端开关量输出节点接入嵌入式通信板，经过 3 次，每次 300ms 的防抖处理后，再通过 485 串口传输给 DSP 板，传输的每个命令周期达 500ms，若网荷终端开关量输入到达嵌入式通信板时已有指令发出，则最长需要 1s 才能实现对充放电状态控制的转换，DSP 板有两种设定方式，分别为缓升控制和快速控制，延时也为百毫秒级，导致其测量时延过长。镇江艾科储能变电站则直接将开关量输出信号给 DSP

板，省去了大量防抖及通信环节。网荷终端开关量输入至各厂家 DSP 板通信连接示意图如图 7 − 52 所示。

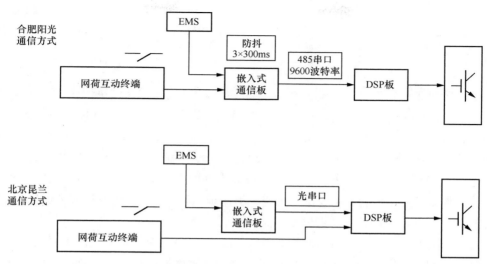

图 7 − 52　网荷终端开关量输入至各厂家 DSP 板通信连接示意图

中能协鑫储能变电站的初始最大充电功率为 261.4kW，转为最大放电状态后为 200.1kW。根据方天与 PCS 厂家实施方案的要求，PCS 接到终端紧急控制指令后，应向电网满发出力（最大功率），此时出力仅为额定出力的 80%，并未满足要求。镇江艾科储能变电站的测点位置为并网点测量有功功率，含有两台 PCS 设备，当时的负载功率为 243kW，并网点测得有功功率为 718kW，两台 PCS 满载充电功率为 475kW，最大放电状态放电功率为 532kW。根据协定测量，1s 后按电池最大容量放电，并网点放电功率为 287kW，两台 PCS 放电总功率为 530kW。

后　记

本书针对"双碳"目标驱动的新型电力系统技术需求，以提高配电网对间歇式能源接纳能力以及促进分布式能源广泛接入和高效利用为目标，提出了智能配电网源网荷储协同控制技术架构与实现原理，并进一步介绍了实现配电网源网荷储协同控制的系列设备和系统，主要包括分布式电源控制管理单元、储能控制管理单元、智能用户管理终端、全局运行决策系统、协同交互控制器等。以此为基础介绍了几个国内典型的配电网源网荷储协同控制的示范工程，主要包括贵州红枫示范工程、广州从化明珠工业园示范工程、上海虚拟电厂示范工程及江苏源网荷储示范工程。

书中建立源网荷储协同的区域自治与全局优化相结合的控制方法，主要包括：

（1）在配电网区域协同方面，提出了主动配电网区域内自治-区域间交互-全局优化的协同交互控制技术，提出了配电区域联络线交换功率自适应跟踪控制，解决了可再生能源高渗透率接入配电网的源网荷储协同控制难题。

（2）在配电网运行优化方面，提出了基于动态分区的多时空尺度全局能量管理与局部区域自治相协调的优化运行方法，有效提升了配电网优化运行水平。

（3）在可再生能源消纳优化方面，提出了分布式电源接入配电网情况下的有功功率、无功功率控制模式，提出了高渗透率可再生能源在配电网中"点-线-面"分层消纳方法。

（4）在负荷管理方面，提出了柔性负荷主动管理策略，实现用户互动与市场机制介入的可再生能源消纳优化，解决了可再生能源消纳中用户互动与电网主动参与的技术难题。

（5）在储能系统并网方面，提出了量化分析储能并网运行特性的供蓄能力指标及其计算模型，提出了储能并网运行控制策略。

源网荷储协同控制的问题来源于"源"和"荷"两端的不确定性，"储"是重要的双向调节的灵活性资源，解决问题的核心是"网"的分析与控制，为此本书提出了信息物理融合的配电网分析方法，在"云大物移智"深度融入电力系统的背景下，数字孪生配电网以及相关技术与应用方兴未艾，虽然相关产品开发与应用实践处于起步阶段，但是，信息物理融合的配电网分析对新型配电系统的源网荷储协同控制的功能和性能提升具有重要的支撑作用和应用价值，其实际应用效果需要进一步深入研究与发展。

贵州红枫、广州从化明珠工业园、上海虚拟电厂及江苏源网荷储这4个典型示范工程是我国在源网荷储协同控制方面走在前列的样板工程，他们锐意进取勇于探索智能配电系统新技术应用，为进一步发展新型配电系统留下了宝贵的经验和财富。

本书的成果得益于多个国家"863"计划项目、国家重点研发计划项目以及国家自然科学基金的资助，在此表示衷心的感谢。

本书的成果也来自于上海交通大学智能配用电团队 10 多年来历届博士生、硕士生的科研实践与论文成果，在此为他们的辛勤付出与创新努力表示感谢。

参 考 文 献

[1] 刘振亚. 智能电网技术[M]. 北京：中国电力出版社，2010.

[2] 王成山，李鹏. 分布式发电、微网与智能配电网的发展与挑战[J]. 电力系统自动化，2010，34(2)：10-14.

[3] HIDALGO R，ABBEY C，JO6S G. Technical and economic assessment of active distribution network technologies[C]. Proceedings of the 2011 IEEE Power and Energy Society General Meeting. Detroit，USA，2011.

[4] CURRIE R A F，AULT G W，FOOTE C E T，et al. Fundamental research challenges for active management of distribution networks with high levels of renewable generation[C]//Universities Power Engineering Conference，2004. UPEC 2004. 39th International. IEEE，2004，3: 1024-1028.

[5] D'ADAMO C，JUPE S，ABBEY C. Global survey on planning and operation of active distribution networks–Update of CIGRE C6.11 working group activities [C] // Proceedings of the 20th International Conference and Exhibition on Electricity Distribution: Part 1. Prague，Czech: IET Services Ltd，2009：1-4.

[6] 范明天，张祖平，苏傲雪，等. 主动配电系统可行技术的研究[J]. 中国电机工程学报，2013，22:12-18.

[7] 尤毅，刘东，于文鹏，等. 主动配电网技术及其进展[J]. 电力系统自动化，2012，36(18): 10-16.

[8] 刘东. 主动配电网的国内技术进展[J]. 供用电，2014(01)：28-29.

[9] PILO F，PISANO G，SOMA G G. Advanced DMS to manage active distribution networks[C]// PowerTech，2009 IEEE Bucharest. IEEE，2009: 1-8.

[10] REPO S，MAKI K，JARVENTAUSTA P，et al. ADINE–EU demonstration project of active distribution network[J]. SmartGrids for Distribution，2008. IET-CIRED. CIRED Seminar: 1-5.

[11] SAMUELSSON O，REPO S，JESSLER R，et al. Active distribution network-demonstration projection ADINE[C]. Proceedings of the 2010 IEEE PES Innovative Smart Grid Technologies Conference Europe. Gothenburg，Sweden，2010.

[12] HIDALGO R，ABBEY C，JOOS G. A review of active distribution network enabling technologies[C]// Proceedings of the 2010 IEEE Power and Energy Society General Meeting，July 25-29，2008，Minneapolis，MN，USA: 9p.

[13] 范明天，张祖平. 主动配电网规划相关问题的探讨[J]. 供用电，2014 (01): 22-27.

[14] 刘广一，黄仁乐. 主动配电网的运行控制技术[J]. 供用电，2014 (01): 30-32.

[15] 余南华，钟清. 主动配电网技术体系设计[J]. 供用电 2014 (01): 33-35.

[16] 国务院. 国务院关于加快建立健全绿色低碳循环发展经济体系的指导意见 [EB/OL].

216

[2021-02-02]. http://www.gov.cn/xinwen/2021-02/22/content_5588304.htm.

[17] 国家电网有限公司. 国家电网有限公司发布"碳达峰、碳中和"行动方案[EB/OL]. [2021-03-01]. http://www.sgcc.com.cn/html/sgcc_main/col2017021449/2021-03/01/20210301152244 682318653_1.shtml.

[18] LIU Z, GUAN D, WEI W, et al. Reduced carbon emission estimates from fossil fuel combustion and cement production in China[J]. Nature, 2015, 524(7565): 335-8.

[19] 车泉辉, 吴耀武, 祝志刚, 等. 基于碳交易的含大规模光伏发电系统复合储能优化调度[J]. 电力系统自动化, 2019, 43(3): 76-82+154.

[20] 田丰, 贾燕冰, 任海泉, 等. 考虑碳捕集系统的综合能源系统"源-荷"低碳经济调度[J]. 电网技术, 2020, 44(9):3346-3355.

[21] XIANG Y, WANG L. An improved defender-attacker-defender model for transmission line defense considering offensive resource uncertainties[J]. IEEE Transactions on Smart Grid, 2019, 10(3): 2534-2546.

[22] MARTINIL. Tends of smart grids development as fostered by European research coordination:the contribution by the EERA JP on smart grids and the ELECTRAIRP[C]//Proceedings of International Conference on Power Engineering, Energy and Electrical Drives, September14, 2015, Milan, Italy:8p.

[23] 宋惠慧, 于国星, 曲延滨, et al. Web of Cell 体系——适应未来智能电网发展的新理念[J]. 电力系统自动化, 2017, 41(15): 1-9.

[24] 廖怀庆. 智能配电网供蓄能力研究及应用[D]. 上海: 上海交通大学, 2012.

[25] 陈羽. 广域行波测距算法及其形式化验证[D]. 上海: 上海交通大学, 2013.

[26] 黄玉辉. 配电网拓扑的形式化表达及其应用[D]. 上海: 上海交通大学, 2013.

[27] 陆一鸣. 智能配电网信息模型的形式建模与验证[D]. 上海: 上海交通大学, 2013.

[28] 尤毅. 基于主动配电网的分布式能源协调控制[D]. 上海: 上海交通大学, 2013.

[29] 凌万水. 智能配电网分布式自愈算法及其形式化验证[D]. 上海: 上海交通大学, 2014.

[30] 于文鹏. 主动配电网关键技术指标及其应用[D]. 上海: 上海交通大学, 2014.

[31] 徐玮韡. 基于信息物理融合的多能流配电网协同控制关键技术研究[D]. 上海: 上海交通大学, 2020.

[32] 翁嘉明. 主动配电网故障的分布式处理与验证方法[D]. 上海: 上海交通大学, 2018.

[33] 王云. 基于混合系统的主动配电网信息物理融合建模与控制[D]. 上海: 上海交通大学, 2017.

[34] 孙辰. 信息物理融合的主动配电网分析与风险评估研究[D]. 上海: 上海交通大学, 2017.

[35] 陈飞. 信息物理融合的主动配电网分析与风险评估研究[D]. 上海: 上海交通大学, 2017.

[36] 安宇. 考虑柔性负荷的主动配电网优化运行技术研究[D]. 上海: 上海交通大学, 2018.

[37] 秦博雅. 配电网信息物理融合分析的形式化描述与验证[D]. 上海: 上海交通大学, 2022.

[38] 陈冠宏. 配电信息物理系统建模与分布式控制研究[D]. 上海: 上海交通大学, 2023.

[39] 邱迪. 基于混合状态模型的园区综合能源系统优化技术研究[D]. 上海: 上海交通大学, 2023.

[40] 秦汉. 配电网信息物理风险量化评估及应用[D]. 上海: 上海交通大学, 2023.

[41] 潘飞. 主动配电网消纳间歇式能源实验平台研究[D]. 上海: 上海交通大学, 2013.

[42] 曾倬颖. 电力物理信息融合系统建模平台研究[D]. 上海：上海交通大学，2013.

[43] 曹哲. 基于本体的 CIM 模型更新与扩展研究[D]. 上海：上海交通大学，2013.

[44] 刘莹旭. 智能运维中心信息集成技术研究[D]. 上海：上海交通大学，2013.

[45] 杨德祥. 考虑预测信息的主动配电网分层协调控制[D]. 上海：上海交通大学，2014.

[46] 廖凡钦. 主动配电网能量管理系统（ADMS）平台研究[D]. 上海：上海交通大学，2014.

[47] 曹萌. 分布式电源接入配网的信息物理融合建模及验证[D]. 上海：上海交通大学，2014.

[48] 王伊晓. 基于 IEC 61968/IEC 61850 融合的主动配电网信息集成研究[D]. 上海：上海交通大学，2014.

[49] 杜哲. 基于配电网信息模型本体差异化分析的模型映射技术研究[D]. 上海：上海交通大学，2015.

[50] 陈云辉. 主动配电网源网协调控制仿真及测试技术研究[D]. 上海：上海交通大学，2015.

[51] 周佳威. 主动配电网区域感知与协调控制[D]. 上海：上海交通大学，2016.

[52] 刘畅. 主动配电网中复合储能的预测控制方法与信息建模[D]. 上海：上海交通大学，2016.

[53] 潘树昌. 基于 IEC 61850 的主动配电网源网协调控制的即插即用研究[D]. 上海：上海交通大学，2016.

[54] 赵伟. 主动配电网中柔性负荷的特性分析与协调控制研究[D]. 上海：上海交通大学，2016.

[55] 林威. 基于混合系统的主动配电网区域协调预测控制方法研究[D]. 上海：上海交通大学，2017.

[56] 张怡静. 基于 IEC 61850 的主动配电网拓扑识别与动态分区[D]. 上海：上海交通大学，2017.

[57] 谭旸. 基于态势感知的主动配电网运行优化方法研究[D]. 上海：上海交通大学，2017.

[58] 胡蘭丹. 考虑柔性负荷的 CCHP 多能互补优化方法研究[D]. 上海：上海交通大学，2017.

[59] 张弘. 基于云平台的分布式可再生能源追踪消纳与交易决策分析[D]. 上海：上海交通大学，2017.

[60] 谢婧. 配电网信息模型异构映射与即插即用机制研究[D]. 上海：上海交通大学，2018.

[61] 潘世雄. 考虑用户互动的区域负荷特性分析与聚合管理[D]. 上海：上海交通大学，2018.

[62] 闫丽霞. 面向综合能源管理的智能用户终端技术研究[D]. 上海：上海交通大学，2019.

[63] 贺杰. 面向主动配电网的电池储能即插即用与协同控制研究[D]. 上海：上海交通大学，2019.

[64] 刘浩文. 基于边缘计算的虚拟电厂辅助服务关键技术研究[D]. 上海：上海交通大学，2020.

[65] 陈张宇. 云环境下需求响应与分布式能源优化调度方法研究[D]. 上海：上海交通大学，2020.

[66] 皮志旋. 考虑综合需求响应的区域综合能源协同优化[D]. 上海：上海交通大学，2020.

[67] 杜威. 考虑用户用能行为的综合能源运行优化[D]. 上海：上海交通大学，2021.

[68] 陈云. 考虑电氢交互的能源互联优化研究[D]. 上海：上海交通大学，2021.

[69] 党皓天. 基于边缘计算的配电网电压无功控制并行算法研究与实现[D]. 上海：上海交通大学，2022.

[70] 刘颖坤. 能量路由的经济优化机制及其形式化验证[D]. 上海：上海交通大学，2022.

[71] 黄植. 配电信息物理连锁故障演化机理研究[D]. 上海：上海交通大学，2022.

[72] 王臻. 虚拟电厂的数据融合与优化运行[D]. 上海：上海交通大学，2023.